蜜蜂遗传育种与资源开发利用

薛运波　主编

中国农业出版社
北　京

内容提要

本书比较系统地介绍了蜜蜂遗传、育种的基本原理、方法和应用。主要内容有蜜蜂起源和分类、遗传学基础、遗传资源、生物学知识、蜜蜂的测定，蜂王与雄蜂的培育，蜜蜂育种技术，良种繁育、人工授精技术、遗传资源保护和开发利用以及遗传育种新技术等。

全书突出理论联系实际，注重反映新理论、新成果和新技术。选材新而广，通俗易懂，图文并茂，实用性强。可供广大养蜂者、蜜蜂育种工作者和大专院校相关专业的师生阅读参考。

主编简介

薛运波，男，中共党员，1961年1月20日出生于吉林省敦化市，汉族，大专学历。1981年4月至1984年12月在延边养蜂科研站任技术员；1985年1月至1992年5月在吉林省养蜂科学研究所任研究实习员；之后一直在吉林省养蜂科学研究所工作，1992年6月至1995年12月任助理研究员、育种场副场长；1996年1月至1998年10月任副研究员、育种场场长；1998年11月至2003年2月任副研究员、副所长；2003年2月至2016年8月任研究员、所长；2011年1月至今被聘为二级研究员。

现兼任国家蜂产业技术体系岗位科学家，中国养蜂学会副理事长，国家畜禽资源委员会委员、蜜蜂专业委员会副主任，全国畜牧业标准化技术委员会（SAC/TC247）委员，全国蜂产品标准化工作组（SAC/SWG2）委员。1980年参加工作以来完成科技成果52项，有27项成果获得国家、省部级科技奖励，其中参加完成的“喀（阡）黑环系蜜蜂选育研究”成果（第二完成人），1991年获国家科学技术进步奖二等奖。取得发明专利4项，参加编写《中国蜜蜂学》等著作21部，在国际养蜂大会、《中国农业科学》等学术会议和期刊上发表论文146篇。先后获中国青年科学技术奖、国务院特贴专家、首批新世纪百千万人才工程国家级人选、吉林省有突出贡献的中青年专业技术人才、省拔尖创新人才第一层次人选、省优秀共产党员、省劳动模范等荣誉称号，2019年荣获“庆祝中华人民共和国成立70周年”纪念章。

编者名单

主　编　薛运波

副主编　牛庆生

编　者　薛运波　牛庆生　李志勇　李兴安
常志光　庄明亮　葛　英

前言

我国是世界养蜂大国，饲养蜂群数量和蜂产品产量均居世界首位。我国蜜蜂资源丰富，引进饲养的西方蜜蜂品种较多，有意大利蜂、美国意大利蜂、澳大利亚意大利蜂、高加索蜂、卡尼鄂拉蜂、喀尔巴阡蜂、安娜托亚蜂等品种；这些品种在20世纪初引进我国后，长期定地饲养形成了东北黑蜂、新疆黑蜂等地方品种；有人工选育的喀（阡）黑环系、浆蜂、浙农大1号、中蜜1号蜜蜂；还有我国土生土长9个类型的中华蜜蜂，许多蜜蜂品种在我国养蜂业中发挥着重要作用。但是随着20世纪70年代转地放蜂的兴起和蜜蜂婚飞交尾行为的特殊性，这些西方蜜蜂品种很难“独善其身”和“洁身自好”，基本上处于混杂状态，只有少量纯种保存在科研、育种等单位；中华蜜蜂9个类型由于盲目引种也在发生着变化。进入新时代，随着养蜂科学技术的不断发展，人们对新品种、新品系、配套系的需求越来越迫切，普及蜜蜂引种、育种、繁殖、保护和利用的知识和技术显得尤为重要。

本书追溯了蜜蜂起源和分类，系统阐述了蜜蜂遗传学基础、蜜蜂遗传资源、蜜蜂生物学知识、蜜蜂的测定、蜂王与雄蜂的培育、蜜蜂育种技术、良种繁育、蜜蜂人工授精技术、遗传资源保护和开发利用以及遗传育种新技术。将深奥的遗传育种理论知识和专业技术，用通俗的语言和480余幅图片呈现给读者，图文并茂、浅显易懂，理论和实践紧密结合，使读者通过阅读本书和进行实际操作，能够理解蜜蜂遗传育种知识和掌握专业技术，适合广大养蜂者、科研育种工作者和大专院校相关专业师生阅读参考。

本书的编写和出版得到国家蜂产业技术体系资金资助。

由于编写人员知识水平和业务能力有限，书中不妥之处在所难免，敬请广大读者和专家批评指正。

编　者

2020年6月26日

目录

前言

第一章　蜜蜂起源和分类……………………………… 1

第一节　蜜蜂的起源 ……………………………… 1

一、蜜蜂的起源 ……………………………… 1

二、蜜蜂的进化 ……………………………… 5

三、中国东方蜜蜂（中华蜜蜂）和西方蜜蜂的形成 ……… 8

第二节　蜜蜂的分类地位 ……………………………… 14

一、蜜蜂的分类地位 ……………………………… 14

二、蜜蜂属的蜜蜂分布及简介 ……………………………… 15

第二章　蜜蜂遗传学基础……………………………… 28

第一节　遗传与变异 ……………………………… 28

一、蜜蜂的遗传 ……………………………… 28

二、蜜蜂的变异 ……………………………… 30

三、蜜蜂的突变 ……………………………… 31

四、遗传、变异的利用 ……………………………… 33

第二节　细胞与遗传 ……………………………… 34

一、细胞 ……………………………… 34

二、蜜蜂的遗传物质 ……………………………… 42

三、有丝分裂 ……………………………… 45

四、减数分裂 ……………………………… 46

五、卵子和精子 ……………………………… 48

第三节　遗传的基本规律 …… 51
一、分离规律 …… 51
二、自由组合规律 …… 53
三、连锁与互换规律 …… 55
第四节　蜜蜂性别决定 …… 56
一、蜜蜂性别决定假说 …… 56
二、性等位基因与幼虫成活率 …… 57
三、蜜蜂的级型确定 …… 58

第三章　蜜蜂遗传资源 …… 60

第一节　地方品种 …… 60
一、长白山中蜂 …… 60
二、北方中蜂 …… 62
三、华中中蜂 …… 64
四、阿坝中蜂 …… 66
五、华南中蜂 …… 68
六、海南中蜂 …… 70
七、滇南中蜂 …… 72
八、云贵中蜂 …… 74
九、西藏中蜂 …… 76
十、浙江浆蜂 …… 79
十一、东北黑蜂 …… 81
十二、新疆黑蜂 …… 83
第二节　培育品种 …… 86
一、喀（阡）黑环系蜜蜂品系 …… 86
二、浙农大1号意蜂品系 …… 88
三、白山5号蜜蜂配套系 …… 89
四、国蜂213配套系 …… 92
五、国蜂414配套系 …… 94
六、松丹蜜蜂配套系 …… 96
七、晋蜂3号配套系 …… 99
第三节　引进品种 …… 101
一、意大利蜂 …… 101
二、卡尼鄂拉蜂 …… 103
三、高加索蜂 …… 106

四、喀尔巴阡蜂 …… 108
五、安纳托利亚蜂 …… 110
六、美国意大利蜂 …… 112
七、澳大利亚意大利蜂 …… 114
八、塞浦路斯蜂 …… 116

第四章 蜜蜂生物学知识 …… 118

第一节 蜜蜂个体生物学 …… 118
一、蜜蜂的生活和职能 …… 118
二、蜜蜂个体的发育 …… 119
三、蜜蜂的外部形态 …… 121
四、蜜蜂的内部器官 …… 123
第二节 蜜蜂群体生物学 …… 128
一、蜂群的生活条件 …… 128
二、蜜蜂的信息传递 …… 131
三、蜜蜂的飞行采集 …… 132
四、蜜蜂群势的消长规律 …… 135
五、自然分群 …… 137

第五章 蜜蜂的测定 …… 142

第一节 蜜蜂形态测定 …… 142
一、蜜蜂的外部形态测定 …… 142
二、蜂王卵巢小管计数 …… 149
三、蜜蜂咽下腺的活性检测 …… 150
第二节 蜜蜂的生物学观测 …… 150
一、繁殖力 …… 150
二、群势增长率 …… 151
三、采集力 …… 152
四、抗病力 …… 152
五、抗逆性 …… 152
六、分蜂性 …… 153
七、盗性 …… 154
八、温驯性 …… 154
九、其他生物学特性 …… 154

第三节　蜜蜂的生产力测定 …… 155
一、产蜜量 …… 155
二、产浆量 …… 156
三、产蜡量 …… 156

第六章　蜂王与雄蜂的培育 …… 158

第一节　种用雄蜂的培育 …… 158
一、培育雄蜂的条件 …… 158
二、培育雄蜂时间和数量 …… 159
三、培育雄蜂方法 …… 160
四、雄蜂性成熟 …… 160
五、提早培育雄蜂的措施 …… 161
第二节　蜂王的培育 …… 161
一、人工育王的准备 …… 161
二、移虫育王 …… 165
三、哺育群的组织和管理 …… 167
四、优质处女蜂王的培育和筛选 …… 169
第三节　交尾群的组织与管理 …… 170
一、交尾群的类型及组织方法 …… 170
二、交尾群的组织管理 …… 172
三、蜂王的邮递运输 …… 174

第七章　蜜蜂育种技术 …… 177

第一节　蜜蜂育种 …… 177
一、蜜蜂育种简史 …… 177
二、我国蜜蜂育种取得的成就 …… 178
三、蜜蜂遗传育种工作目标 …… 179
四、引种和换种 …… 183
五、蜜蜂新品种、品系、配套系审定和遗传资源鉴定条件 …… 190
第二节　蜜蜂育种的特殊性 …… 191
一、性状遗传力的复杂性 …… 192
二、选种工作的困难性 …… 192
三、控制交尾的困难性 …… 193
四、配种的不可重复性 …… 193
五、组配方法的特殊性 …… 194

六、杂种蜂群血统的不一致性 …………………………………… 194
七、选种效果的不显著性 …………………………………………… 194
第三节 蜜蜂纯种选育………………………………………………… 195
一、确定选育目标 …………………………………………………… 196
二、制定选育指标 …………………………………………………… 196
三、搜集选育素材 …………………………………………………… 196
四、素材的加工 ……………………………………………………… 197
五、中间试验 ………………………………………………………… 197
六、提交审定 ………………………………………………………… 197
第四节 蜜蜂杂交育种………………………………………………… 197
一、制定育种目标和素材加工阶段 ………………………………… 197
二、杂交组配创新及定向选育阶段 ………………………………… 200
三、横交固定 ………………………………………………………… 201
四、中间试验和提交审定 …………………………………………… 201
第五节 诱变育种 …………………………………………………… 201
一、辐射对蜜蜂的影响 ……………………………………………… 202
二、辐射诱变育种的难度 …………………………………………… 202
第六节 蜜蜂工程育种………………………………………………… 203
一、实库内容 ………………………………………………………… 205
二、纯系和纯系库…………………………………………………… 206
三、虚库内容 ………………………………………………………… 207
第七节 蜜蜂的近亲交配 …………………………………………… 209
一、蜜蜂近交 ………………………………………………………… 210
二、蜜蜂近交系统…………………………………………………… 210
三、近交系 …………………………………………………………… 211
四、近交系数 ………………………………………………………… 212
五、亲缘系数 ………………………………………………………… 212
六、蜜蜂回交 ………………………………………………………… 213
七、蜜蜂母子回交…………………………………………………… 213
八、蜜蜂女父回交…………………………………………………… 214
九、其他回交 ………………………………………………………… 214
十、蜜蜂近交遗传效应 ……………………………………………… 215
十一、近交系保存…………………………………………………… 217
第八节 杂种优势利用………………………………………………… 218
一、蜜蜂杂交 ………………………………………………………… 218

二、杂交血统的构成 …… 218
三、杂交组配形式 …… 219
四、杂种优势利用 …… 221
五、蜜蜂正反交配 …… 222
六、蜜蜂顶交 …… 223
七、蜜蜂远缘杂交 …… 223

第八章　蜜蜂良种繁育与保存 …… 225

第一节　蜜蜂品种退化及复壮 …… 225
一、蜜蜂品种退化 …… 225
二、蜜蜂品种复壮 …… 229
第二节　蜜蜂良种繁育 …… 231
一、良种繁育的基本方式 …… 231
二、建立蜜蜂良种繁育体系 …… 236
三、建立蜜蜂育种档案 …… 239

第九章　蜜蜂人工授精技术 …… 245

第一节　蜜蜂人工授精发展史 …… 245
一、蜜蜂人工授精仪的研制历程 …… 245
二、雄蜂精液采集、漂洗研究 …… 249
三、授精蜂王的质量与应用探索 …… 251
四、中华蜜蜂人工授精技术的研究 …… 253
第二节　蜜蜂人工授精 …… 254
一、蜜蜂人工授精设备与器材 …… 254
二、雄蜂精液的采集与保存 …… 259
三、蜜蜂人工授精操作 …… 262
四、蜜蜂的特殊人工授精技术 …… 267
五、影响蜜蜂人工授精质量的因素 …… 269
第三节　特殊环境条件下的蜜蜂人工授精 …… 271
一、野外蜂场蜜蜂人工授精 …… 271
二、特殊气候和地理环境下的蜜蜂人工授精 …… 272
第四节　蜂王人工授精后期管理 …… 276
一、授精蜂王的管理 …… 276
二、人工授精蜂王的贮存 …… 277

第十章 蜜蜂遗传资源保护和开发利用…… 279
第一节 蜜蜂遗传资源状况 …… 279
一、中华蜜蜂遗传资源 …… 279
二、西方蜜蜂遗传资源 …… 284
三、其他蜜蜂遗传资源 …… 287
第二节 蜜蜂遗传资源保护与利用 …… 288
一、保护蜜蜂遗传资源的价值 …… 288
二、蜜蜂遗传资源的保护 …… 290
三、蜜蜂遗传资源的开发与利用 …… 290
第三节 蜜蜂精液贮存技术 …… 291
一、精液贮存意义 …… 291
二、稀释液 …… 292
三、精液常温贮存技术 …… 294
四、精液冷冻贮存技术 …… 294
五、精液贮存效果评价 …… 296

第十一章 蜜蜂遗传育种新技术…… 298
第一节 蜜蜂转基因与克隆 …… 298
一、蜜蜂转基因技术 …… 298
二、基因克隆 …… 299
第二节 分子遗传标记和基因芯片的应用 …… 300
一、分子遗传标记的种类和特点 …… 300
二、分子遗传标记在遗传育种中的应用 …… 303
三、基因芯片主要技术流程和应用 …… 304

主要参考文献 …… 308

第一章 蜜蜂起源和分类

第一节 蜜蜂的起源

一、蜜蜂的起源

蜜蜂的起源比人类古老，是一个已经发生但又很难追溯的事情。人类接触蜜蜂、采食蜂蜜可以追溯到几千年以前，但现存蜜蜂的类型在发展上受到人类的干预变化较少，这是蜜蜂与其他家养畜禽之间的本质差别。随着各地蜂类化石的发现和蜜蜂起源研究水平的提高，人们对蜜蜂起源的认识逐渐深化。目前，蜜蜂起源有多种说法：一种根据蜜蜂种类分布推测蜜蜂起源于亚洲，认为蜜蜂起源于亚洲热带地区；另一种根据蜜蜂化石推测蜜蜂起源于亚洲，认为蜜蜂起源于亚洲中国华北古陆；还有一种根据分子生物学手段推测蜜蜂起源于非洲，认为非洲是蜜蜂的故乡，并三次走出非洲，扩张到全世界。

（一）根据蜜蜂种类分布推测蜜蜂起源于亚洲

20世纪初，国内外很多学者一致认为蜜蜂起源于亚洲，依据有三个方面：一是现存蜜蜂种类多数聚集分布于印度次大陆和东南亚，认为蜜蜂起源于这一地区；二是东、西方蜜蜂进化程度有差异，进化较高级的西方蜜蜂是从喜马拉雅山较原始的东方蜜蜂发展而来的，并且在地中海东部与高加索地区之间，由于西方蜜蜂的适应性辐射分布，使得生态多样性、生物多样性和岛屿生物地理学的形态差异相当明显，因此，认为近东地区是西方蜜蜂的种下区别中心；三是根据当今自然界中蜜蜂种类最多、且集中分布于西藏高原和横断山脉，并根据被子植物起源于我国西南植物区，而蜜蜂和被子植物是协调进化的（图1-1），认为蜜蜂起源于喜马拉雅山—横断山脉区。

（二）根据蜜蜂化石推测蜜蜂起源于亚洲

自20世纪以来，许多专家对已发现的古蜜蜂化石进行了研究，其中A.汉德勒斯（德国）、D.A.科克理尔（美国）、G.斯塔茨（德国）、F.E.佐伊纳（英国）、L.安布鲁斯特（英国）、L.鲁西（意大利）、洪友崇（中国）、T.W.卡利内（美国）等，将已发现的蜜蜂化石定名蜜蜂属18个种和亚种，其中灭绝化石种9个、亚种7个；现生种2个（表1-1）。这些蜜蜂化石分别分布于古北区（欧亚古陆温

图1-1　蜜蜂与被子植物化石（薛运波　摄）

带区）、东洋区（热带、亚热带地区）。

表1-1　世界各地发现的古蜜蜂化石

种　名	时　代	发现地
1. *Apis armbrusteri* Zeuner，1931	上新世（N_3）	德国
2. *Apis a. armbrusteri* Zeuner，1931	上新世（N_3）	德国
3. *Apis a. scheeri*（Ambruster，1938）	上新世（N_3）	德国
4. *Apis a. scharmanni*（Ambruster，1938）	上新世（N_3）	德国
5. *Apis a. scheuthlei*（Ambruster，1938）	上新世（N_3）	德国
6. *Apis melisuga*（Handlirsch，1907）	中新世（N_2）	意大利
7. *Apis mellifera* Linnaeus，1758	上新世（N_3）	东非、欧洲等
8. *Apis miocenica* Hong，1983	中新世（N_2）	中国
9. *Apis calanensis* Roussy，1906	中新世（N_2）	意大利
10. *Apis meliponoides* Buttei-Reepen，1906	中新世（N_2）	意大利
11. *Apis palmnickenensis* Roussy，1937	中新世（N_2）	意大利
12. *Apis proava* Menge，1856	渐新世（E_3）	法国
13. *Apis cuenoti* Theobald，1937	渐新世（E_3）	法国

（续）

种　名	时　代	发现地
14. *Apis henshawi* Cockerell，1907	渐新世至中新世（E_3～N_2）	德国
15. *Apis h. henshawi* Cockerell，1907	渐新世至中新世（E_3～N_2）	德国
16. *Apis h. kaschkei*（Statz，1931）	渐新世至中新世（E_3～N_2）	德国
17. *Apis h. dormiens* Zeuner et Manning，1976	渐新世至中新世（E_3～N_2）	德国
18. *Apis cerana* Fabricius，1775	第四纪至现代（Q_1～R）	亚洲等

注：引自洪友崇，1993。

20世纪80年代以前，英国的F.E.佐伊纳和F.J.曼宁复审记录了蜜蜂总科化石6科128种及其巢穴，这些化石均分布在欧美国家，出现于始新世及其以后的年代。21世纪初期，在缅甸北部胡冈谷地发现了1亿多年前的琥珀化石，化石中有1只蜜蜂和4朵小花，这块琥珀化石比其他已知的蜜蜂化石要早3 500万～4 500万年，被认为是最古老的蜜蜂化石。

20世纪90年代，在辽宁西部、河北等地发现了较多的晚侏罗世蜂类化石，经鉴定这些蜂类化石，均为早期在我国出现的蜜蜂科以外的其他蜂科的蜂（图1-2）。1998年，在辽宁西部发现了1.45亿年前的被子植物化石"辽宁古果"，被确立为世界上最早的被子植物。被子植物的出现，标志着自然界已出现以采集原始虫媒植物花蜜花粉而生存的蜂类，对了解蜜蜂起源具有重要意义。1984年在山东莱阳北泊子发现了1.3亿年前的早白垩世古蜜蜂（*Palaeapis beiboziensis* Hong）化石，经鉴定，为蜜蜂总科的古昆虫化石，是在华北古陆出现的蜜蜂早期种类（图1-3）。1983年在山东临朐山旺村发现了2 500万年前

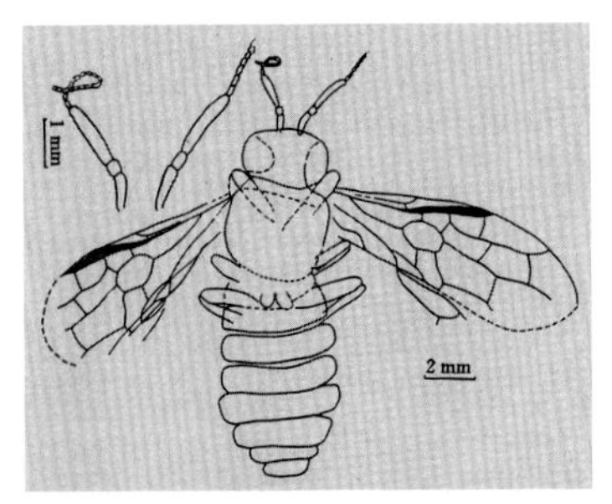

图1-2　古蜂类化石：凌源异叶蜂
（*Alloxyelula lingyuanensis* gen.et sp.nov.）
（引自任东，1995）

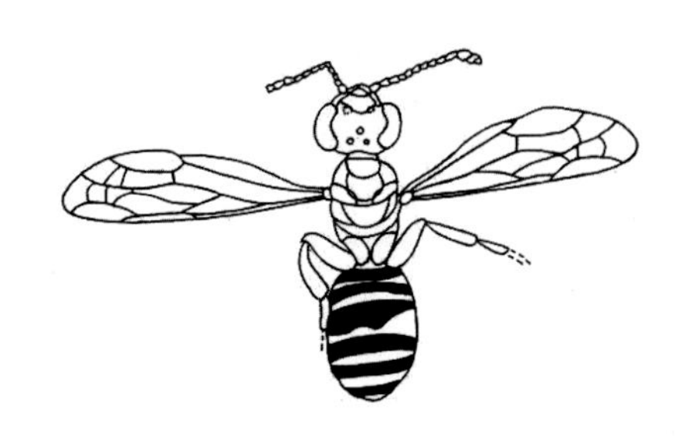
图1-3　北泊子古蜜蜂背面观
（引自洪友崇，1984）

的中新世蜜蜂化石，经鉴定为中新蜜蜂（*Apis miocenica* Hong）化石，其翅中脉分岔，特点属于中华蜜蜂型（图1-4、图1-5）。

图1-4　山旺中新蜜蜂

（引自洪友崇，1985）

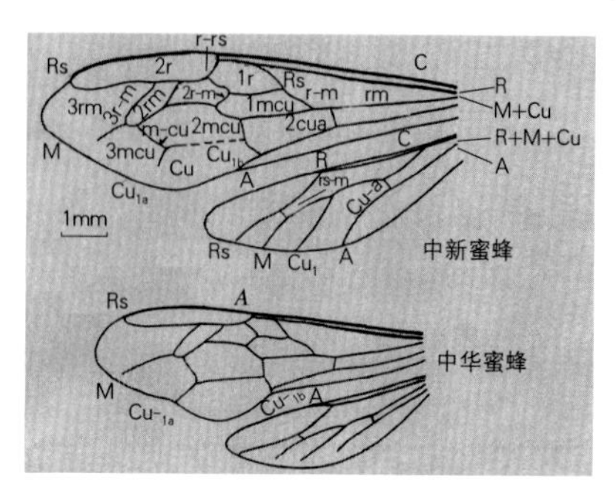

图1-5　中新蜜蜂脉序特征

（引自洪友崇，1985）

20世纪80—90年代，在中国山东等地发现了较多的早白垩世早期到中新世时期的蜜蜂化石（表1-2）。所以，有关专家一致认为蜜蜂起源于我国华北古陆。

表1-2　中国蜜蜂化石种类

种　类	学　名	产　地	地质时期
北泊子古蜜蜂	*Palaeapis beiboziensis* Hong，1984	山东莱阳	早白垩纪早期
中新蜜蜂	*Apis miocenica* Hong，1983	山东山旺	中新世
玄武黄斑蜂	*Anthidium basalticum* Zhang，1984	山东山旺	中新世
硅藻木蜂	*Xylocopa diatoma* Zhang，1990	山东山旺	中新世
老木蜂	*Xylocop aveta* Zhang，1994	山东山旺	中新世
球木蜂	*Xylocopa obata* Zhang，1994	山东山旺	中新世
鲁熊蜂	*Bombus luianus* Zhang，1990	山东山旺	中新世
憾熊蜂	*Bombus anacolus* Zhang，1994	山东山旺	中新世
贵熊蜂	*Bombus dilectus* Zhang，1994	山东山旺	中新世
长胫蜜蜂	*Apis longitibia* Zhang，1990	山东山旺	中新世
暖蜜蜂	*Apis bota* Zhang，1989	山东山旺	中新世
山东蜜蜂	*Apis shandongica* Zhang，1989	山东山旺	中新世

注：引自吴燕如，2000。

（三）根据分子生物学手段推测蜜蜂起源于非洲

美国生物学家E.O.威尔逊，在30多年前就提出了非洲是蜜蜂的故乡。但是，这个理论直到最近才通过分子生物学手段得到验证。美国康奈尔大学的蜜蜂专家布莱恩·丹弗斯等在2006年10月6日出版的《美国科学院学报》上公布了他们对蜜蜂家谱的研究成果：该家谱包含了1.6万个蜜蜂种群。通过与蜜蜂科的其他蜂进行种群形态学和基因组学比较，发现原始蜜蜂种系在非洲是多样化的，蜜蜂最有可能起源于非洲。

凭借新的蜜蜂基因组学研究，美国伊利诺伊大学香槟分校的生物学家查尔斯·维特斯尔德和他的同事追踪了蜜蜂的身世，他们分析了蜜蜂基因组的1 500多个单核苷酸多态现象，发现蜜蜂曾经三次“走出非洲”。

根据国内外对蜜蜂起源的研究结果，蜂类起源于晚侏罗世以前；早期蜜蜂起源于早白垩世以前；中华蜜蜂祖型起源于2 500万年前的中新世以前。蜜蜂总科出现于0.5亿～1.3亿年前，蜜蜂属出现于1 500万～4 000万年前。

蜜蜂是古老的社会性昆虫，经历了漫长的进化时间，由独居蜂过渡为群居蜂。在蜜蜂科中，蜜蜂属进化较快，成为社会性昆虫。在蜜蜂属中，西方蜜蜂进化最快，成为蜜蜂属中的最高阶段，东方蜜蜂进化慢于西方蜜蜂，仍接近于祖型。

二、蜜蜂的进化

蜜蜂的进化过程可以从蜜蜂由独居到社会性生活的进化、蜜蜂属内的遗传分化和形态特征的进化三个方面进行探索。

（一）蜜蜂由独居到社会性生活的进化过程

在蜜蜂总科里，大多数种类都是独居的，属于社会性生活的种类不足5%。许多事实可以证明，现在营群体社会性生活的蜜蜂种类，是由独居性进化到初级社会性，再进化到比较完善的社会性。蜜蜂社会性生活的演变，可以通过现存的从独居性到高度社会性蜂类的生活方式加以推断。

美国生物学家E.O.威尔逊（1971）认为，衡量昆虫社会性进化程度的标准有三个：一是同种的多数个体共同养育子代；二是具有只进行生殖的个体和不能进行生殖的个体；三是亲代与子代共存。按照上述标准，他将现存的昆虫分为如下几个类型。①独居性：以上三条都不具备；②亚社会性：某个时期养育自己的后代；③共巢性：同世代的个体共同营巢，但不共同养育后代；④拟社会性：同世代的个体使用同一个蜂巢，共同养育后代；⑤半社会性：同世代的个体共同养育后代，但个体间的繁殖有分工，也就是某些个体产子，其他个体不产子，仅养育后代；⑥真社会性：以上三条都具备。

1.独居时的蜜蜂类　独居时（图1-6）的蜜蜂采用一次性给食法培育幼虫，即在每一个蜂房内先放置一定数量的食物，然后产一粒卵，将蜂房封盖，以后母蜂便不再和子代发生关系。虽然如此，他们替子代预先准备食物的行为，比起一般昆虫在亲子关系方面，已经有了显著进步。

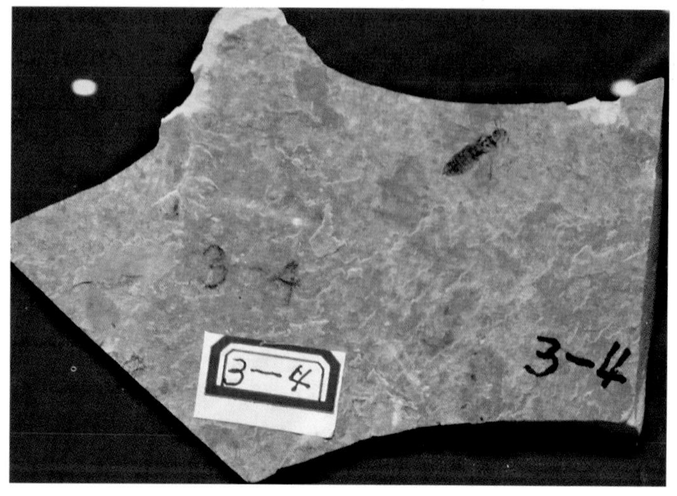

图1-6　独居蜜蜂化石（薛运波　摄）

2. 社会性与独居性过度类型　社会性与独居性类型间存在着若干复杂的过度类型（图1-7），这方面在隧蜂属表现非常明显。隧蜂属的四纹蜂筑巢于土中，每个蜂巢有16～20个蜂房，母蜂用饲料喂育幼虫，然后把蜂房封盖，并且看守蜂巢直至幼虫羽化出房为止。从而可以看出，四纹蜂亲子间已经有了接触的机会，较一次性给食法的独居性蜜蜂种类进化了一步。孔雀绿隧蜂在社会性演化上有显著进步，其越冬雌蜂在春季营巢产卵，饲养幼虫，子代在夏季羽化，其个体比亲代小，体表的花纹与蜂王不同，而且不具备生殖能力，称为工蜂。此后，蜂王和工蜂生活在一起，共同营造新的巢房、采集蜜粉、哺育幼虫。秋季出现发育完全的新蜂王和雄蜂，并进行交配。到了越冬期，雄蜂和工蜂相继死亡，只剩下受精后的蜂王越冬。次年春季又营巢产卵，重复类似的生活。

图1-7　社会性与独居性类型（薛运波　摄）

图1-8　社会性蜜蜂（薛运波　摄）

3.社会性生活的昆虫　蜜蜂属内的各个种都属于真社会性生活的昆虫，他们是在长期自然选择作用下，由独居性进化到初级社会性、再进化到比较完善的社会性的（图1-8）。在蜜蜂属昆虫的社会里，蜂王、雄蜂和工蜂在形态构造上存在着明显差异，适用于不同专职分工，他们以群体的方式生活、繁殖、抵御敌害、渡过逆境等。三型蜂的任何一个个体都不能脱离蜂群而独立生存，他们相互依存、共同组成一个有机的群体。

（二）蜜蜂属的进化过程

根据史料可知，在中新世后期，气候较冷，年平均气温为16℃，年降水量1 500mm，当时能够分泌花蜜的只有臭椿属、皂荚属等植物。在这样的条件下，一些蜜蜂种类已经出现，如大蜜蜂已经能够生存。第三纪的中新世，原始的蜜蜂属已经具备了某些特征，例如，裸露的蜂巢，由双面具有六角形巢房的垂直巢脾组成（图1-9）；蜂巢由整群蜜蜂保护着，工蜂对幼虫渐进喂食哺育；用分蜂方法增殖群体数量；在巢内通过“舞蹈语言”进行信息传递交流，这些特征保留至今。在1 200万年前的上新世或3 000万年前更新世早期，由于气候变冷，蜜蜂演化出一个完善的温度自动调节能力，从而使蜜蜂在很大程度上独立于环境。

图1-9　双面具有六角形巢房的垂直巢脾（薛运波　摄）

蜜蜂属的9个种（图1-10）中，除西方蜜蜂外，小蜜蜂、黑小蜜蜂、大蜜蜂、黑大蜜蜂、东方蜜蜂、沙巴蜂、苏拉威西蜂（印尼蜂）和绿努蜂8个种，至今在东南亚地区仍然有众多的野生种群。从营巢习性和分布看，2种大蜜蜂和2种小蜜蜂生活在裸露的单一巢脾上，整群蜜蜂包覆在裸露的巢脾上，这对保护子脾和蜜粉饲料是有利的，但是效果有限，使蜂群消耗很多能量。在云南蒙自发现一些小蜜蜂为2 ～ 3张复脾的蜂巢；黑大蜜蜂在悬崖上筑有2 ～ 3张巢脾挨得很近的巢。

沙巴蜂、苏拉威西蜂、绿努蜂、东方蜜蜂、西方蜜蜂在自然条件下均筑巢于洞穴中（习惯于在幽静、黑暗的空间筑巢），蜂巢由多片相互平行且垂直于地面的巢脾组成（图1-11）。

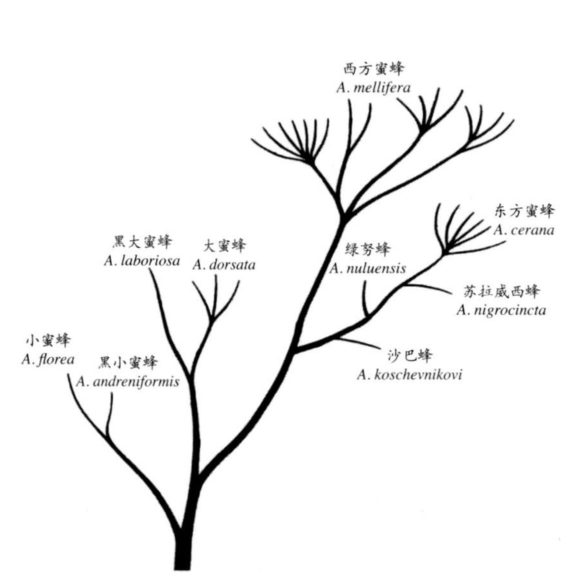

图1-10　蜜蜂属（*Apis*）的进化系统

（引自匡邦郁，2002）

图1-11　多片相互平行且垂直于地面的巢脾（薛运波　摄）

三、中国东方蜜蜂（中华蜜蜂）和西方蜜蜂的形成

蜜蜂从其起源地随着被子植物的进化，不断向四周扩展，经过漫长年代的地理、气候、生态环境的变化，逐渐形成了蜜蜂科、蜜蜂属以及属下的各个蜜蜂种及其亚种。其中，东方蜜蜂和西方蜜蜂是蜜蜂属中分布最广的两个种（图1-12、图1-13），它们都各自形成很多品种，有些品种非常适合人工饲养，特别是西方蜜蜂的某些品种。

图1-12　东方蜜蜂（薛运波　摄）

图1-13　西方蜜蜂（薛运波　摄）

蜜蜂“品种”的概念，在养蜂业中和畜牧业中是不相同的。在畜牧业中，猪、牛、鸡、鸭等家畜家禽的品种，主要是在人类的干预下形成，是人工选育的产物；而在养蜂业中，意大利蜂、高加索蜂等蜜蜂品种，是在大自然与人为共同干预下形成的，更多是长期自然选择的结果。因此，蜜蜂的品种实际上就是地理亚种。同一品种的蜜蜂，若长期生活在不同类型的生态环境中，则可形成该品种的不同生态型，养蜂业中将其称之为品系。上述观点是国际蜜蜂育种权威专家鲁特涅提出来的，已成为国际蜜蜂育种界的共识。

随着科学技术的发展和选育技术的不断提高，人工选育的蜜蜂品种已经出现，如“浙江浆蜂”就是人工选育的王浆高产蜜蜂地方品种。

（一）东方蜜蜂（中华蜜蜂）的形成

中华蜜蜂，简称中蜂，是中国境内东方蜜蜂的总称，广泛分布于除新疆以外的全国各地，特别是中国南方的丘陵、山区。在被人类饲养以前，它们一直处于野生状态，直至现在在各地山区仍分布着一定数量的野生群落。它们在树洞、石缝、地穴中筑巢，在天然洞穴较少的地方，中蜂还会在墓穴、墙洞、筐篓、箱柜内筑巢。古代人类在狩猎活动中发现了野生蜂巢，尝食了蜂蜜，于是便将蜂巢作为采捕对象。起初，人们只是随机发现蜂巢并采蜜，或寻找蜂巢采蜜，后来把找到的蜂巢做上标记，并进行看护，视为已有，定期前往取蜜；进而，人们把野外洞穴中的蜂群或飞进院落内的蜂群，放在空心树段、木桶、树条筐篓等容器中饲养，这样，便出现了家养蜜蜂。野生蜜蜂可以家养，家养蜜蜂也可以变成野生蜜蜂。这就是古人在生产活动中对蜜蜂的认识。

在长期自然选择过程中，各地中蜂不但对当地的生态条件产生了极强的适应性，形成了特有的生物学特性，而且其形态特征也随着地理环境的改变而发生变异。例如，个体大小由南往北、由低海拔往高海拔处逐渐增大；体色由南往北、由低海拔往高海拔处逐渐变深，形成许多适应当地特殊环境的类型。在西方蜜蜂引进中国以前，各地饲养的蜜蜂（从木桶饲养到活框饲养）均为中蜂（图1-14、图1-15、图1-16），多数中蜂一直处于野生、半野生状态，保持着多个地方品种和类型。

1793年，法国人Fabricius将从中国福建沿海采集到的蜜蜂标本定名为东方蜜蜂（*Apis cerana* Fabricius, 1793）。

图1-14　中蜂蜂王

图1-15　中蜂雄蜂

图1-16　中蜂工蜂

（薛运波　摄）

根据近年来国内外的研究，中国的东方蜜蜂（中华蜜蜂）可分为北方中蜂、华南中蜂、华中中蜂、云贵高原中蜂、长白山中蜂、海南中蜂、阿坝中蜂、滇南中蜂和西藏中蜂9个类型。国内一些学者对中华蜜蜂的分类提出了看法：1944年马俊超把分布在东北和东部沿海及南方各省的东方蜜蜂定为同一个亚种，称中华蜜蜂（*Apis cerana cerana*）；1986—2000年，杨冠煌、匡邦郁、龚一飞等将中华蜜蜂分为东部中蜂（指名亚种、中华亚种）（*Apis cerana cerana* Fabricius, 1793）、海南中蜂（海南亚种）（*Apis cerana hainana* Yang et al. 1981）、滇南蜜蜂（印度亚种）（*Apis cerana indica* Fabricius, 1793）、阿坝蜜蜂（阿坝亚种）（*Apis cerana abansis* Yang et al. 1981）和西藏蜜蜂（藏南蜜蜂、喜马拉雅亚种）（*Apis ceranas korikovi* Maa, 1944）5个亚种。有关中华蜜蜂的分类有待进一步研究。

（二）中国西方蜜蜂的形成

1. 西方蜜蜂引入中国　中国西方蜜蜂，简称西蜂，是由国外引入中国的多个西方蜜蜂品种的总称，在中国已经有100多年的饲养历史，已逐渐适应当地生态环境，形成浙江浆蜂、东北黑蜂、新疆黑蜂和珲春黑蜂4个地方品种。

19世纪50年代以后，沙皇俄国由俄罗斯南部、乌克兰和高加索等地向远东地区大量移民，一些移民将其饲养的黑色蜜蜂带入远东地区。19世纪末，上述黑色蜜蜂分别由三个方向进入中国黑龙江省：一是由乌苏里江以东地区越江进入黑龙江省；二是由黑龙江以北地区越江进入黑龙江省；三是由满洲里、绥芬河等口岸用火车运入黑龙江省，分布在铁路沿线。至1925年，东铁沿线饲养的黑色蜜蜂已发展到12 430群（据1930年《东三省畜产志》记载，北满饲养的蜂种为高加索蜂和俄罗斯蜂，多为两种蜂混养）。另据《吉林省志》记载，1917年前后，俄国移民将黑色蜜蜂带进敦化，1918年进入饶河，1920年进入珲春。

1900年，俄国东正教徒将高加索蜂带进新疆伊犁、阿勒泰等地区饲养；1919年冬，俄国侨民又由喀纳斯河将黑蜂运到新疆其他地区饲养；1925—1926年俄国人思迪凡·堪德诺尔特将十几群黑蜂带入新疆伊宁饲养，后扩展到伊犁地区的其他地方。

1911年，台湾从日本九洲引入43群意大利蜂。1912年，驻美国公使龚怀西回国时，由美国带回意大利蜂5群在安徽饲养。1913年张品南从日本回国时，带回意大利蜂4群在福建饲养；同年，广东谭启秀从加拿大引进意大利蜂。1914年天津农事试验场从日本引进意大利蜂在天津饲养。1916—1918年江苏华绎之先后从日本引进意大利蜂12群。1917年北京农事试验场张德田从国外引入意大利蜂在北京饲养。此后，意大利蜂不断由国外引入中国各地，其中由日本引入的意大利蜂最多，仅1930年就引入11万群，在中国逐渐形成较大的意大利蜂分布区。

1917年日本国立八岛养蜂园高海台岭，携带4群卡尼鄂拉蜂从日本乘船来到中国大连，在辽宁东部建立蜂场饲养推广卡尼鄂拉蜂等。

2. 西方蜜蜂在中国的演变 早期引入中国的西方蜜蜂，其血统以意大利蜂（*Apis mellifera ligustica* Spinola, 1806）、高加索蜂（*Apis mellifera caucasica* Gorbachev, 1916）、中俄罗斯蜂（*Apis mellifera mellifera* Linnaeus, 1758）和卡尼鄂拉蜂（*Apis mellifera carnica* Pollmann, 1879）等为主，其中，分布范围最广的是意大利蜂（包括原种意大利蜂和美国意大利蜂）。由于当时蜜蜂品种的血统不复杂，又是定地饲养，因此总体上说，各地蜜蜂品种的血统仍保持着引进时的状态，有的地方还在此基础上选育出了优良的地方品系。20世纪60年代后，由于全国性的转地放蜂，很多蜂场在育王时不加控制地任其随机交尾，以及盲目引种、用种等多种因素的影响，在很大程度上导致了西方蜜蜂品种的血统混杂。

（1）意大利蜂的演变 意大利蜂是中国养蜂生产上使用的主要蜂种。20世纪70年代以前，意大利蜂在中国大致形成了南方、北方和东北3个分布区。在自然选择和人工选育的影响下，各分布区内的意大利蜂对当地的气候、蜜源等环境条件产生了较强的适应性，成为各分布区内的“本地意大利蜂”（图

1-17、图1-18、图1-19)。70年代以后，各分布区内的“本地意大利蜂”都发生了很大的变化：南方原先的“本地意大利蜂”已向王浆高产型演化，变为王浆高产型意大利蜂，其分布范围也迅速向北扩展；而受引进和饲养卡尼鄂拉蜂及其他黑色蜂种的影响，北方意大利蜂分布区和东北意大利蜂分布区内原先的“本地意大利蜂”已基本灭绝，而被王浆高产型意大利蜂及其杂交种所取代。

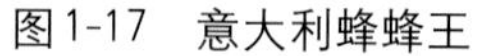

图1-17　意大利蜂蜂王

图1-18　意大利蜂雄蜂

图1-19　意大利蜂工蜂

（薛运波　摄）

在众多王浆高产型意大利蜂中，浙江浆蜂最具代表性，它是浙江杭嘉湖平原的养蜂者，在用原意、本意等意大利蜂进行王浆生产的同时，经多年选育形成的王浆特别高产的蜜蜂遗传资源。它繁殖平稳、泌浆能力强、产蜜量中等，具有蜂蜜、王浆、花粉、蜂胶等多种产品综合生产性能；耐热，适合转地和定地饲养，善于利用各种蜜源和人工饲料；越冬群势下降率高；性情温和、管理方便。浙江浆蜂已不同于其祖先原意大利蜂、美国意大利蜂、澳大利亚意大利蜂等品系，特别是王浆高产性能，不仅超过祖先，而且超过其他蜂种。自20世纪80年代后期开始，浙江浆蜂在全国推广应用，从而改变了各地的“本意”血统。

（2）东北黑蜂的形成　东北黑蜂是19世纪末由俄国引进中国东北地区的中俄罗斯蜂、高加索蜂等黑色蜜蜂，在经过长期混养、杂交和人工选育后，逐渐形成的一个地方品种（图1-20、图1-21、图1-22）。它早春繁殖快，分蜂性弱，可养成大群；采集力强，抗寒，越冬安全；性情温和，开箱安静不怕光；盗性弱，定向力强，比意大利蜂抗幼虫病，已不同于其祖先中俄罗斯蜂、高加索蜂等蜂种。1927年，中东铁路沿线饲养黑蜂约25 000群，30年代发展到30 000多群，后因意大利蜂向北扩展，黑蜂减少到20 000群；1980年建立东北黑蜂保护区时，黑蜂减少到5 000多群；2000年还有3 000群；到2019年保护区内黑蜂发展到20 000多群。

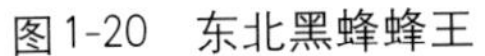
图1-20 东北黑蜂蜂王

图1-21 东北黑蜂雄蜂

图1-22 东北黑蜂工蜂

（薛运波 摄）

（3）新疆黑蜂的形成 新疆黑蜂是20世纪初由俄国引进中国新疆地区的高加索蜂、欧洲黑蜂等黑色蜜蜂，在经过长期混养、杂交和人工选育后，逐渐形成的一个地方品种（图1-23、图1-24、图1-25）。20世纪70年代前后发展到2万～3万群；2002年在天山、阿尔泰山等地，曾发现有新疆黑蜂的野生种群。新疆黑蜂具有繁殖较快，育虫节律陡，采集力强，造脾快，抗逆，抗病，怕光，性情凶暴，爱蜇人畜等特性，已不同于其祖先高加索蜂和欧洲黑蜂。然而，自20世纪70年代以来，内地蜂场的西方蜜蜂大量进入新疆，导致新疆黑蜂的数量迅速减少：70年代，黑蜂和意大利蜂蜂群数量约各占50%；90年代以意大利蜂为主、黑蜂为辅；2000年后很难再找到纯种黑蜂。由于蜜源植物和蜂种的特性，新疆黑蜂生产的蜂蜜质地优良，为当地传统的“黑蜂蜜”。

图1-23 新疆黑蜂蜂王

图1-24 新疆黑蜂雄蜂

图1-25 新疆黑蜂工蜂

（薛运波 摄）

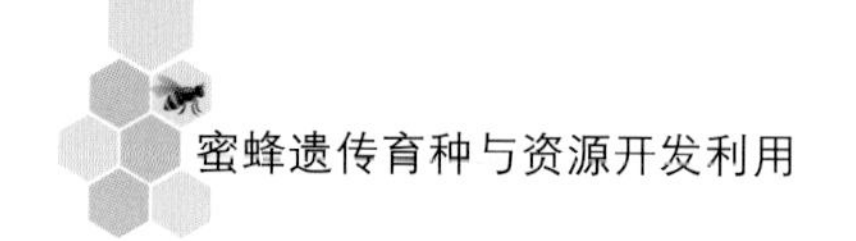

第二节 蜜蜂的分类地位

一、蜜蜂的分类地位

蜜蜂是一种社会性昆虫，在分类学上属于节肢动物门（Arthropoda）、昆虫纲（Insecta）、膜翅目（Hymenoptera）、细腰亚目（Apocrita）、针尾部（Aculeata）、蜜蜂总科（Apoidea）、蜜蜂科（Apidae）、蜜蜂亚科（Apinae）、蜜蜂属（*Apis*）。

蜜蜂总科昆虫多数为独居性，有一部分营社会性群居生活，一少部分为盗寄生性。在长期的自然选择过程中，蜜蜂总科与虫媒植物之间形成了相互适应、相互依存的协同进化关系。因此，蜜蜂总科是膜翅目昆虫中进化最快的类群之一，其种类繁多，全世界已记述有20 000多种，中国有1 000多种。

蜜蜂总科下分为蜜蜂科（Apidae）、地蜂科（Andrenidae）、切叶蜂科（Megachilidae）、分舌蜂科（Colletidae）、短舌蜂科（Stenotrididae）、隧蜂科（Halictidae）、准蜂科（Melittidae）7个科（中国分布6个科）。蜜蜂科下分为蜜蜂亚科（Apinae）、花蜂亚科（Anthophrinae）、木蜂亚科（Xylocopinae）、腹刷蜂亚科（Fideliinae）、芦蜂亚科（Ceratininae）5个亚科。蜜蜂亚科下分为蜜蜂属（*Apis*）、熊蜂属（*Bombus*）、无刺蜂属（*Trigona*）、麦蜂属（*Mellipona*）等多个属。

目前，学术界比较一致的看法是，蜜蜂属现存9个种，即大蜜蜂（*Apis dorsata* Fabricius, 1793）、小蜜蜂（*Apis florea* Fabricius, 1787）、黑大蜜蜂（*Apis laboriosa* Smith, 1871）、黑小蜜蜂（*Apis andreniformis* Smith, 1858）、沙巴蜂（*Apis koschevnikovi* Butter-Reepen, 1906）、绿努蜂（*Apis nuluensis* Tingek Koeniger and Koeniger, 1998）、苏拉威西蜂（*Apis nigrocincta,* 1871）、东方蜜蜂（*Apis cerana* Fabricius, 1793）和西方蜜蜂（*Apis mellifera* Linnaeus, 1758），它们自然分布于亚洲、欧洲和非洲。

在蜜蜂属中饲养的蜜蜂主要有两种，一种是东方蜜蜂，另一种是西方蜜蜂，它们是蜜蜂属中两个不同的物种，在野生和饲养中分别形成了许多亚种（品种）或类型。

在蜜蜂亚科中能够饲养利用的还有熊蜂属、无刺蜂属等，其属下有些蜂种是经济作物优秀的传粉昆虫，并且种类较多（图1-26），如熊蜂属有300余种，中国已发现100余种。

图1-26　蜜蜂分类地位（引自《中国畜禽遗传资源志·蜜蜂志》，2011）

二、蜜蜂属的蜜蜂分布及简介

多数学者专家认为蜜蜂属的发源地在东南亚。在地理上，欧亚大陆是连成一体的，而欧洲的伊比利亚半岛与非洲相距不远，因此，亚洲、欧洲和非洲都有蜜蜂分布，大洋洲和南美洲原来是没有蜜蜂属的，17世纪以后，由于欧洲移民的携带和商贸交流活动，使得那里有了西方蜜蜂。

（一）大蜜蜂

大蜜蜂又名排蜂，分布于东南亚、南亚以及我国的云南南部、广西南部、海南和台湾岛等地（图1-27）。

1.形态特征　工蜂体长16～17mm，头、胸黑色，腹部第1～2节背板橘黄色（图1-28），区域褐黄色，第2～5节背板基部各有一条明显的银白色绒毛带，第4～6背板的绒毛为黑褐色，吻长平均为6.4mm，前翅黑褐色，并具有紫色光泽，肘脉指数9.57±1.34（云南勐腊）、9.32±1.3（广东、海南）。

2.生物学特性　大蜜蜂均为野生，露天筑巢。随蜜源丰歉，以及受季节气候影响，具有机动的迁徙行为。在云南南部，一般5—8月在高大阔叶树的

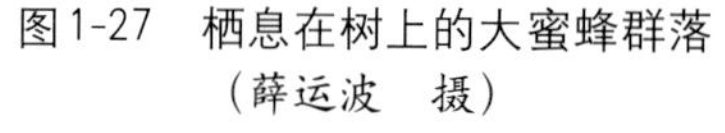
图1-27　栖息在树上的大蜜蜂群落（薛运波　摄）

图1-28　大蜜蜂的形态及采集活动（薛运波　摄）

横干下（图1-29）或悬崖下筑造单一巢脾繁衍生息。9月以后，前往低海拔的河谷盆地在茂密的灌木丛中营巢越冬。在四季温暖、蜜源丰富的环境条件下，也有常年定居下来的情况。因此，大蜜蜂的迁徙是一种适应环境条件的行为，并不是一种必然的习性。

大部分蜂巢距地面10m以上，在尼泊尔寺庙的屋檐下、庙宇附近的古树上，都筑有大蜜蜂巢脾。有时数群甚至数十群相聚在一棵树上，形成声势浩大的群落，显然这对敌害具有威慑作用。巢脾长0.5 ~ 1.5m、宽0.3 ~ 1.0m，巢脾中下部为繁殖区。子脾可拥有7万个巢房，厚35mm；上部和两侧为蜜粉区，厚度可达100mm。王台位于巢脾下沿中部。雄蜂房和工蜂房尚未分化，但封盖后有凸平之分，雄蜂和工蜂的数量比例，在分蜂季节可达1:3。生育力很强。大蜜蜂育虫和调节温度，都需要有不断的水分供应，因此，筑巢所在的地方通常邻近水源。

图1-29　大蜜蜂的蜂巢（匡海鸥　摄）

采集飞行活动受温度和光照度影响较大，月圆时可以夜间采集，舞蹈时发出900 ~ 1 400Hz的声音。受到干扰时，蜂群中的小部分工蜂会在下边缘结成小团，准备袭击移动的目标。抗逆强，即使砍伐造成生态变化，80%的蜂群仍可留在原地。发现有巢虫或小蜂螨危害，蜜鼠侵食蜂巢的蜜蜡（图1-30），囊状幼虫病死亡率为40.15% ~ 58.36%。

图1-30　蜜鼠侵食蜂巢的蜜蜡（薛运波　摄）

（二）黑大蜜蜂

黑大蜜蜂又称喜马拉雅排蜂。分布于尼泊尔、不丹、印度东北部以及我国的西藏南部、云南西部和南部等地（图1-31）。

图1-31　栖息在岩石凹壁上的黑大蜜蜂群落（薛运波　摄）

1. 形态特征　工蜂体长17 ~ 18mm，体黑色（图1-32），腹部第2 ~ 5节背板基部各有一条银白色绒毛带，胸部小盾片及第一腹节披黄褐色绒毛。前翅烟褐色，肘脉指数15.50（西藏错那）、15.75±0.01（云南澜沧）。

图1-32　黑大蜜蜂形态及采集活动（匡海鸥　摄）

2.生物学特性　常筑巢在海拔1 000 ~ 3 500m的悬崖下（图1-33），具有随季节迁徙的习性，冬天迁至低海拔温暖的地带，夏天迁至高山凉爽的地带。单一巢脾修筑在悬崖下，距地10m以上，敌害难以接近。常数群乃至数十群以上相邻筑巢，构成群落。遭大胡蜂捕食时，脾上蜜蜂集体振翅，声音极大，脾面震动幅度呈波浪形，声势浩大，敌害不敢靠近。巢脾长0.8 ~ 1.5m、宽0.5 ~ 0.95m，新脾纯白，旧脾黄褐色发亮。巢脾基部为蜜粉区，厚可达100mm；中下部位为繁殖区，厚度为35mm；储蜜区偏于巢脾基部上头，呈倒三角形。

据匡邦郁等报告，云南怒江峡谷傈僳族岩蜂村的山崖间，有20群黑大蜜蜂组成的群落；澜沧县竹塘区茨竹乡有一处蜂岩，岩为石灰质，海拔2 000m，常年有20余群黑大蜜蜂营巢其间，极为壮观。

每年秋末冬初，每群蜂可猎取蜂蜜20 ~ 40kg及一批蜂蜡，是一种经济价值较高的野生蜜蜂资源。

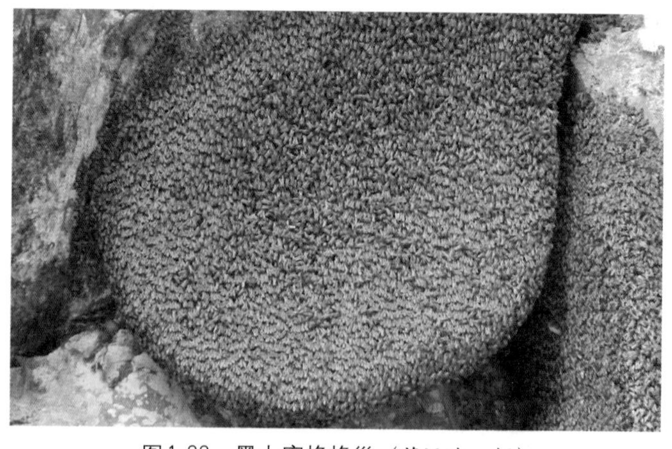

图1-33　黑大蜜蜂蜂巢（薛运波　摄）

（三）小蜜蜂

俗称小草蜂、小挂蜂（图1-34）。分布于东南亚、南亚、阿曼北部、伊朗南部以及我国的云南和广西西南部等地。

图1-34　小蜜蜂栖息在树枝上的蜂巢（薛运波　摄）

1.形态特征　个体小，工蜂体长7 ~ 8mm，蜂王体长13 ~ 15mm，雄蜂体长11 ~ 13mm。肘脉指数3.6±0.39。工蜂体色黑，腹部第1 ~ 3背板红褐色；腹部背板披黑褐色短绒毛，而腹板披银白色长绒毛。第3 ~ 6背板基部白毛带鲜明，小盾片黑色。后足胫节及基跗节背面两侧披白毛。蜂王腹部第1 ~ 2节背板、第3节背板基部、第3 ~ 5节背板端缘均为红褐色，其余为黑色（图1-35）。

图1-35　小蜜蜂的采集形态（薛运波　摄）

2.生物学特性　野生，筑巢在33°N海拔1 900m以下，年平均温度在15 ~ 20℃的地区，常在草丛或灌木丛中筑巢，环境十分隐蔽。营造单一巢脾，距地面0.2 ~ 3m。在森林中，蜂巢通常距地面1 ~ 4m，上部形成一个近球状的巢顶，将树干包裹其内，树干两侧有防止蚂蚁上脾的树胶段。巢脾上部为储蜜区，中下部位为育虫区。三型蜂巢房分化明显（图1-36），工蜂房位于巢脾中部，雄蜂房位于巢脾下部或两侧，王台多造在巢脾的下沿。三型蜂巢房筑造次序明显，即先造工蜂房，供贮蜜、贮粉、产卵、育虫，至群势发展至一定程度；继而建造雄蜂房，培育雄蜂；最后建造王台培育蜂王，准备分蜂。

图1-36　小蜜蜂层次分明的蜂巢（薛运波　摄）

在云南南部，通常蜂群在2月开始产卵繁殖（图1-37），2月底、3月初开始培育雄蜂；4—5月达到高峰，子脾面积可达到600cm^2，群势可达上万只；6—8月气温高，蜜粉源开花少，蜂王产卵很少；9—11月是第二个繁殖期；12月至翌年1月气温低时蜂王停止产卵。

图1-37　小蜜蜂的卵（匡海鸥　摄）

平均发育期工蜂为20.5d，雄蜂为22.5d，蜂王为16.5d。3—4月蜂群发生第一次分蜂，9—10月还可以发生第二次分蜂。王台数一般在3～13个，最多达20个。在气温18～42℃时，育成区中心温度为33～33.5℃。小蜜蜂的处女蜂王于16：15—17：15进行婚飞，一只蜂王可与5～14只雄蜂进行交配。

在蜜源缺乏时，引起全群迁徙，由平原到山区往返迁徙。受蜡螟和蚂蚁等敌害侵袭，常常导致全群弃巢飞逃。气温变化可引起筑巢的地点改变，在夏季临近时，小蜜蜂转移到树荫处和洞穴内筑巢；在气温较低时，蜂巢移至树的南面或洞穴外端。小蜜蜂护巢能力极强，常有3层以上工蜂爬覆在巢脾上。当暴风雨袭击时，结成紧密的蜂团保护巢脾。在蜜源丰富时性情温驯，蜜源枯竭时性情凶猛，稍触动巢脾即有20～30只工蜂成群飞舞，螫刺来犯者。云南大理曾发现草丛中有复脾的小蜜蜂，每年每群平均可取蜜1kg（图1-38）。

图1-38　小蜜蜂蜂蜜（薛运波　摄）

（四）黑小蜜蜂

体黑且小的一种蜜蜂（图1-39）。分布于东亚及东南亚，在中国已发现于云南省南部西双版纳州的景洪、勐腊及澜沧地区等北回归线以南的北热带地区。

1.形态特征　工蜂体长7～8mm，蜂王体长12～14mm，雄蜂体长10～11mm。工蜂体栗黑色（图1-40），第1腹节背板端缘及第2腹节背板基部红褐色，腹部第3～5节背板基部披白色毛带，第3节腹毛带较宽，小盾片深褐色，头宽于胸，唇基稍隆起；蜂王体黑色，腹部第1节背板端缘及第2～3节基部为红褐色；雄蜂体黑色，体重71mg。

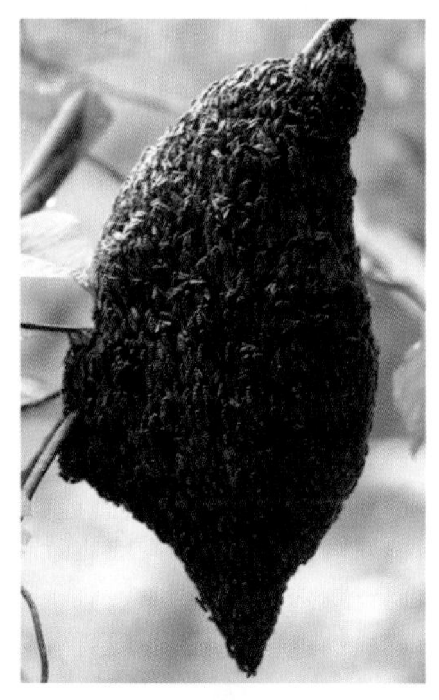

图1-39　黑小蜜蜂栖息在树枝上（匡海鸥　摄）

2.生物学特性　一般在海拔1 000m以下次生型稀树草坡的小乔木上，营造单一巢脾的蜂巢。一般距地面2.5～3.5m，巢脾固定在树枝上，近圆形，上部形成一层厚的巢顶，将树枝包裹在内，下部尖突，总面积177 ～ 334cm²。三型蜂巢房分化与次序明显，先造工蜂房，贮存蜂蜜、贮粉、产卵、育虫，至蜂群发展到一定程度；继而建造雄蜂房，培育雄蜂；最后建造王台（图1-41），培育蜂王准备分蜂。

图1-40　黑小蜜蜂形态（匡海鸥　摄）

图1-41　黑小蜜蜂层次分明蜂巢（匡海鸥　摄）

黑小蜜蜂对温度变化十分敏感，当气温上升到15℃时，开始活动；20℃以上时，出勤积极，每日出勤高峰期在11：00—17：00。工蜂护脾能力很强，即使在繁忙的采集时期，也从不让巢脾裸露，当暴风雨或烈日照射时，工蜂相护攀缘，层层重叠，保护蜂巢。性情机警凶猛，当人接近时，巢脾下方的守卫工蜂呈警戒状态，若触动其巢，工蜂纷纷飞出攻击远达30 ～ 40m的入侵者。工蜂防蚂蚁的方法独特又巧妙，在巢脾所附枝干的两端，用树胶涂抹，形成防蚂蚁的胶段。

采收蜂蜜时用烟熏驱散黑小蜜蜂，整巢割下（图1-42）。每群每次能够采收蜂蜜0.5kg，每年视气候、蜜源情况可采收2 ～ 3次。黑小蜜蜂体小灵活，

图1-42　黑小蜜蜂的蜂蜜（薛运波　摄）

为热带经济作物的重要传粉昆虫，目前有人尝试整巢移入家中饲养。

（五）沙巴蜂

沙巴蜂分布于马来西亚婆罗洲东北部（图1-43）和斯里兰卡。

图1-43　参观马来西亚蜂场（李兴安　摄）

1. 形态特征　工蜂的体色为红铜色，蜂王和雄蜂的体色比工蜂更深暗。较东方蜜蜂中的印度蜜蜂个体大（图1-44）。腹部第1 ～ 6节背板基部各具有一条宽而鲜明的银白色绒毛带，在吸蜜后腹部膨胀时明显可见。翅脉异常，肘脉指数大，且差异很大，平均为7.45±3.04，范围为3.53 ～ 24.74。第3肘室被显著缩短的M肘扭曲。雄蜂后胫节后边缘具多毛的缘缨，毛较浓密而粗。

图1-44　沙巴蜂工蜂、蜂王及卵虫（薛运波　摄）

2. 生物学特性　沙巴蜂在形态和生物学上与东方蜜蜂相似，生活在海拔1 700m以下的地区，但在洞穴内筑造复脾蜂巢（图1-45）。工蜂嗅觉灵敏，短时间内能召集众多同伴到糖蜜诱饵处。可为热带地区兰属的几种兰花授粉。雄蜂交配时间在16：30—18：15，比东方蜜蜂（14：00—16：00）迟。雄蜂的内阳茎与东方蜜蜂的形态有差异，将其外翻时，可见到其具有两个长而向前弯曲的角囊；在外生殖腔两侧各有两个无色球状上囊，而东方蜜蜂每侧有3个橘红色柄状上囊。沙巴蜂阳茎球背壁具毛的三角形板片和外生殖腔的毛区都较大。雄蜂体重101.2mg，贮精囊内精子数约170万。

沙巴州的丹南可可研究所蜜蜂繁育中心，曾试用椰筒和活框蜂箱饲养沙巴蜂（图1-46），目前取得一定进展。

图1-45　沙巴蜂蜂巢（李兴安　摄）

图1-46　沙巴蜂蜂场（薛运波　摄）

（六）绿努蜂

绿努蜂（*Apis nuluensis* Tingek Koeniger and Koeniger, 1998）发现于亚洲的马来西亚沙巴州绿努山区。1998年，德国的尼古拉夫妇（Koeniger and Koeniger）和马来西亚的丁格（Tingek）报道了他们发现的这一蜜蜂新种，并得到了国际同行的认可。

1.形态特征　工蜂体长10～11mm，体色多为暗黑色，当地又称"黑色蜜蜂"，其鉴别特征为后腿从基节到跗节末端呈棕色。

2.生物学特性　生活在海拔1 700m以上的山区，穴居，在树洞里营造复脾蜂巢。当胡蜂接近巢口时，守卫蜂腹部上举，臭腺外露，而东方蜜蜂不暴露臭腺。DNA分析显示，它最近才从东方蜜蜂中分离出来，原来他们是姊妹种。它与苏拉威西蜂血缘关系最近，但翅脉与东方蜜蜂近似，形态与当地中沙巴蜂明显不同。婚飞时间为10：44—13：12，高峰期在中午12：00。雄蜂体重107.1mg，贮精囊内精子数130万。

绿努蜂可以驯养为饲养蜂种，也是当地的传粉昆虫之一。

（七）苏拉威西蜂

分布于菲律宾的棉兰老岛以及印度尼西亚的桑和西里伯斯和苏拉威西岛

屿。1998年，G. W. Otis和S. Hadisoesilo经过多年的形态学和生物学对比研究，确立了原Smith定名的苏拉威西蜂为一个独立蜂种。

1. 形态特征　体形比当地的东方蜜蜂稍大，唇基和足略带黄色，工蜂体长约11mm，体色较东方蜜蜂浅，通过综合形态分析，两者差异较显著。

2. 生物学特性　穴居，营造复脾，其余生物学特性与东方蜜蜂相似。雄蜂房封盖内没有像东方蜜蜂的茧，房盖上也没有像东方蜜蜂一样的小孔。婚飞时间为14：15—17：30。巢内有恩氏瓦螨寄生。目前已经有部分驯养饲养蜂种，能生产蜂蜜，是当地的授粉昆虫之一。

（八）东方蜜蜂

东方蜜蜂分布在亚洲，包括中国、伊朗、阿富汗、巴基斯坦、印度、斯里兰卡、缅甸、泰国、马来西亚、印度尼西亚、东帝汶、菲律宾、日本、朝鲜以及俄罗斯远东地区，生存在热带、亚热带、温带等气候带中。

1. 形态特征　工蜂体色有黑色（图1-47）、黄色（图1-48）两种，雄蜂体色为黑色，蜂王体色有黑色和棕色两种。工蜂体长9.5 ~ 13.0mm，喙长3.5 ~ 5.6mm，前翅长7.0 ~ 9.0mm，后翅中脉分叉，唇基具三角形黄斑。体色从南到北变化较大，热带、亚热带的品种，腹部以黄色为主，但也有部分体色偏黑的个体；高寒山区或温带地区的品种，腹部以黑色为主，但也有偏黄色的个体。近几年我国从南方到北方的部分蜂群中，均发现（长白山区蜂群没有发现）体色为棕黄色或深黄色的工蜂（图1-49）。

图1-47　体色偏黑的东方蜜蜂
（薛运波　摄）

图1-48　体色偏黄的东方蜜蜂
（薛运波　摄）

图1-49　体色深黄的东方蜜蜂
（薛运波　摄）

2. 生物学特性 21世纪前东方蜜蜂处于野生（图1-50）、半野生或家养状态（图1-51），目前随着社会的发展、自然环境的变化，东方蜜蜂多数处于人工饲养状态，我国目前饲养中华蜜蜂300余万群。在自然界中，蜂群栖息在树洞、岩洞等隐蔽场所，筑造复脾。雄蜂虫蛹巢房有2层凸起的封盖，外观像尖斗笠状突起，中央有气孔（图1-52）。工蜂的活动和行为与西方蜜蜂相似，但在朝门前扇风时头朝外（头背着巢门）。行动敏捷，发现蜜源快，采集范围在1 000 ~ 2 000m。可维持1.5万 ~ 3.5万只蜜蜂的群势，分蜂期常修造7 ~ 15个王台，可诱使蜂群进行2 ~ 3次以上分蜂。产卵育虫有节律，消耗饲料少，耐寒性强，适合南北方山区饲养。但是，在蜜源缺乏、或遇到敌害侵袭、或患有疾病时，蜂群极易发生迁飞。抗螨能力强，抵御胡蜂能力强于西方蜜蜂。抗巢虫能力弱，易感染囊状幼虫病（图1-53），盗性强，防盗能力不如西方蜜蜂，不采树胶。

图1-50　野生状态东方蜜蜂
（薛运波　摄）

图1-51　半野生状态东方蜜蜂
（薛运波　摄）

图1-52　东方蜜蜂雄蜂房
（王新明　摄）

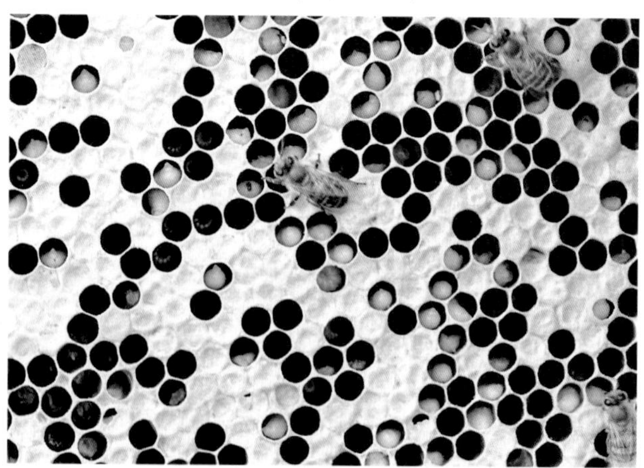

图1-53　易感囊状幼虫病
（薛运波　摄）

（九）西方蜜蜂

西方蜜蜂原产于中东、欧洲和非洲地区。由于欧洲移民的携带和商业上的交流，现已遍及除南极洲以外的世界各大洲。

1. 形态特征　西方蜜蜂欧洲类型中，北部的黑色品种（图1-54）比南部的黄色品种大，非洲类型较小。意大利蜜蜂工蜂体长12 ～ 13mm，第6腹节背板上无绒毛带（图1-55）；后翅中脉不分叉，前翅长8.0 ～ 9.5mm，肘脉指数2.66±0.34；喙长5.5 ～ 7.2mm，唇基一色。

图1-54　高加索蜜蜂三型蜂
（薛运波　摄）

图1-55　意大利蜜蜂三型蜂
（薛运波　摄）

2. 生物学特性　西方蜜蜂现处于野生、半野生和家养状态。目前人工饲养的占比较高，我国饲养的西方蜜蜂有600余万群，野生的西方蜜蜂仅在新疆发现，数量极少。在自然界，蜂群穴居，筑造复脾，蜂巢中3 ～ 20张脾平行纵向排列。工蜂在巢门扇风时，头向内，起到吸气机的作用。雄蜂虫蛹房盖突出呈帽状，中央无气孔。能维持大群，护脾能力强，不易飞逃，喜欢旧巢脾，喜欢采集树胶。是目前饲养范围最广的蜂种，易受大小蜂螨寄生危害。

第二章　蜜蜂遗传学基础

第一节　遗传与变异

一、蜜蜂的遗传

生物通过各种生殖方式进行种族繁衍。单细胞生物一般通过细胞分裂，来繁殖自己；多细胞生物则无性繁殖和有性繁殖都有。蜜蜂既有有性生殖，又有无性生殖（孤雌生殖）。无论哪种生殖方式，都是保证生命在世代间的连续，这种世代间的连续，称为遗传。通俗地讲就是种瓜得瓜，种豆得豆。蜜蜂生出来的永远是蜜蜂（图2-1），苍蝇生出来的永远是苍蝇，牛生出来的永远是牛，人总是生人。大肠杆菌的后代总是大肠杆菌，肝炎病毒的后代总是肝炎病毒，这些生物产生的同类，即类生类的现象就是遗传。

在同一物种内可以看到更细致的遗传现象，例如，肝炎病毒有若干不同的类型，有的类型毒性很大，有的类型毒性很小，各种类型的毒性是稳定的。大肠杆菌有许多不同的品系，有些品系能利用乳糖来生活，有些品系不能利用乳糖来生活，这些品系也是稳定的。西瓜有不同的品种，水稻和小麦等的品种更多。不同的品种特性不同，这些特性都是能够遗传的。所以遗传是各种生物和各个品种稳定性的根据。

图2-1　蜜蜂的遗传
（薛运波、常志光　摄制）

（一）显性遗传

一个亲本的某一性状在子代中完全表现出来，称为显性；而另一亲本的相应性状则根本不表现，即为隐性。例如，以具有卫生行为的纯系蜜蜂（aa）作母本，以不具卫生行为的纯系蜜蜂（AA）作父本进行杂交，其子一代蜂群（Aa）的表现不具卫生行为。在这里父本（AA）不具卫生行为的性状完全表现出来了，呈显性。而母本（aa）具有卫生行为的性状，却一点也没得到表现，呈隐性。再如，通过人工授精的方法，以正常眼色的处女王（BB）与白眼色雄蜂（bb）进行杂交，其子代（Bb）全部表现为正常眼色。在这里母本正常眼色完全表现出来了，呈显性；而父本的白眼色却一点也未表现出来，呈隐性，这就是显性遗传或隐性遗传。在蜜蜂中很多质量性状都表现为显性遗传。

（二）中间遗传

双亲的某一性状在子代中都有一定程度的表现，但都表现得不充分，而是介于双亲的中间状态。这种遗传现象，称为中间遗传。例如，纯种的卡尼鄂拉蜂蜂王体色为黑色，而纯种意大利蜂的体色为黄色，用纯种的卡尼鄂拉蜂（KK）作母本，用纯种的意大利蜂（E）作父本进行杂交，其子一代工蜂（KE）体色表现黄黑相间的"花色"（图2-2）。在这里，母本性状（KK）黑色得到了一定程度的表现，父本性状（E）黄色也得到了一定程度的表现，其子一代工蜂的体色介于双亲体色（KE）的中间状态。除体色外，在蜜蜂的某些数量性状也表现为中间遗传。例如，欧洲类型的西方蜜蜂，其工蜂的个体发育时间从卵到羽化出房平均为21d，非洲类型的西方蜜蜂，其工蜂的个体发育时间从卵到羽化出房平均为18.5d，将欧洲蜂与非洲蜂杂交后，杂种工蜂的个体发育时间从卵到羽化出房平均为20d，介于父本和母本之间。

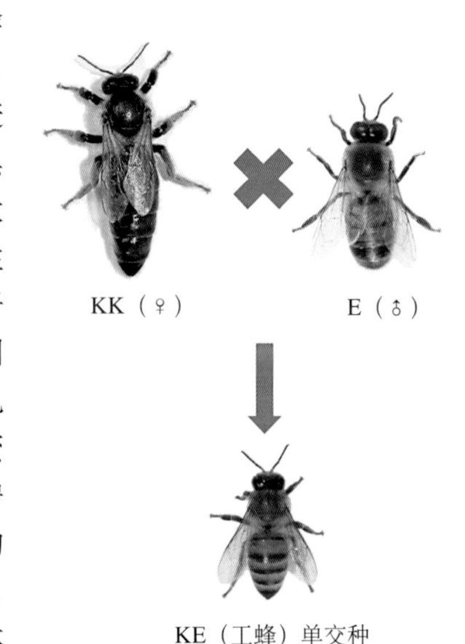

图2-2　蜜蜂体色中间遗传
（薛运波、常志光　摄制）

（三）细胞质遗传

生物的大多数遗传性状是受细胞核中染色体上的基因控制的，这种遗传现象称细胞核遗传，其遗传动态符合分离、自由组合和连锁与交换三个基本规律。但是细胞核遗传并不是生物唯一的遗传方式，还有一些遗传性状是受细胞质控制的。例如，线粒体引起的遗传，这种遗传称细胞质遗传（也称核外遗传、非染色体遗传或母体遗传），其遗传动态不符合三个基本规律，表现细胞质遗传的特点。例如，蜜蜂在正反杂交后，其后代表现出不同性状的现象，有可能是细胞质遗传导致的。

研究表明，线粒体确实是一种重要的遗传物质。线粒体内含有DNA，与核DNA有明显的差异，主要表现在浮力密度和GC的含量，大小也不相同。线粒体DNA的相对密度比较低，为1.705 ~ 1.719。GC含量比核DNA的高或者较低。线粒体DNA有环状和线状两种，动物的线粒体DNA一般为闭合环状的。线粒体DNA也携带遗传信息，也能进行半保留式的自我复制，并且有自己的DNA、RNA、蛋白质的合成系统。

细胞核与细胞质是统一的整体，它们在遗传上相互联系，彼此制约。细胞质基因在遗传上除了有相对的自主性外，在很大程度上受核基因的控制，同时细胞质基因对核基因有调解作用。在生物体的个体发育中，细胞核与细胞质相互依存不可分割，协调地发挥作用。细胞核在很大程度上决定了个体发育的方向和模式，细胞质是个体发育的基础。

二、蜜蜂的变异

大家知道，不同的物种彼此有明显的区别。例如，蜜蜂和苍蝇有很大的区别，小麦和谷子有很大的差异，同一物种不同个体间也彼此有所差异，这些差异就是变异。我们知道蜜蜂种内有不同的品种，同一品种的蜜蜂群中有不同的个体（图2-3）。变异和遗传一样，是生命的普遍现象。总体来说，同一亲本的后代既像亲本又跟亲本有所差异，总体的情况是大同小异。

图2-3 蜜蜂后代出现变异
（薛运波、常志光 摄制）

为什么表现大同小异呢？这是因为亲本和后代之间的遗传基础基本是相同的，所以表现相同的同时又有所差异。

应该指出，变异的原因很复杂。生物之所以发生变异，既有内因即遗传基础有差异的因素，又有外因即环境条件不同的影响。之所以这样，是由于任何生物有机体，都是遗传和环境相互作用的产物。

内因和外因，任何一方面的变化都能引起变异。这就是普遍存在着的个体差异的原因。分析变异原因是遗传学的一个重要任务，这方面的研究为育种工作提供了必需的知识。

（一）遗传的变异

遗传的变异是由生物体的基因型改变引起的，变异一旦发生，就能够通过有性繁殖而传递给后代，并且其变异方向是不定的。例如，果蝇的红眼变白眼、粉红眼，有角牛群中产生无角犊，鸡群中发现受矮化基因控制的矮化个体等。蜜蜂工蜂卫生行为的有无、蜂王体色的变化、雄蜂“黄绿眼”突变的出现等，都是遗传物质基础的差异造成的。蜜蜂这种由于遗传物质基础的差异引起的变异，是能遗传的。遗传变异产生的原因主要是由于杂交造成基因重组，再由基因重组引起遗传性状改变；其次是由于基因突变即DNA分子的改变，导致遗传信息的变化而引起变异。此外，由于生物体染色体数量和结构发生变化，相应引起基因剂量和相互关系发生变化，也是产生遗传变异的原因。遗传的变异是生物进化发展的基本原料。

（二）不遗传的变异

生物体在不同环境条件下产生的表型改变，称不遗传变异。这类变异一般限于当代个体，不能传给后代，通常属于生理范围内的变化，不影响生物机体内在的遗传基础。引起这类变异的条件一旦消失，变异也就消失，不遗传变异有一定的方向。例如，动物在良好的饲养管理条件下，生长发育良好，膘肥体大；在不良的饲养环境条件下，生长发育受阻，瘦小体弱；同一品种的绵羊在北方生活毛长得浓密，在南方生活则毛短而稀疏等。在蜜蜂方面，用同一纯种蜜蜂作母本培育处女王，育王群质量不一样，育出的处女王的质量也不一样。若育王群的质量好、哺育条件好、营养好，则处女王发育好、个体大，交尾成功后产卵能力也强；反之，若育王群的质量差、哺育条件差、营养差，则处女王发育差、个体小，交尾成功后产卵能力也弱。这些变异都是不遗传变异。

三、蜜蜂的突变

突变包括基因突变和染色体畸变两种。基因突变是染色体某一位点上的化学变化，这是遗传物质的深刻变化。DNA是生物体的主要成分，DNA分子中某一段碱基排列顺序就相当于一个基因。因此，碱基的排列顺序如果发生改变，基因也就发生了改变，也就是产生了新的等位基因。染色体畸变是指染色体数目的改变或染色体结构的改变。引起突变的原因很多、很复杂，有物理因素，如温度、压力、射线等影响；也有化学因素，如秋水仙碱、芥子气等影响。

（一）基因突变

突变有自发产生的和诱发产生的。自发突变和诱发突变没有质的差别，只有量的差别，自发突变率远远低于诱发突变率。

1.自发突变　是指生物不经过任何处理，在自然情况下由外界环境条件的自然作用或生物体内生理和生化变化而引起的突变，这种突变是遗传物质在细胞的生理生化过程中产生的。蜜蜂雄蜂的白复眼（图2-4）即是基因发生了突变。自然突变广泛存在于生物界中，是生物进化的源泉。在饲养动物中有些突变受到人们的注意，把这种突变保留下来加以利用，由此育成一些新品种。

图2-4　雄蜂突变后白复眼（薛运波　摄）

2. 诱发突变　又称人工诱变，它是人工应用各种物理、化学因素引起的基因突变。凡是使DNA结构发生变化的因素都可以用来诱发基因突变。有诱发作用的因素很多，概括为物理诱发因素和化学诱发因素两类。

（1）物理诱变因素　主要是电离射线，如X射线、γ射线、α射线和β射线，中子流等，还有非电离辐射的紫外线。近年来又发现激光、电子流、超声波等对生物都有诱变作用。

电离辐射能使遗传物质发生变异作用。当射线作用于生物体时，从细胞中各种原子或分子的外层击出电子，在射线径迹中的细胞内产生很多离子对，引起细胞内原子或分子的电离和激发。如果染色体和DNA分子被射线作用产生电离或激发时，就会引起基因改变，如引起碱基缺失、插入、替换以及一些区段碱基排列顺序倒转，从而改变遗传密码，产生突变了的新基因。

（2）化学诱变因素　指能够引起基因突变的化学物质。已知的有烷化剂、碱基类似物、羟胺、吖啶色素等。

基因突变通常只发生在某一个基因位点上，而且这种突变通常是隐性的。如果某一性状是由1对基因控制的，例如，蜜蜂眼睛的颜色就是由1对基因（aa）控制的，它的1个等位基因如果发生了突变，在单倍体（a）雄蜂中，在发生突变的当代是可能被观察出来的；但在二倍体（Aa）（蜂王和工蜂）中，在发生突变的当代是观察不出来的，只有在其后代中，由于分离规律和受精作用，使携带该突变基因的卵子与携带该突变基因的精子结合成为合子（受精卵），从而使得控制这一性状的1对等位基因都是突变基因（aa），该突变才可能被观察出来。如果某一个性状是由多对基因同时控制的，其等位基因同时全部发生突变几乎是不可能的，因此也就不可能存在其表现型。例如，蜜蜂的体色是由7对基因控制的，7个等位基因同时全部发生突变几乎是不可能的，控制卡尼鄂拉蜂体色为“黑色”的7个等位基因，不可能同时全部都突变为“黄色”的基因，控制意大利蜂体色为“黄色”的7个等位基因也不可能同时全部突变为“黑色”的基因。即使这7个基因位点同时全部发生了突变，也不可能首先在蜂王（二倍体）身上表现出来，而只可能首先在雄蜂（单倍体）身上表现出来。因此，在进行卡尼鄂拉蜂纯种繁育过程中，若实行了严格控制自然交尾，并且保证隔离交尾区内没有黄色雄蜂存在，是不可能培育出黄色的卡尼鄂拉蜂处女王来的。如果出现体色为黄色的处女王，只可能是所谓的纯种卡尼鄂拉蜂并不是真正的纯种，而是卡尼鄂拉蜂与意大利蜂的杂交种，或者隔离交尾区内有黄色雄蜂存在。

（二）染色体畸变

染色体畸变是指染色体结构和数目的变异，它既可自发产生又可以诱发引起。染色体畸变是染色体较大范围的变异，对染色体的结构、数目、功能及行为都有较大影响，可产生较大遗传效应。染色体结构变异就是染色体上的基因排列顺序的改变，也称基因重排，包括缺失、重复、倒位，易位4种类型。

1.缺失　指染色体上某一段及其上的基因丢失了，从而引起变异发生，有顶端缺失和中间缺失两种情况。

2.重复　指一个染色体上某一部分出现两份或两份以上的现象。也就是染色体增加了相同某个区段所引起的变异现象。重复一般是由同源染色体间（或染色单体间）发生的非对等交换产生的，同时形成了一个缺失染色体与一个重复染色体，称为重复杂合体。重复有顺接重复和反接重复两种情况。

3.倒位　也称逆位，指染色体的某一区段的正常直线顺序颠倒了。有臂内倒位和臂间倒位两种情况。

4.易位　指一条染色体上的某个片段移接到另一条非同源染色体上的结构变异，有单向易位和相互易位两种情况。

四、遗传、变异的利用

遗传和变异是普遍的生命现象，遗传可以说是保守的力量，它使物种或品种具有稳定性。变异可以说是前进的力量，它会引起物种或品种的变化。遗传、变异与养蜂生产有着密切联系，为了提高蜂产品的产量和质量，最直接的手段就是蜜蜂育种。应用各种遗传学方法，改造他们的遗传结构，培育出高产优质的品种。

变异有遗传的、有不遗传的。这因为变异的发生既有遗传的原因，又有环境的原因。单纯由于环境影响发生的变异，如获得性是不遗传的。只有遗传的变异才是育种的原始材料。因此，在育种工作中，必须善于区别遗传的变异和不遗传的变异。

第二节　细胞与遗传

一、细胞

细胞是生物有机体的基本单位。它不仅是生物有机体的结构单位，而且也是生物有机体的功能单位，一切生命现象，归根到底都跟细胞分不开。

（一）细胞的结构

不同种类的生物和不同器官、组织的细胞在形态上不同，但是他们都有共同的结构。细胞一般由细胞膜、细胞质和细胞核三部分组成（图2-5）。

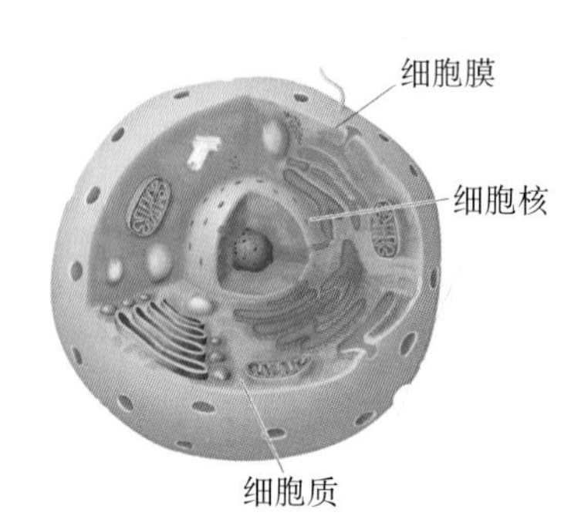

图2-5　细胞结构
（常志光　仿绘）

1.细胞膜　是细胞外围的一层薄膜，简称质膜。植物细胞与动物细胞不同，在质膜的外围还有一层由纤维素和果胶质等构成的细胞壁，其是由细胞质分泌出来的物质。原生质内的许多细胞器也有膜的结构，称细胞器膜，这些具有膜包被的细胞结构，统称为膜相结构，包括细胞膜、线粒体、质体、内质网、高尔基体、液泡和核膜等。而细胞壁、核糖体、中心体、染色质和核仁等属于非膜相结构。在膜相结构中，所有的膜都是由蛋白质和磷脂组成的，还有少量的糖类、固醇类及核酸等。

细胞膜对细胞生命活动具有重要的作用。它具有保护细胞的功能，并与细胞的吸收、分泌、内外物质交换及细胞间的联结黏着等密切相关。膜能主动而有选择地透过某些物质，阻止细胞内许多有机物质的渗出，调解细胞外某些营养物质的渗入。质膜上的各种蛋白质、特别是酶，对于各种物质透过质膜具有关键作用。细胞膜对遗传信息的传递、能量转换、代谢调控、细胞识别等都具有重要作用。

2.细胞质　细胞膜以内环绕着细胞核外围的原生质成胶体状溶液即为细胞质。为半透明的基质，主要成分是蛋白质、核酸、无机盐和水。在细胞质中分散着各种细胞器、膜系统和微体。细胞器是细胞质内除了核以外的一些具有一定形态、结构和功能的物体。例如，线粒体、质体、中心体、核糖体、高尔基体、内质网、溶酶体等（图2-6）。其中质体是植物细胞所特有的细胞器，中心体是动物细胞及少数低等植物细胞所特有的细胞器。

（1）线粒体　除了细菌和蓝藻以外，所有真核生物的细胞中都含有线粒体（图2-7）。其形状、体积大小不一，一般呈线状、杆状或颗粒状，随不同生理状态而相互转变。线粒体由内外两层膜所包围。外膜光滑，内膜向内回转折叠，形成许多横隔。其内外膜上都附有酶系颗粒。线粒体通过呼吸作用的多种酶系颗粒，能将细胞中的糖酵解，产生丙酮酸，进一步转化产生能力。因而，线粒体是细胞氧化作用和呼吸作用的中心。它产生的含有高能键的三磷酸腺苷（ATP）为细胞活动提供动力。线粒体含有DNA、RNA和核糖体等，具有独立合成蛋白质的能力，并有自己的遗传体系。

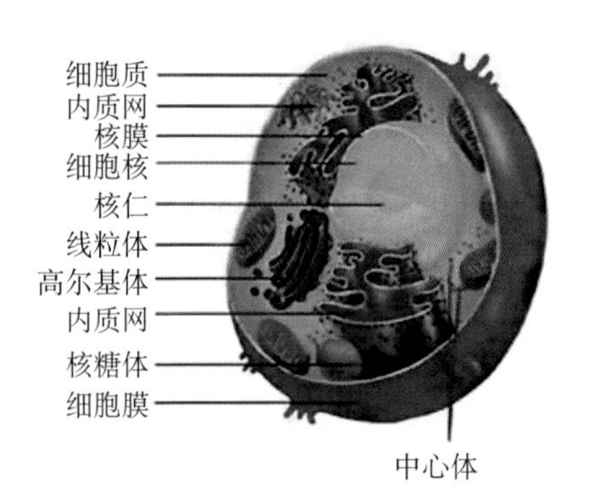

图2-6　细胞质中的细胞器
（常志光　仿绘）

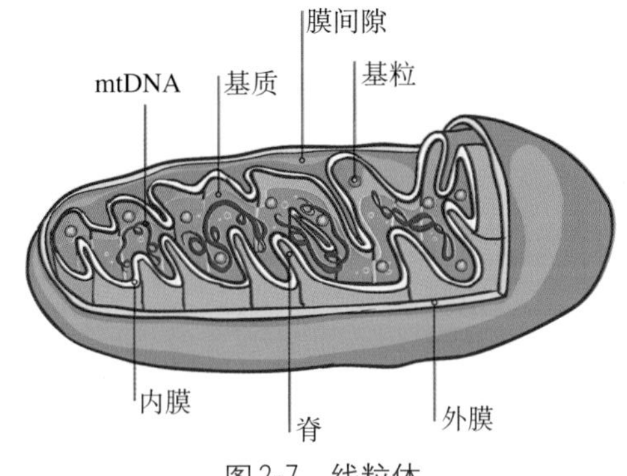

图2-7　线粒体
（常志光　仿绘）

（2）核糖体　即核糖核蛋白体，是很微小的细胞器。每个核糖体由大小两个亚单位构成直径为150 ～ 200Å的一个单体，通常串联成多核糖体（图2-8）。它可以游离在细胞质中或核里，也可以附着在内质网上。核糖体是由大约40％的蛋白质和60％的RNA组成，其中RNA主要是核糖体核糖核酸（rRNA）。多核糖体是合成蛋白质的主要场所，具有遗传功能。

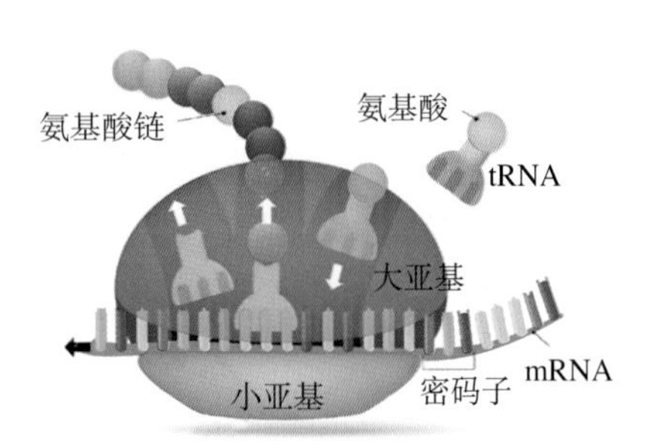

图2-8　核糖体
（常志光　仿绘）

（3）中心体　是动物细胞和低等植物细胞所特有的细胞器。它包括两部分，中央部分有中心粒，周围的致密物质称中心球。其位置接近细胞的中央，在核的一侧，故称中心体（图2-9）。中心粒呈短筒状，其筒壁由九组细管组成，每一组细管有三根微管组成。细胞开始分裂后不久即开始复制，其中一对移向核的对侧，每个微管内伸出纺锤丝附着于染色体的着丝点上，纺锤丝的收缩牵动

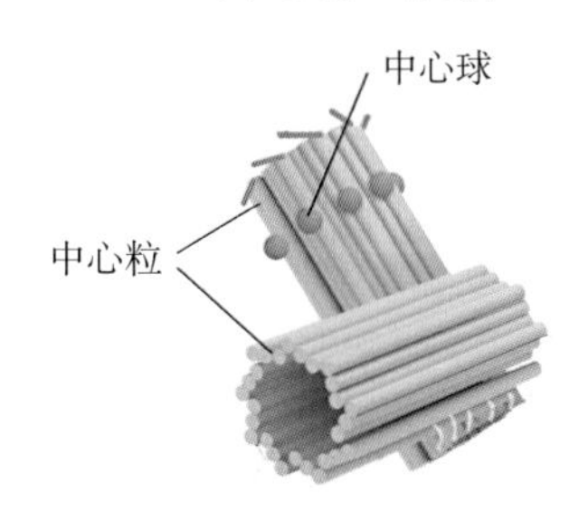

图2-9　中心体
（常志光　仿绘）

染色体移动。目前，对中心粒机能的了解还不够深入，但它与细胞分裂期纺锤丝的排列方向和染色体的移动方向有密切关系是可以肯定的。

（4）内质网　是细胞质中广泛分布的膜相结构。它是由单层膜包围而成的管状、泡状或一层层扁平的片状结构，在细胞质中伸展宽广，相互连接成网，分布较密，故称内质网（2-10）。它跟核膜、高尔基体、质膜和液泡膜等构成细胞中的膜系统。有的内质网外附有核糖体，称粗糙型内质网，是细胞内合成蛋白质的主要部位。不附有核糖体的内质网，称平滑型内质网，与脂类物质的合成、糖原和其他碳水化合物的代谢有关。

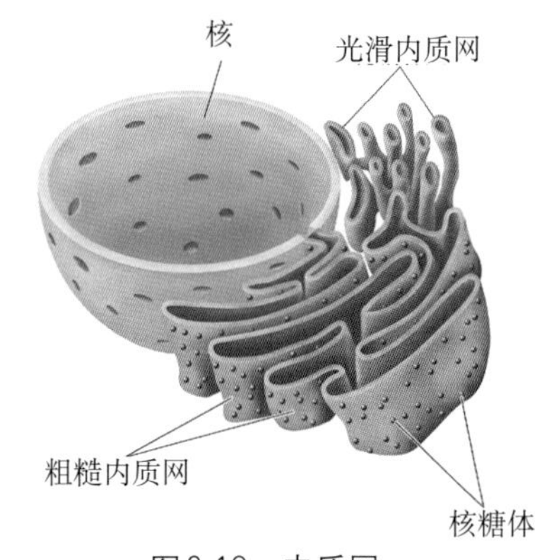

图2-10　内质网
（常志光　仿绘）

（5）溶酶体　是颗粒状的细胞器。是一种能消化和溶解物质的囊状小泡（图2-11）。溶酶体的多种水解酶能把蛋白质、核酸、多糖和脂类分解，是细胞内的消化系统。

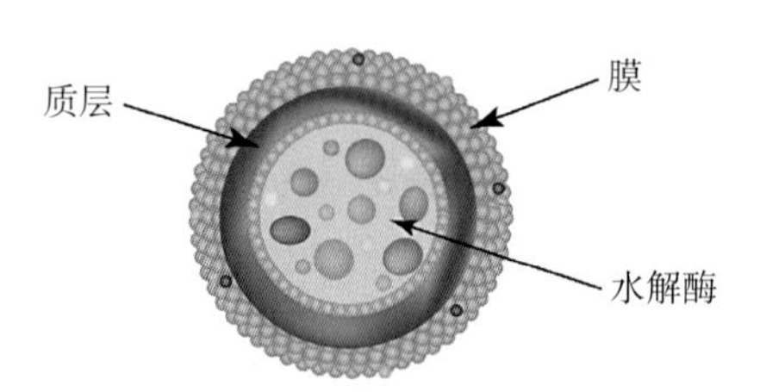

图2-11　溶酶体
（常志光　仿绘）

3. 细胞核　细胞核是细胞中最大最重要的细胞器，与细胞质在折光性能和染色上有明显区别。真核细胞除少数例外，一般具备一个或若干个细胞核。植物的筛管细胞和哺乳动物的红细胞内无细胞核，它们的细胞质也已改变，已不是一个正常的细胞，生活的时间也不长。从遗传角度讲，细胞的形态和特征是由细胞核决定的。

（1）细胞核的形态　细胞核可以看作是一种细胞器的集合（图2-12），因其本身是由几种细胞器构成，由核膜、核仁、核液和染色质等组成。细胞核无论大小与形态如何，其基本结构均相同。细胞核一般呈圆球形或椭圆形，也有杆状或丝状的，核心的形状常与细胞的形状相适应。

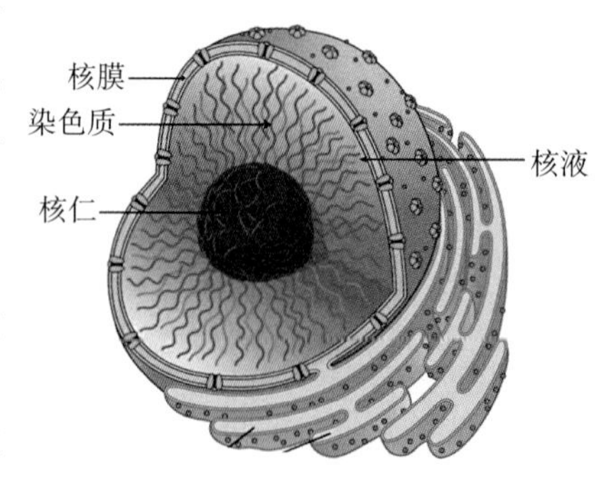

图2-12　细胞核
（常志光　仿绘）

大多数细胞核的大小在5 ~ 30μm，最小的不足1μm，许多生殖细胞的核很大，如性母细胞、卵与合子等，核的大小可达400μm。核的大小亦随细胞的周期而变化，准备分裂的间期细胞核一般大于刚分裂后的细胞核。多倍体的细胞核通常大于2倍体的细胞核。代谢活跃和生理性强的细胞其核大于不活跃者。

细胞核一般位于细胞中央，在有中央液泡或大量内含物时，核往往被挤到外围薄层的细胞质中。

（2）核膜　核膜包围在核的外围，是细胞核与细胞质的界模，为多层多孔性膜。核外表的一层膜称核外膜，在核内表面的一层膜称核内膜。核内膜常与染色体相接触，核外膜常向细胞质延伸并与内质网相连。核膜上布满小孔，称核膜孔，是细胞核与细胞质进行物质交换和遗传信息流向的通路，核膜孔的通透性具有选择性机制。

核模是进化的产物，它的出现把遗传信息的载体染色质与细胞的其他部分分隔开，有利于遗传信息的保存、复制、传递及发挥其对细胞代谢和发育的指导作用，并可防止其受其他因素干扰，保持相对的稳定性。细胞核进行有丝分裂时，核膜消失，实际上是裂成碎片，加入了内质网。当新核生成时，内质网上的片段的膜又围绕新核而拼成新的核膜。

（3）核仁　核仁是细胞间期核内悬浮在核液中的一个或数个折光率很强而匀质的球体，同核膜一样，他是真核细胞所特有的结构。核仁的数目与染色体的倍数有关，多数动植物的单倍体细胞内有一个核仁，也有两个以上的，如人的单倍体细胞内就有两个。细胞衰老时核仁有合并的倾向，其数目会减少。

核仁没外膜，它的物质直接与核液相接触。核仁由DNA、RNA和蛋白质所组成，其中所含RNA和蛋白质的比率大于染色体。核仁的主要功能是收集（本身也制造少量）染色体所制造的rRNA，制造核糖核蛋白体。核仁中也可以找到少量的DNA，这不是核仁本身制造的，而是从所附着的染色体上来的。核仁通常很少游离在核内，往往附着在一个或数个染色体上，附着的地方称核仁组织区，它是合成rRNA和装配核糖体的场所。

（4）核液　核液充满核内，其中含有核仁和染色质。核液可能是核内蛋白质合成的场所。

（5）染色质　核液中能被一些碱性染料染上很深颜色的物质叫染色质，是细胞核的重要成分。在细胞间期的大部分时间，染色质处于一种高度水合而分散的状态，经过固定处理并染色，可以看到呈不规则的、网状结构的物质，这就是染色质（图2-13）。染色质和染色体实际上是同一物质，

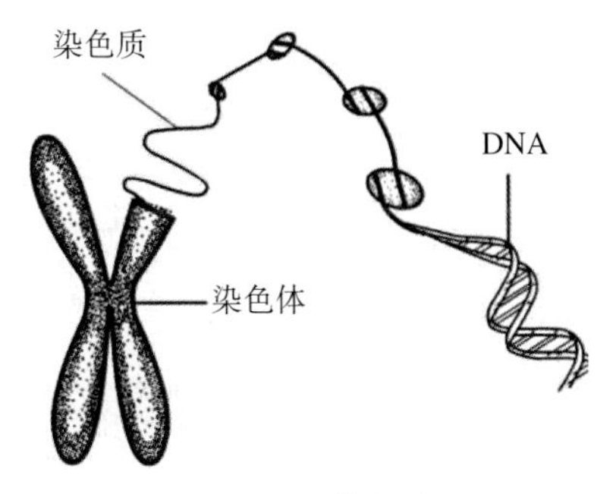

图2-13　染色质
（常志光　仿绘）

在细胞分裂过程中所表现的不同形态。当有丝分裂结束进入间期，染色体脱螺旋化，又恢复到染色质状态。

（二）细胞的代谢

活的细胞存在于动态之中，它不断地从外界环境吸收养分，并不断排出废物。同时，在它的内部不断地发生着各种化学作用。细胞里的一切化学过程，以及细胞与周围环境的物质交换是相互联系的，所有这些过程统称为新陈代谢。发生在生物体内的新陈代谢包括两方面：一是异化作用，就是把原生质的某些有机物分解，释放出能量，以维持生命过程；二是同化作用，就是把一些比较简单的物质，转化成原生质的成分，一般是将比较小的分子转化成较大的分子。在代谢过程的每一步骤中，都需要酶的协助。

对细胞生命来讲，同化作用和异化作用是缺一不可的。在性质上它们的作用方向相反，异化作用是使有机物分解，同化作用是合成新的有机物。

（三）蜜蜂染色体

染色体是一种具有特殊结构和功能的细胞核成分。它能自我复制，并通过细胞分裂将其形态和携带的遗传信息一代一代地延续下去。染色体是遗传物质的载体，它的形态和数目，常常影响生物的遗传性状。所以研究染色体及其变化规律与生物遗传、变异、发育和进化的关系，对于了解生物的遗传变异、系统演变、性别决定、个体发育和生理过程的平衡控制等方面都具有重要作用。

1. 染色体的形态　细胞分裂中期，在高倍显微镜下能够看到染色体的某些典型形态，呈一种圆柱体结构，有两条并排或者相互缠绕的染色单体构成（图2-14）。一个典型的染色体，有以下几个部分。

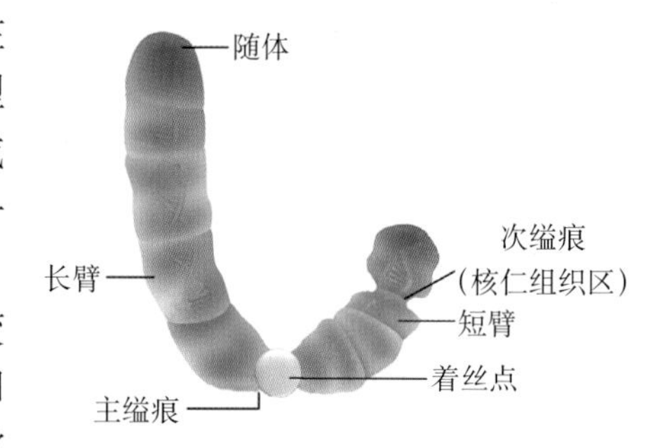

图2-14　染色体
（常志光　仿绘）

（1）主缢痕　染色体上有一条着色较浅而缢缩的部分，称主缢痕。其所在的凹缩部分是不染色的。染色体在主缢痕处常有角偏差，能弯曲。

（2）着丝点　主缢痕里边的染色体结构叫着丝点，它是位于染色体主缢痕里的一个颗粒，所以主缢痕又称着丝点（图2-15）。着丝点是由连续的染色丝及其上的染色颗粒构成的。由于着丝点处染色丝螺旋化程度低、DNA含量少，所以着色浅或不着色。着丝点在每个染色体上的位置是恒定的，根据着丝点的位置可以识别不同的染色体。在细胞分裂中，着丝点对染色体向两极移动具有决定性作用。

（3）次缢痕　在某些染色体的一个或两个臂上，还有个另外的缢缩部分叫

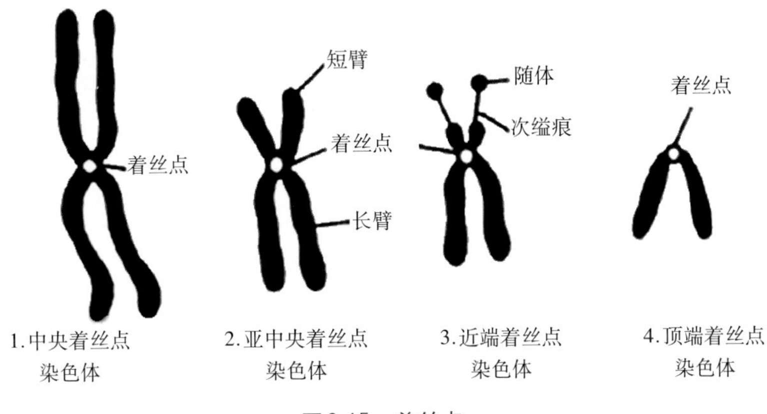

图2-15 着丝点
（常志光 仿绘）

次缢痕，它是某些染色体所特有的另一形态特征（图2-16）。次缢痕的位置是固定的，通常在短臂的一端，一般短小的染色体上没有次缢痕。染色体在次缢痕处没有角偏差，不能弯曲，以此与主缢痕相区别。

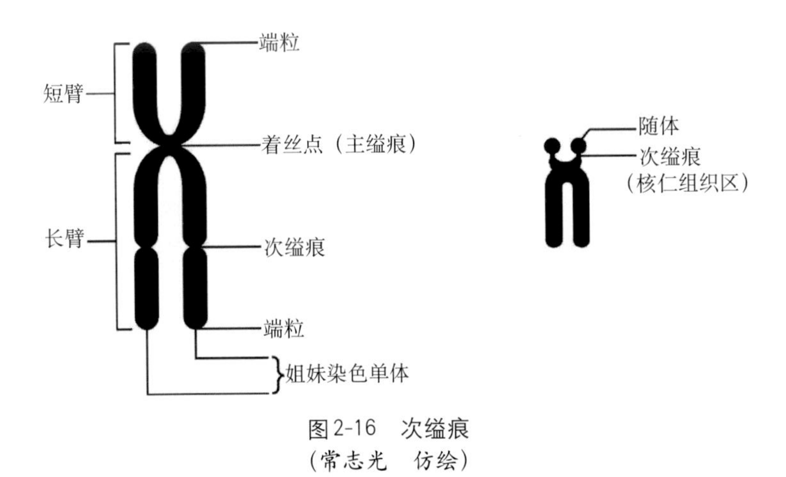

图2-16 次缢痕
（常志光 仿绘）

（4）随体 有些染色体次缢痕的末端连着一个球形或棒形染色体小段，称随体。其大小可以发生变化，大的可以和染色体直径相同，小的可以小到不易辨认。随体的有无、形态和大小，也是鉴别染色体的依据之一。具有随体的染色体，称随体染色体。

（5）核仁组织区 染色体的次缢痕具有组成核仁的特殊功能，在细胞分裂时，它紧密联系着一个核仁，称核仁组织区。许多生物的核糖体DNA就集中在染色体这个特定的位点上。不是所有的次缢痕区都有核仁组织区，但核仁组织区一定在次缢痕区。

染色体的形态主要取决于着丝点的位置。在染色体顶端，几乎成为单臂，近似棒形，称顶端着丝点染色体。着丝点靠近端部，具有一个长臂和一个极短的臂，称近端着丝点染色体。着丝点在染色体中部上方或下方，两臂长短不一，称近中着丝点染色体。着丝点在染色体中部，具有两个等长或近似等长的臂，称中间着丝点染色体。

2. 染色体的结构 染色体的主要成分是DNA和蛋白质的复合物，其中DNA的含量占染色体重量的30%～40%，蛋白质主要是碱性的组蛋白和一些非组蛋白，组蛋白与DNA的比例大致相同，含量比较恒定，起到重要的组织成型作用。

据研究，每一条染色体的骨架是一个连续的DNA大分子与组蛋白相结合形成的DNA-蛋白质纤丝。其基本结构单位是核小体，每个核小体由8个组蛋白分子和200个碱基对长度的DNA所组成。相邻的两个核小体之间由长50～60个碱基对的DNA连接，中间结合一个组蛋白分子，这就是染色体的串珠模型假说。细胞分裂中期的染色体所包含的两条染色单体，就是各由一条相同的DNA-蛋白质纤丝经螺旋化并反复折叠形成的。

目前人们用染色质螺旋化的四级结构模型理论，说明细胞分裂过程中怎样从染色质卷曲成一定形态结构的染色体的。一级结构就是染色质基本结构单位的核小体；二级结构为核小体长链呈螺旋盘绕，形成螺旋体。三级结构是进一步螺旋化和卷缩，形成超螺旋体；四级结构是超螺旋体再次折叠和螺旋化，形成染色体。从染色质中DNA分子双螺旋结构开始，经过核小体和染色质中的超螺旋结构到染色体的整个生物“包装”过程，DNA的压缩率为8 000～10 000倍。

3. 二倍体、单倍体和同源染色体 蜂王和工蜂是由受精卵发育而来的，体细胞内包含两组相同的染色体，称二倍体，用2n来表示；雄蜂是由未受精卵发育而来的，体细胞内只含有一组染色体，用n来表示，称单倍体。蜂王和工蜂体细胞染色体都是成对的，在这些成对的染色体中，凡是形态、大小和结构相同的一对染色体，称同源染色体；不成对的染色体称非同源染色体。一对同源染色体的成员，一条来自父本，一条来自母本。

4. 蜜蜂染色体的数目 生物细胞核内都有一定形态和一定数量的染色体，每一种生物，染色体的数目是相对恒定的，大小和形态结构等特征也是一定的。蜜蜂属的各种蜜蜂雌性个体为二倍体（2n），体细胞的染色体数目是32条（图2-17）；雄性为单倍体（1n），体细胞的染色体数目是16条。在蜜蜂成虫的某些体细胞内，曾发现有高度的多倍体。蜜蜂是单倍-二倍性生物，与其他生物有所不同。二倍体的雌性配子中是减半的有16条染色体（1n）；单倍体雄蜂的配子中不减半，仍为16条染色体（1n）；二倍体雄蜂中细胞染色体数目也不减半，依然是32条。

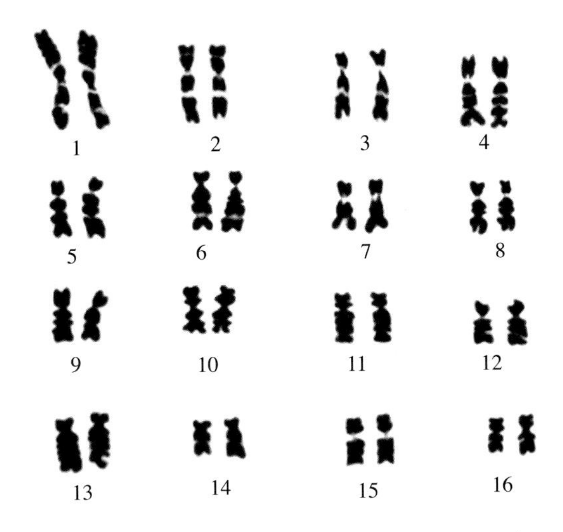

图2-17　卡尼鄂拉蜂染色体（常志光　仿绘）

5.蜜蜂染色体组型　把蜜蜂体细胞内全部染色体按特征分组，并把各个染色体按其长度和着丝点所在的位置排列起来，编上号码，称为蜜蜂的染色体组型。因此，染色体组型代表了一个个体、一个种、甚至一个属或更大类群的特征。

（1）西方蜜蜂的染色体组型Beye M.和Moritz R. F.（1995）报道，蜜蜂16条染色体中只有一条最大的染色体具有近中着丝点，其余15条染色体都为近端着丝点。除最长的1号染色体为两条近端着丝点染色体融合成一条没有近端的端点，只有在两条长臂上有两个远端的端点外，其余15条染色体都有一个远端的端点在长臂上，及一个近端的端点在短臂上（图2-18）。

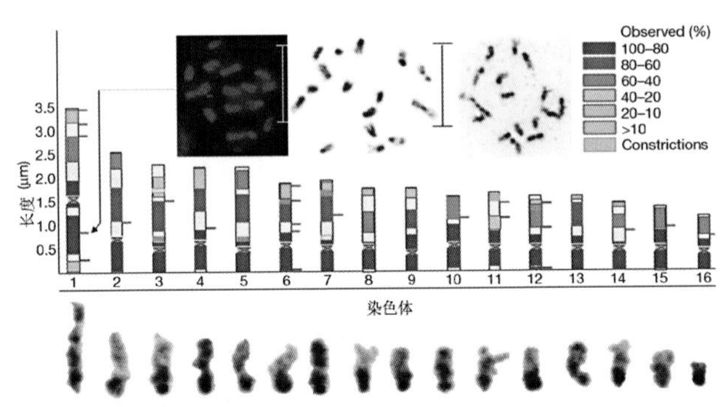

图2-18　西方蜜蜂染色体分散、模型的表意图与核型
（引自Spencer Johnston, 2006）

（2）东方蜜蜂的染色体组型　中华蜜蜂（*Apis cerana cerana*）雄蜂的染色体有2条为中着丝点染色体，5条为近中着丝点染色体，7条为近端着丝点染色

体，2条为端着丝点染色体。日本蜜蜂（*Apis cerana japonica*）雄蜂的染色体有4条为中着丝点染色体，12条为近端着丝点染色体。

二、蜜蜂的遗传物质

绝大多数生物的遗传物质是脱氧核糖核酸（DNA），因此说DNA是主要的遗传物质。但是也有例外，例如，一部分病毒的遗传物质是RNA，朊病毒的遗传物质是蛋白质。DNA是染色体的主要成分，多数存在于细胞核中，少数存在于细胞核外的质体、线粒体等细胞器中。具有相对的稳定性，能自我复制，前后代保持一定的连续性，并能产生可遗传的变异等特性。

（一）脱氧核糖核酸（DNA）

脱氧核糖核酸（DNA）是核酸的一种。DNA携带有合成RNA和蛋白质所必需的遗传信息，是生物体发育和正常运作必不可少的生物大分子。DNA是由脱氧核苷酸组成的大分子聚合物。脱氧核苷酸由碱基、脱氧核糖和磷酸构成。其中碱基有4种：腺嘌呤（A）、鸟嘌呤（G）、胸腺嘧啶（T）和胞嘧啶（C）。

DNA分子结构中，两条脱氧核苷酸链围绕一个共同的中心轴盘绕，构成双螺旋结构（图2-19）。脱氧核糖–磷酸链在螺旋结构的外面，碱基朝向里面。两条脱氧核苷酸链反向互补，通过碱基间的氢键形成的碱基配对相连，形成相当稳定的组合。

DNA核苷酸中碱基的排列顺序构成了遗传信息。该遗传信息可以通过转录过程形成RNA，然后其中的mRNA通过翻译产生多肽，形成蛋白质。

在细胞分裂之前，DNA复制过程复制了遗传信息，这避免了在不同细胞世代之间的转变中遗传信息的丢失。在真核生物中，DNA存在于细胞核内的染色体中。在染色体中，染色质蛋白如组蛋白、共存蛋白和凝聚蛋白将DNA凝聚在一个有序的结构中。这些结构指导遗传密码和负责转录的蛋白质之间的相互作用，有助于控制基因的转录。

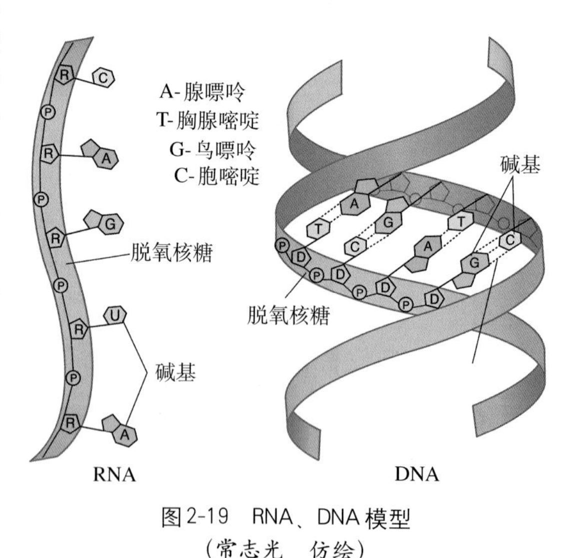

图2-19　RNA、DNA模型
（常志光　仿绘）

西方蜜蜂、东方蜜蜂和小蜜蜂的DNA，用绿化铯

(CsCl) 密度梯度离心后，在紫外分光光度计图谱中，其鸟嘌呤-胞嘧啶（GC）组分的密度峰，分别为37%、38%和35%，但峰的性状不同。小蜜蜂的DNA峰宽而对称，西方蜜蜂和东方蜜蜂的DNA峰宽而不对称，都没有呈现出随体DNA峰，而缺少随体DNA峰在动物界中是很少见的。

（二）核糖核酸（RNA）

核糖核酸（RNA）是存在于生物细胞以及部分病毒、类病毒中的遗传信息载体。RNA由核糖核苷酸经磷酸二酯键缩合成长链状分子。一个核糖核苷酸分子由磷酸、核糖和碱基构成。RNA的碱基主要有4种，即腺嘌呤（A）、鸟嘌呤（G）、胞嘧啶（C）、尿嘧啶（U），其中U取代了DNA中的T。与DNA不同，RNA一般为单链长分子（图2-19），不形成双螺旋结构，但是很多RNA也需要通过碱基配对原则形成一定的二级结构乃至三级结构来行使生物学功能。

RNA的碱基配对规则基本和DNA相同，不过除了A与U、G与C配对外，G与U也可以配对。在细胞中，根据结构功能的不同，RNA主要分三类，即tRNA（转运RNA）、rRNA（核糖体RNA）和mRNA（信使RNA）。mRNA是合成蛋白质的模板，内容按照细胞核中的DNA所转录；tRNA是mRNA上碱基序列（即遗传密码子）的识别者和氨基酸的转运者；rRNA是组成核糖体的组分，是蛋白质合成的工作场所。

蜜蜂rRNA的沉降系数为26S。稍微加热或用尿素二甲基增效砜处理后，会产生18SrRNA和5.8SrRNA。

（三）基因

基因在染色体上，带有遗传信息的DNA片段称为基因，基因是产生一条多肽链或功能RNA所需的全部核苷酸序列（图2-20）。基因支持着生命的基本构造和性能。储存着生命的种族、血型、孕育、生长、凋亡等过程的全部信息。环境和遗传的互相依赖，演绎着生命的繁衍、细胞分裂和蛋白质合成等重要生理过程。蜜蜂的生、长、衰、病、老、死等一切生命现象都与基因有关。它也是决定生命健康的内在因素。因此，基因具有双重属性：物质性（存在方式）和信息性（根本属性）。组成简单生命最少要265 ~ 350个基因，蜜蜂的基因数为10 157个。

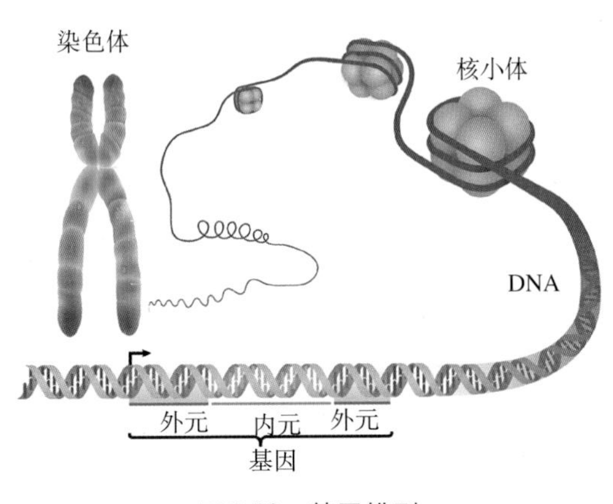

图2-20　基因模型
（常志光　仿绘）

基因在染色体上的位置称

为座位，每个基因都有自己特定的座位。在同源染色体上占据相同座位的不同形态的基因称为等位基因。性状是由基因控制的，控制显性性状的为显性基因（用大写字母，如D），控制隐性性状的为隐性基因（用小写字母，如d）。基因在蜂王和工蜂体细胞中成对存在，所以一个个体的基因型就有：DD、Dd和dd，不过也有的发生了染色体变异导致有多个基因。D和d就可以表示一对等位基因。

在自然群体中往往有一种占多数的（因此常被视为正常的）等位基因，称为野生型基因；同一座位上的其他等位基因一般都直接或间接地由野生型基因通过突变产生，相对于野生型基因，称它们为突变型基因。在二倍体细胞或个体内有两个同源染色体，所以每一个座位上有两个等位基因Dd。如果这两个等位基因是相同的（DD或dd），那么就这个基因座位来讲，这种细胞或个体称为纯合体；如果这两个等位基因是不同的（Dd），就称为杂合体。在杂合体Dd中，两个不同的等位基因往往只表现一个基因D的性状，这个基因D称为显性基因，另一个基因d称为隐性基因。在二倍体生物群体中等位基因往往不止两个（AaBb），两个以上的等位基因称为复等位基因。

据黄智勇（美国密西根州立大学昆虫系）编译《自然杂志》文章报道：①蜜蜂的A和T比别的昆虫基因组要高得多，为67%，而果蝇（*D. melanogaster*）为58%，库蚊为56%，与脊椎动物相反，在蜜蜂基因组中AT丰富区中基因分布反而较多。②蜜蜂中的转座子基因（可在寄主染色体上跳跃，引起突变的基因）比别的昆虫少。③蜜蜂基因数为10 157个，比果蝇和库蚊少25%左右。④垂直同源基因数，蜜蜂和果蝇只有10%同源，这比人和鸡之间共同的85%要少，说明昆虫的进化速度较快。⑤人和蜜蜂与人和果蝇，哪两个关系更近？比较3种生物的同源基因后发现人和蜜蜂基因的共同率为47.5%，人和果蝇的共同率为44.5%，人和蚊子的共同率为46.6%。作者认为蜜蜂的基因可能进化很慢，而双翅目昆虫进化很快，从而造成这种现象。有趣的是，盖·布洛克（Guy Bloch）等也发现，蜜蜂的分子时钟系统竟更像人类的，而与其他昆虫有很大不同。⑥蜜蜂的气味受体基因比别的昆虫多，与果蝇（62）和库蚊（79）相比，蜜蜂有163个气味受体基因。蜜蜂有很敏锐的化学感受能力，用来探测外激素、辨别亲属、辨别花香等。有趣的是，这些基因的数量与脑中触角叶的嗅小体的数目（160 ~ 170）很相近。与此相反的是，蜜蜂的味觉基因（10个）比其他昆虫（50 ~ 76）少得多。⑦蜜蜂的免疫和抗病基因，与白皮书所预测的相反，蜜蜂的免疫和抗病有关的基因数目不是提高而是降低了。库蚊有209个，果蝇有196个，而蜜蜂只有71个与免疫和抗病有关的基因。有可能因为蜜蜂的清洁行为，以及蜂王、蜂王浆、蜂胶的抗细菌特性，加上蜂群有像城堡一样的结构，使蜜蜂不需要库蚊和果蝇那么多的抗病和免疫基因；还有一个可能就是基因组漏掉了3%左右的基因，而免疫基因大多在那些漏掉的片断中，但这种可能性不大。

三、有丝分裂

（一）有丝分裂的过程

只有真核生物才有完善的细胞分裂机制——有丝分裂，它是生长和发育的基础。有丝分裂是一种复杂的生物学过程，其主要特点是细胞核里出现了染色体，并经过一系列复杂的染色体行动。一般根据细胞核内染色体的变化，有丝分裂分为间期、前期、中期、后期和末期5个阶段（图2-21）。

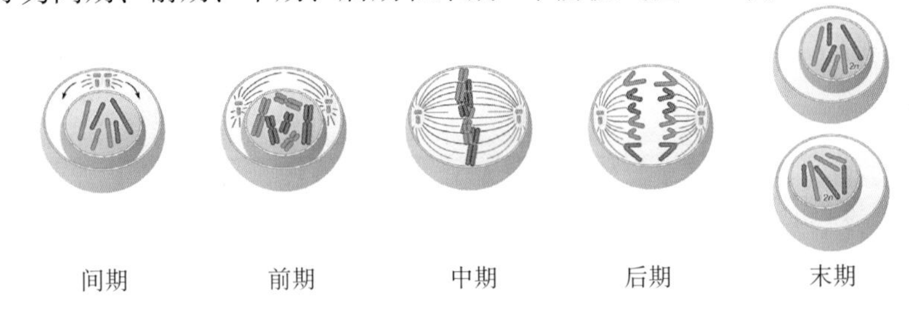

图2-21　有丝分裂过程（常志光　仿绘）

1.间期　细胞从一次分裂结束到下一次分裂开始前的一段时间称为间期。在间期终了时，染色体出现，并逐渐变短增粗，于是开始了有丝分裂的前期。间期细胞形态变化不明显，而细胞内的生理、生化活动都很活跃。为了便于研究，把间期又划分为三个时期：间期Ⅰ，有丝分裂完成到DNA复制之前的一段时间。本期的主要特点是细胞不断增长，各种大分子物质如mRNA、tRNA、rRNA和多种蛋白质的合成均发生在这个阶段，为DNA复制准备原料；间期Ⅱ，即DNA的复制期，DNA在间期Ⅱ含量增加一倍，组蛋白的含量也相应增加，染色体已进行复制；间期Ⅲ，即DNA复制后期，是进行有丝分裂的准备时期。此时DNA含量不再增加，继续合成RNA和蛋白质。本期持续的时间较短，随后便开始有丝分裂过程。

2.前期　本期开始前染色体都已经过复制。每条染色体复制为两条染色单体，他们互称姊妹染色体，但着丝点仍未分开，此时核仁与核膜均模糊不清。蜜蜂细胞中两个中心体一分为二，向两极分开，每个中心体周围出现由原生质组成的丝状物，称纺锤体。纺锤体的组成单位实际上是微管，是一种直径约为240Å的超纤维细管。在光学显微镜下所看到的纺锤丝是若干微管所聚合而成的一束。纺锤体内有两种纺锤丝，一种叫主丝，是纺锤体的主体，由一极直到另一极。另一种叫染色体牵丝，数目极少，由染色体的着丝点出发，同时有两条，各连接两条染色单体，分别通连到纺锤体的一极。

3. 中期 每条染色体都由着丝点连在纺锤丝上。粗看起来这些染色体进入了细胞的赤道板，实际上仅是各条染色体的着丝点排列在赤道板上，而染色体臂是自由分布在细胞空间的。这时染色体变短加粗，彼此分开。中期是一个稳定时期，不发生变化，所以中期是观察染色体形态和数目的最佳时期。

4. 后期 排列在赤道板上的染色体着丝点分开，使原来的一条染色体分成两个成对存在的子染色体，并且都有自己的着丝点。由于纺锤丝的收缩，两个子染色体沿着纺锤体向两极移动，成对存在的子染色体平均分成两组，每组染色体数目与母细胞内原有的数目相等，因为原来的每一条染色体已复制成两个同样的子染色体。这一过程保证了细胞内的遗传物质能够等量分配到两个子细胞中，从而维护遗传的稳定性。

5. 末期 两组子染色体分别到达细胞两极而解旋，伸长变细，最后成为螺旋状细丝，核仁与核膜重新形成，纺锤体消失。蜜蜂细胞通过中部细胞膜的凹陷，使一个细胞分为两个子细胞，之后细胞逐渐恢复间期状态，到此有丝分裂过程完成。

（二）有丝分裂的遗传学意义

一个细胞经过一次有丝分裂，形成两个子细胞。核内各条染色体经过间期的准确复制，形成两条相同的染色单体，到了后期，染色单体相互分离并有规则而均匀地分配到两个子细胞中去，使两个子细胞与母细胞具有相同质量和数量的染色体，从而保证了蜜蜂个体正常的生长发育，保证了遗传物质在世代间的连续性和稳定性。

四、减数分裂

减数分裂是在性细胞成熟时，配子形成过程中发生染色体数目减半的一种特殊的有丝分裂，又称成熟分裂，是动植物产生生殖细胞的前奏。其主要特点是，各对同源染色体在细胞分裂的前期配对，称联会。细胞分裂两次，第一次是减数分裂，第二次是等数分裂，而染色体只分裂一次，故染色体数目减半。

（一）减数分裂的过程

减数分裂和有丝分裂一样，是连续不断进行的，为了研究与说明方便，大致分为前期、中期、后期和末期4个阶段（图2-22）。

间期

前期

中期

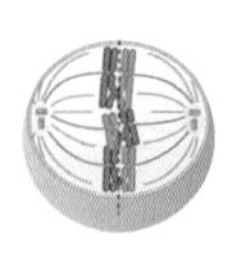
后期Ⅰ

后期Ⅱ

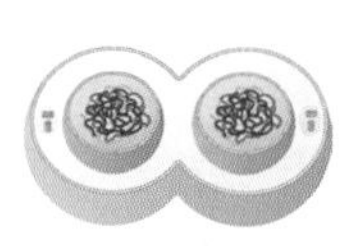
末期

图2-22 减数分裂过程（常志光 仿绘）

1. 第一次减数分裂

（1）前期Ⅰ　减数分裂的前期时间较长，一般把它划分为五个时期：①细线期，染色体呈细线状，全部以一端或两端连接在膜上，形成一种“花束”状结构，这种现象可一直存在到粗线期。此时的染色体虽然已经进行了复制，但一般看不出是成双的。②偶线期，染色体逐渐变粗，各对同源染色体彼此靠拢，在某一部位或几个部位开始配对，然后扩展到整个染色体，这种配对现象即为联会。配对的两条染色体就是同源染色体，它们的大小、形态、结构和功能相同，一条来自父本，另一条来自母本。2n个染色体联合成为n对染色体。这样联会成对的染色体称为二价体，有n个二价体就表示有n对同源染色体。③粗线期，二价体逐渐缩短变粗。由于每条染色体已纵裂为两条染色单体（他们之间互称姐妹染色单体，而一对同源染色体中的两个染色体所含的染色单体，互称非姐妹染色单体），此时着丝点还没有分裂，所以每个二价体包含四条染色单体，称四分体。在联会的同源染色体的染色单体中，非姐妹染色单体间可以发生片段交换，能够产生遗传性状重新组合。④双线期，染色体进一步加粗，配对的同源染色体开始相互排斥分开，但在某一些点上仍保留着一些交叉，一般认为这是交换的表现。⑤终变期，染色体进一步螺旋化而变得短粗，表面光滑。二价体均匀地分散在核内，此时可以看到交叉向二价体的两端移动，并逐渐接近末端，这一过程称交叉的端化。

（2）中期Ⅰ　核仁与核膜消失，出现纺锤体，并与各染色体上的着丝点相连接。二价体逐渐移到细胞中部赤道板部位，两个着丝点分别在赤道板两侧方向相对的两极，表明一对同源染色体将要分向两极的去向，本期是鉴别染色体的最佳时期。

（3）后期Ⅰ　由于纺锤丝的收缩，配对的同源染色体彼此分离，各自向细胞两极移动。在纺锤丝牵引作用下，不会引起着丝点一分为二。因此，分开的不是同一条染色体上的两条染色单体，而是一对同源染色体被拆开，分别向两极移动，达到了染色体数目减半的效果，但此时的DNA含量仍然是双倍的。

（4）末期Ⅰ　染色体到达细胞的两极。由于DNA螺旋结构的减弱，染色体又复伸长变细。核仁与核膜重新出现，细胞膜中央部分凹陷收缩，分裂成两个子细胞，到此完成了第一次减数分裂。

经过第一次减数分裂（图2-23），一个初级生殖母细胞形成了两个次级生殖母细胞。每个次级生殖母细胞里的染色体数目只有原来细胞的一半，所以第

间期

间期联会

前期四分体
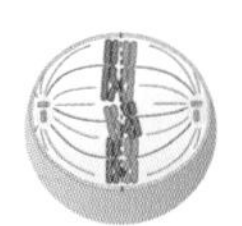
中期纺锤体
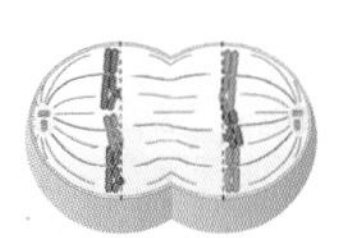
后期染色体分离

末期

图2-23　第一次减数分裂（常志光　仿绘）

一次分裂是减数分裂。

2. 第二次减数分裂

（1）前期Ⅱ　历程很短，染色体呈线状，每条染色体有两条染色单体组成，有一个共同着丝点，但染色单体彼此散得很开。

（2）中期Ⅱ　染色体缩短变粗，着丝点排列在赤道板上，着丝点分裂，促使一对姐妹染色单体分别向细胞两极移动。两极出现纺锤体，并附着在着丝点上。

（3）后期Ⅱ　着丝点分裂。两组染色体各自到细胞两极，此时的染色单体成为一条独立的染色体。

（4）末期Ⅱ　染色体到达细胞两极，形成新的子核，染色体又复伸长变细。细胞膜中央缢缩，分成两个子细胞，结束减数分裂的全过程。

经过第二次减数分裂（图2-24），一个含有两组染色体的性母细胞，产生四个子细胞，每个细胞中均含有单倍的染色体数目和单倍的DNA含量。

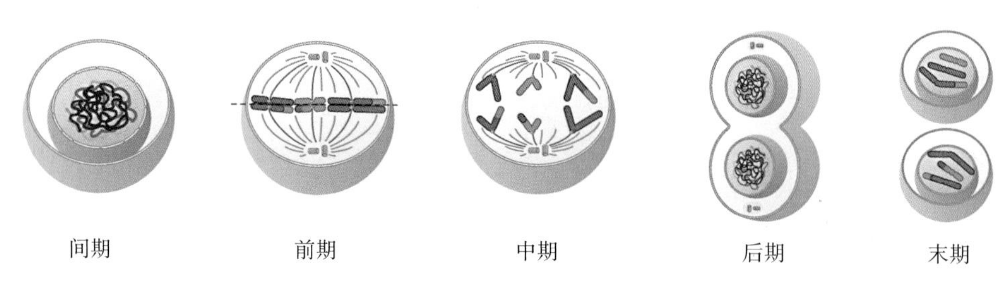

图2-24　第二次减数分裂（常志光　仿绘）

（二）减数分裂的遗传学意义

由于减数分裂，一个母细胞分裂为四个子细胞，最后发育成雌性或雄性细胞，各具有半数的染色体（n），受精时形成合子，又恢复了全部染色体（2n）。这种减数分裂和受精过程的交替进行，保证了亲代和子代间染色体数目的恒定性，从而保证了种的相对稳定性。此外，同源染色体经过减数分裂向细胞两极分开，非同源染色体可以自由组合在一个配子里，同源染色体上的非姐妹染色单体之间，可以发生遗传物质交换和重组，增加了染色体组成的多样性，为变异提供了物质基础，具有进化上的意义。

五、卵子和精子

（一）蜜蜂卵子的发生

蜜蜂卵巢由卵巢管组成，卵巢管可分为端丝、卵巢管本部和卵巢管柄三部分。一般认为，端丝起到固定卵巢的作用，卵巢管本部是卵子发生和发育的部位，蜜蜂以滋养型方式进行卵子的发生。卵子起源于卵巢内的生殖系干细胞，每个生殖系干细胞分裂一次产生一个子代干细胞和一个成胞囊细胞。一个成胞囊细胞经过4次不完全的有丝分裂，形成一个16细胞的胞囊，其中只有位于胞囊细胞后端的一个细胞形成卵母细胞，其余15个则形成滋养细胞。胞囊连同包围着它的滤泡细胞称为卵室。卵室与卵室相连，形成芽状的卵巢管结构。

蜜蜂卵子的发生一般认为是从卵巢管上游的卵原区开始的。但是，在卵原区上游只观察到一些由4～8个胞囊组成的小胞囊细胞，没有找到大量有生殖系干细胞或胞囊干细胞特性的细胞。对邻近的端丝进行组织学观察时，却能够观察到一组散布在圆盘状的、典型的端粒细胞间的有较大核和未分化细胞质的细胞。这一组织学现象，在工蜂卵巢中同样能够观察到。这说明蜜蜂卵发生的起始区，很可能是在一向被认为只有起固定卵巢管作用的端丝，而非卵巢管上游的卵原区。

卵原细胞在卵巢管的卵原区分裂增殖，其中部卵原细胞停止分裂，进入生长期，细胞体增大成为初级卵母细胞，其染色体组型与雌性蜂体细胞的染色体组型相同，为32条染色体。

一个卵母细胞在发育完全的卵内进行成熟分裂。卵母细胞连续进行两次成熟分裂，第一次成熟分裂的卵母细胞称为初级卵母细胞，第二次成熟分裂形成了卵。初级卵母细胞第一次分裂后，由于细胞质分裂不均等，产生一个染色体减半的次级卵母细胞和一个称为第一极体的小细胞。次级卵母细胞再进行第二次成熟分裂，产生一个成熟的卵子和一个第二极体。第一极体也可能继续分裂为2个第二极体。在卵子发生过程中，一个卵母细胞在发育完全的卵内进行分裂，只产生一个有效的卵核，所有的极体最终退化，不参与受精。

刚产出的蜜蜂卵，卵母细胞核常处于中期Ⅰ；被产出26min左右时，减数分裂过程进入到中期Ⅱ。

卵母细胞成为卵子的过程，称为卵子成熟。卵子成熟大致可分为卵表成熟、卵质成熟和卵核成熟三个过程，他们相互之间有一定的制约关系。卵表成熟是指卵表分子的排列趋向规则化、皮质颗粒迁居深层等变化，以确保受精后的正常应答反应；卵质成熟是指在激素的刺激下，卵质中出现系列的变化，包括“促成熟因子”（简称MPF），以及与受精后正常发育有关的某些因子的出现；卵核成熟是指在MPF等的作用下，发生卵泡破裂以及破裂后所发生的一系列变化。卵核成熟之前，卵母细胞需经过减数分裂使染色体数目减半（图2-25）。以往卵子成熟是以完成减数分裂为标准，故减数分裂又称成熟分裂。实际上卵表成熟、卵质成熟和卵核成熟并不同步。

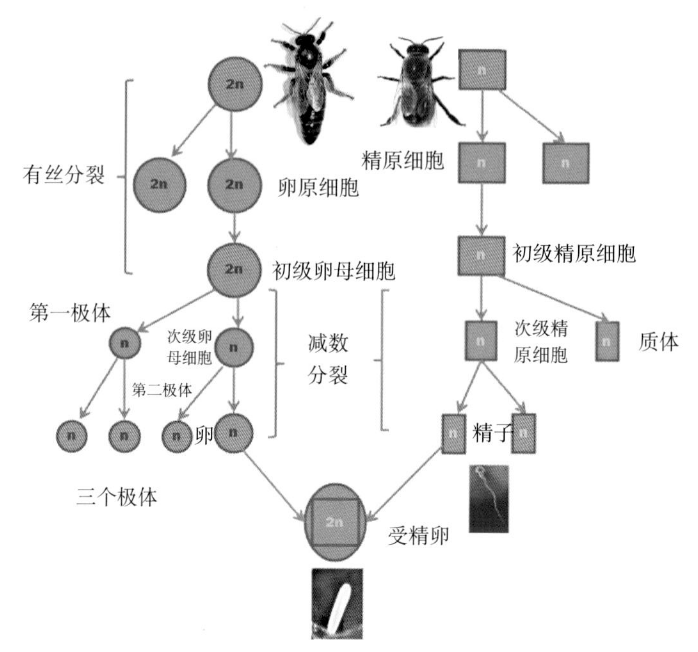

图2-25　蜜蜂卵子、精子产生过程（薛运波、常志光　摄制）

（二）蜜蜂精子的发生

蜜蜂精子的发生和大多数真核生物的减数分裂不一样，是以雄性生殖细胞染色体数不减半的分裂方式发生的。电镜研究雄蜂睾丸细胞的减数分裂发现，精子发生期间仅有一次细胞分裂，与正常减数分裂的第二次分裂一致，但似乎发生了相似于正常分裂前期Ⅰ的时期。

蜜蜂精子发生在雄蜂精巢的精小管内。精原细胞经活跃的分裂，繁殖增生，部分细胞停止分裂后胞体增大，形成初级精母细胞。初级精母细胞在减数分裂Ⅰ中，核膜始终保持完整。细胞内不规则的核外纺锤体，将细胞拉成椭圆形，形似胞间桥，将多余的中心粒当作胞质芽消除，所以，末期Ⅰ只形成一个具有原细胞核的次级精母细胞和一个小的只有细胞质的“质体”，染色体数目未减半。次级精母细胞经减数分裂Ⅱ形成两个精细胞，两条染色单体分开，但细胞质的分裂不等量。含较多细胞质的精子细胞继续发育经变态形成精子，含细胞质较少的精子细胞，经几天后才变态形成精子。所以，雄蜂精巢中的一个精原细胞，经初级精母细胞的流产减数分裂Ⅰ和次级精母细胞的异常减数分裂Ⅱ，最终产生两个精子。

在其他二倍体生物中，初级精母细胞经减数分裂Ⅰ后，染色体数减半形成两个次级精母细胞，而后两个次级精母细胞再经过减数分裂Ⅱ，形成4个精子细胞，精子细胞经变态形成4个精子。但由于蜜蜂的雄蜂是单倍体，所以雄性单倍体配子的形成，必须使减数分裂有所改变，即“流产减数分裂Ⅰ”使得生成的一个次级精母细胞含有整套的染色体，只是数目不发生削减；另一个不含染色体，但很快发生自然消亡。而“异常减数分裂Ⅱ”使得生成的两个精子细胞大小不一，精子先后发育成熟（图2-25）。

蜜蜂精子具有米粒大小的圆形的头部和一个细长的尾部（鞭毛）。在电子显微镜下，头部具有核和顶体，顶体内还具有一个内顶体纤丝，后者几乎延伸到顶端。尾部的主要结构是贯穿于中央的轴丝，轴丝有9+2型纤维组成，即位于中央的是2条单根纤维，其周围为9条成双的纤维组成一同行环，都是纵行排列。中央的一对纤维可起传导作用，外围的纤维可行收缩作用。鞭毛为两个线粒体衍生物，1个基因丝，2个附属体。线粒体衍生物不等大，平行于基因丝。在较大的那个衍生物，4个区为不完全结晶的物质；而在较小的那个，3个区明显，终止在较大的区前面。在核和较小的衍生物之间，观察到1个极其长的中心粒附件。该附件为完整、致密的和自基向顶渐锥的，终止在基因丝微管的前末端。在鞭毛区，仅1个附属体存在于较大的衍生物和基因丝先端之间。基因丝微管的尖端插入到发育良好的颗粒堆中。该物质围绕在核基部和较大的衍生物的前端分开。

第三节　遗传的基本规律

基因的分离规律、自由组合规律和基因的连锁与互换规律，是遗传学中三个基本规律，这些规律是通过具有不同相对性状的亲本相互杂交，然后观察和统计分析亲代和子代以及子代个体间相对性状的异同而发现和证实的。亲代到子代基因传递的途径是由原始生殖细胞进入配子，再由配子传递到下一代。原始生殖细胞中的基因，通过原始生殖细胞一系列有丝分裂，最后经过减数分裂而进入配子中；雌雄配子中的基因通过受精作用而传递给下一代。

一、分离规律

孟德尔用豌豆作杂交试验材料，以7对相对性状为研究对象，发现了遗传学的分离规律和自由组合规律。蜜蜂在卵子（雌配子）发生过程中，蜂王卵原细胞中的1对同源染色体彼此分开，分别进入两个不同的配子中，因此，这对同源染色体上的等位基因也随之分开，分别进入两个相应的配子中。在纯种蜂王的卵原细胞中，等位基因的性质和作用是相同的，在遗传学上没有差异，称之为纯合。因此，就某一性状而言，纯种蜂王的雌配子只有一种基因型。在杂种蜂王的卵原细胞中，等位基因的性质和作用是不同的，在遗传学上是有差异的，称之为杂合。因此，就某一个性状而言，杂种蜂王产生的配子有两种基因型，并且这两种基因型的雌配子数目相等。

据国外学者研究表明，蜜蜂的体色是由7对等位基因同时控制的，并且这7对基因可能位于同一条染色体上。因此，在配子形成过程中，他们分别进入到两个不同的配子中，即父源染色体上的7个控制体色的基因和母源染色体上7个控制体色的基因，分别进入到两个不同配子中。在控制某一性状的一组等位基因位于同一对同源染色体的情况下，为了便于说明问题，我们不妨将控制蜜蜂体色的7对等位基因看成是1对等位基因。我们知道纯种意大利蜂蜂王为黄色，由它所产的未受精卵发育而成的雄蜂为黄色；纯种高加索蜂蜂王体色为黑色，由它所产的未受精卵发育而成的雄蜂为黑色。意大利蜂与高加索蜂杂交后F_1代蜂王为黑黄相间的花色，但由其未受精卵发育而成的雄蜂，却不是黑黄相间的花色，而是出现了两种不同类型的体色。即一种是黄色，类似意大利蜂的雄蜂；另一种为黑色，类似于高加索蜂的雄蜂。并且这两种类型体色的雄蜂，在数量上基本相等。这种现象就是分离规律在起作用。

在纯种意大利蜂蜂王的体细胞和卵原细胞中，控制体色的这“1对”等位基因是纯合的，都为“黄”基因，在这对纯合的等位基因的共同作用下，纯种意大利蜂蜂王表现为黄色，在分离规律的作用下，使纯种意大利蜂蜂王卵原细胞中的“1对”纯合的等位基因分别进入两个卵子（未受精卵）中，显然这两个卵子中都含有1个“黄”基因，它们在遗传学上没有差异；这些含有1个“黄”基因的未受精卵发育成的雄蜂，其体细胞和精原细胞中，也只有1个“黄”基因，在这个“黄”基因的作用下，使意大利蜂雄蜂表现为黄色。同理，在纯种高加索蜂蜂王的体细胞和卵原细胞中，控制体色的这“1对”等位基因是纯合的，都为“黑”基因，在这对纯合的等位基因的共同作用下，纯种高加索蜂蜂王表现为黑色，在分离规律的作用下，使纯种高加索蜂蜂王卵原细胞中的“1对”纯合的等位基因分别进入两个卵子（未受精卵）中，显然这两个卵子中都含有1个“黑”基因，它们在遗传学上没有差异；这些含有1个“黑”基因的未受精卵发育成的雄蜂，其体细胞和精原细胞中，也只有1个“黑”基因，在这个“黑”基因的作用下，使高加索蜂雄蜂表现为黑色（图2-26）。在意大利蜂与高加索蜂的杂交种中蜂王体细胞和卵原细胞中，控制体色的这“1对”等位基因是杂合，一个是“黄”基因，来自于母本意大利蜂蜂王；另一个为“黑”基因，来自于父本高加索蜂雄蜂。在这对杂合的等位基因的共同作用下，使杂交种蜂王和工蜂体色表现为“花色”。意大利蜂

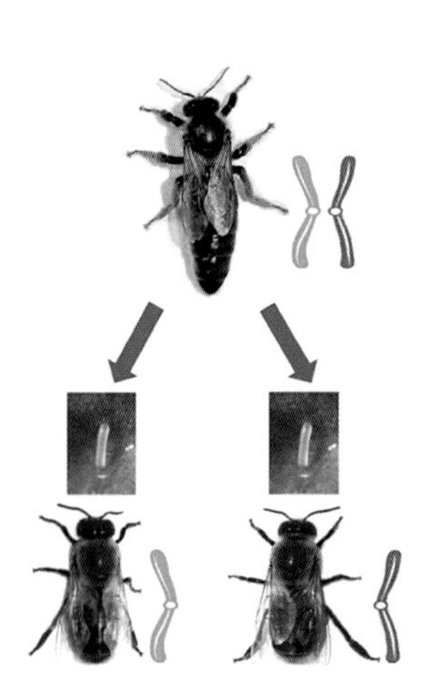

图2-26　纯种蜜蜂的基因分离
（薛运波、常志光　摄制）

与高加索蜂杂交种蜂王的体色为“花色”，在分离规律的作用下，使杂交种蜂王卵原细胞中的“1对”杂合的等位基因分别进入了两个不同的卵子中，一个卵子中含有1个“黄”基因，另一个卵子中含有1个“黑”基因，这两种类型的卵子数量相等；含有“黄”基因的 未受精卵发育成的雄蜂体色为黄色，含有“黑”基因的未受精卵发育成的雄蜂体色为黑色（图2-27）。

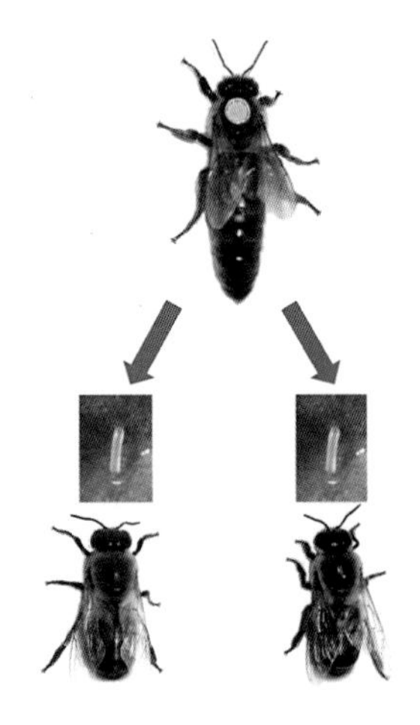

图2-27　杂交种蜜蜂基因分离
（薛运波、常志光　摄制）

蜜蜂是营社会性生活的昆虫，蜂群中既有有性生殖的个体，又有孤雌生殖的个体；既有二倍体，又有单倍体。雄蜂是单倍体，即雄蜂的体细胞和精细胞中，只有一套染色体，因此，在精子形成过程中，根本不可能发生分离。由此可知，同一只雄蜂所产生的精子，其基因型是完全一致的，都与该雄蜂本身的基因型相同，也就是说，与发育成该雄蜂的未受精卵的基因型完全相同。

二、自由组合规律

自由组合规律也叫独立分配规律。是两对或两对以上的相对基因处于不同对染色体上的遗传规律，它是分离规律的延伸和发展。

在雌配子（卵子）形成过程中，蜂王卵原细胞中的同源染色体发生分离后，所有的非同源染色体便随机地组合在一起，共同进入某个雌配子中。因此，这些非同源染色体上的基因也随之共同进入相应的雌配子中。无论纯种或杂交种蜂王，在其雌配子发生过程中，都离不开分离规律和自由组合规律的作用。由于纯种的等位基因是纯合的，因此它所产生的雌配子只有1种类型，即1种基因型。但杂种的等位基因是杂合的，因此它所产生的雌配子会出现若干种类型，即若干种基因型；位于不同对的同源染色体上的杂合等位基因越多，其雌配子基因型也越多。杂种产的雌配子，其基因型的树目可用2^n来表示（n代表位于不同对的同源染色体上的杂合基因的对数）。

和其他性状一样，蜜蜂的行为也是受基因控制的。例如，工蜂清理患病巢房的行为（一种卫生行为）就是受基因控制的。再如，用具有这种卫生行为的纯系蜂群作母本，培育一批处女王；用不具这种卫生行为的纯系蜂群作父本，大量培育雄蜂，通过人工授精的方法进行杂交。结果，由这些杂交王发展起来的蜂群，其表现型全部不具卫生行为。再用杂交种蜂群作母本，培育一批处女王；用具有这种卫生行为的纯系蜂群作父本，大量培育雄蜂，通过人工授精的方法进行回交，结果这些回交王所产的工蜂出现了4种表现型：一是具有完全的卫生行为的（咬开患病巢房盖并拖出病虫）；二是不具卫生行为的（即不咬开患病巢房盖，也不从患病巢房中拖出病虫）；三是只咬开患病巢房盖（但不拖出病虫）；四是只由患病巢房中拖出病虫但不咬开巢房盖的（必须人为地将患病巢房盖挑开）。再用回交蜂群作母本，培育一批处女王，用具有卫生行为的纯系蜂群作父本，大量培育雄蜂，通过人工授精的方法进行第二代回交，结果由第二代回交蜂王发展起来的蜂群出现了4种表现型：一是具有完全卫生行为的；二是不具卫生行为的；三是只咬开患病巢房盖的；四是只由患病巢房脱出病虫的。这种现象怎样解释呢？原来工蜂的卫生行为是受两对隐性基因控制的，一是咬开巢房盖的隐性基因a，另一是由患病巢房中拖出病虫的隐性基因b。并且这两对隐性基因分别位于两对同源染色体上，它们的显性等位基因分别是不咬开患病巢房盖的基因A和不会从患病巢房中拖出病虫的基因B。具有卫生行为的纯系蜂群中的处女王，其基因型为aabb，由于分离规律的作用，其卵子（未受精卵）的基因型为ab；不具卫生行为的纯系蜂群中的雄蜂基金型为AB，其精子的基因型也为AB。在杂交种蜂群中，工蜂为杂交一代，其基因型为aAbB，但由于a和b是隐性基因，他们的作用分别被其显性基因A和B掩盖了，因此，杂种蜂群的表现型是不具卫生行为。在杂交种蜂群中，处女王也为杂种一代，其基因型也为aAbB，由于自由组合规律的作用其卵子（未受精卵）的基因型有4种：ab、AB、Ab、aB。回交后，这四种基因型的未受精卵便分别与基因型为ab的精子相结合（受精），产生了4种基因型的工蜂和处女王，其基因型分别是aabb、aAbB、aabB、aAbb（图2-28）。这就是为什么回交后会出现4种表现型工蜂和第二代回交后会出现4种表现型蜂群的原因。

以上结果给了我们一个启示，由于分离规律和自由组合规律的作用，不同品种或品系之间的杂交，是增加基因型、创造新性状的有效手段。具有新性状的个体如果对人们有利，就可以被选留下来，成为新蜂种；如果对人们不利，若不及时加以淘汰就会导致蜂种退化。了解和掌握分

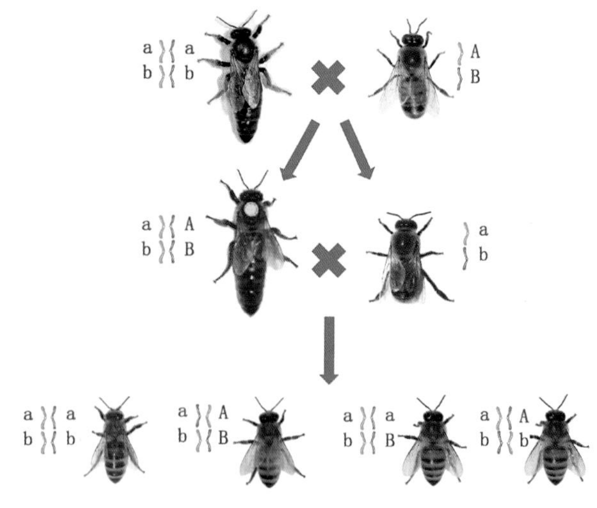

图2-28　蜜蜂基因的自由组合
（薛运波、常志光　摄制）

离规律和自由组合规律，并灵活地加以运用，在进行蜜蜂育种工作时就可以增强主动性，避免盲目性，以便少走或不走弯路。

自由组合规律讲的是两对或两对以上相对性状杂交，形成配子时，不同等位基因各自独立分配到配子中去，一对等位基因与另一对等位基因在配子中的组合是自由组合。这个规律的实质就是每对同源染色体上的等位基因在形成配子时发生分离，位于非同源染色体上的非等位基因，可以自由组合。

三、连锁与互换规律

连锁现象是1906年英国的，贝特森等在香豌豆的杂交试验中发现的，1910年美国的摩尔根用果蝇杂交试验也发现类似现象，提出了连锁与交换概念，并对连锁与交换现象作了合理的解释，成为遗传学中第三个基本规律，又称链锁交换法则。

在蜜蜂雌配子（卵子）形成过程中，位于蜂王卵原细胞中同一条染色体上的那些基因，一般情况下是不会分开的，而是随着这条染色体一起进入到同一雌配子中（图2-29）中的ab和AB；只有当联会的同源染色体（其含义相当于正在配对着的同源染色体）发生了交换行为时，这段被交换的染色体上的那些基因才与另一段未被交换的染色体上的那些基因分开，分别进入到两个不同的雌配子中。

链锁遗传与生物体的某些相关性状的出现，有一定的关系。在蜜蜂中已发现了一些与正常个体不同的突变型个体。例如，正常蜜蜂的眼睛为棕黑色，但偶尔也可发现个别蜜蜂的眼睛为白色；正常蜜蜂的身体上都有绒毛，但偶尔也可发现个别蜜蜂身上无绒毛。迄今为止，已在蜜蜂中发现了30多种突变型的个体，如“白眼”突变、“黄绿眼”突变、“残翅”突变、“无绒毛”突变等。其中“黄绿眼”突变和“无绒毛”突变就是连锁的，只要这只蜜蜂是黄绿眼，那么它就一定无绒毛。

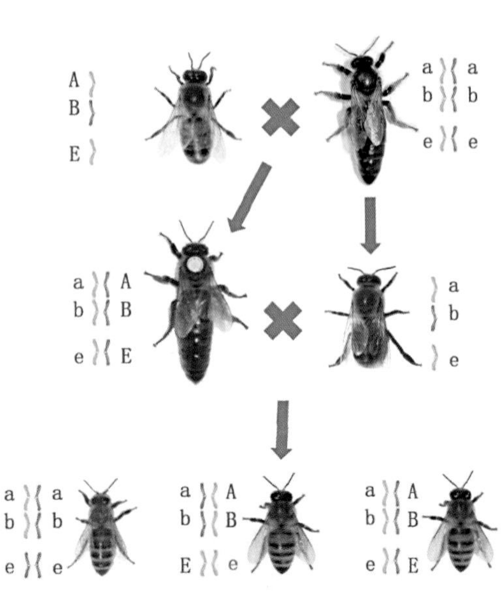

图2-29　蜜蜂基因的连锁与互换
（薛运波、常志光　摄制）

在现实中发现，蜂王的体色和蜂群的某些经济性状有着一定的关系。例如，纯黄色的意大利蜂蜂王，其蜂群的产育力比较强；腹节黑环越多的蜂王，其蜂群的采集力就越强；黑体色的蜜蜂耐寒性能比较强；而黄体色的蜜蜂耐热性能比较强。相关性状的存在，给我们一个启示，如果已知某两个性状是相关的，那么只要观察到其中的一个性状，就可以推断必然会出现另一个性状，从而可以及时有效地选择到所需要的基因型，加快育种工作进程，提高育种工作效率。

第四节　蜜蜂性别决定

一、蜜蜂性别决定假说

蜜蜂是具有孤雌生殖和有性生殖的昆虫，在蜂群内有明显的雌雄个体区。实际上这也是一种性状，称为性别。性别同其他性状一样，也受遗传物质的控制和内外环境的影响。所谓的性别决定，是指性别发生、分化以及产生雌雄差别的机制。

大家知道蜂王和工蜂是由受精卵发育而成的雌性，雄蜂是由未受精卵发育而成的，似乎蜜蜂的性别是由卵的受精与否决定的。然而情况并非如此，关于蜜蜂性别决定机制曾有过不少假说，其中，性位点假说已被大量的试验所证实。

大多数雌雄异体的生物的性别，分别为染色体性别（由性染色体的同配或异配决定）、生殖腺性别（由生殖器官的差别决定初级性征）和表型性别（有雌雄异型表现次级性征）。染色体性别决定生殖腺性别和表型性别，决定初级性征和次级性征能否发育。染色体性别在受精依始就被决定了，但个体性腺性别和表型性别却有个分化发育的过程，并且分化发育的程度受到机体内外环境的影响。

膜翅目昆虫开产前卵受精的雌性控制后裔性别决定，是单倍体-二倍体模式性别决定的一个优势，它允许大量的雌性后代，以生殖性蜂王和非生殖性工蜂间的劳动分工为基础的社会性组织的进化。如果膜翅目昆虫的祖先有一个单倍-二倍性基因型（属膜标本），性别决定可能通过性染色体来调节。一旦单倍-二倍性进化了，这个古老的性遗传学模式就被单个的有众多等位基因的“互补性性别决定”位点体系取代了。蜜蜂没有性染色体，只有性位点，但性别决定的机制与大多数雌雄异体生物大同小异。以前膜翅目的性别决定假说至少有4个，即细胞质决定学说、多等位基因学说、基因平衡学说和多杂合基因学说。根据最新的蜜蜂互补性性别决定因子的发现，蜜蜂属的性别决定比较接近上述假设中的第二个：多等位基因学说，它是现在比较流行的“性位点假说”的前身。

性位点假说认为，在蜜蜂的某条染色体上存在着一个决定性别的位点，称为性位点。性位点上的基因称为性基因，蜜蜂的性别就是由性等位基因的纯合或杂合来决定的。蜜蜂的性别是由一对“性等位基因”决定的，在性位点（X）上有19个性质不同的复等位基因，它们分别是X^a、X^b、X^c、X^d、X^e…当性位点上X^aX^a的基因纯合时就发育成二倍体雄蜂，当位点上X^aX^b的基因杂合时发育成雌性蜂。未受精卵是单倍体，基因在位点X^a上，相当于是纯合的，所以发育成雄蜂。一般情况下，在近交程度不高时，受精卵的性等位基因X^aX^c是杂合的，故发育成雌性。在高度近亲交配的情况下，受精卵的性等位基因X^bX^b常因近交而纯合（图2-30），出现二倍体雄蜂。

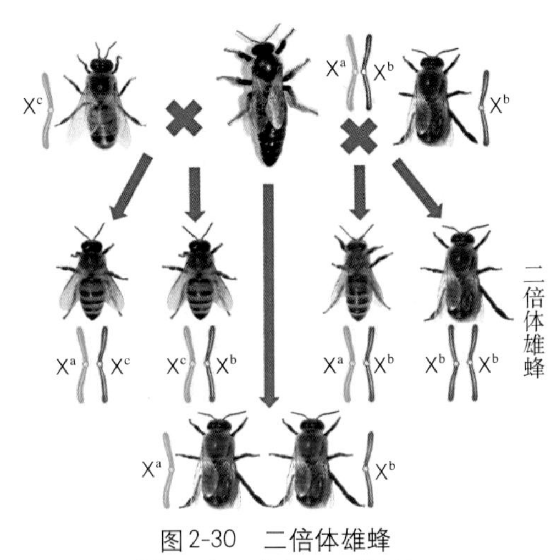

图2-30　二倍体雄蜂
（薛运波、常志光　摄制）

性等位基因，即互补性性别决定因子已经被成功克隆，其众多的等位基因可以在两性中随机出现，不存在雌性基因或雄性基因。雌性蜜蜂体内有两个不同的*csd*等位基因，而雄性蜜蜂体内只有一个或两个相同的*csd*等位基因。*csd*基因至少有19种不同的等位基因。运用*csd*-RNA干扰技术，很容易论证是等位基因的杂合性决定了蜜蜂的雌性性别。当雌性发育初步信号丢失时，雄性分化成为无效的选择。最近的分子生物学分析显示，蜜蜂属的*csd*基因结构应该有一个连续的进化，因为该基因区域核苷酸序列有不同的可变性。然而还不清楚在*csd*位点上的纯合等位基因组，是否如在果蝇中发现的那样，正在影响着假定的差异性剪接。

二、性等位基因与幼虫成活率

为了获得较高生产力的蜜蜂群体，我们必须注意性等位基因重合所造成的后果，因为最高的生产力是从具有较高存活率幼虫的蜂群中获得的。一只意大利蜂王（X^aX^b）与一只高加索雄蜂（X^c）交配，受精卵产生的后代，在性位点上都是杂合的（X^aX^c、X^bX^c），所以都是二倍体雌性蜂，可全部存活。当意大利蜂处女王（X^aX^c）与意大利雄蜂（X^c）交配时，则产生两种类型的受精卵：杂合体（X^aX^c，发育成二倍体雌性蜂）；纯合体（X^aX^a，发育成二倍体雄蜂），其受精卵一半是可存活的杂合子（X^aX^c），一半是不能存活的纯合子（X^aX^a），具有这种蜂王的蜂群，将发生插花子现象，导致蜂群太弱而降低蜂蜜和王浆的产量。

因此，在育种和生产上应注意几个问题：一是不能连续两代采用同一父群中的蜂王，否则第2代产生的子代蜂王所产生的幼虫只有75%的存活率。二是近交系蜂群蜂王由于性等位基因纯合，所产生的幼虫只有50%的存活率（图2-31），所以近交系蜂群需要其他蜂群的蜜蜂来补充，才能正常生存。三是蜜蜂一个近交系要有多只近交系蜂王，通过近交系的集团繁育，保持近交系的性等位基因处于杂合状态，才能用于生产（图2-32）。

图2-31　纯合致死子脾（薛运波　摄）

图2-32　杂合状态子脾（薛运波　摄）

蜜蜂的交配具有一雌多雄的特性，处女蜂王性成熟后的几天婚飞过程中，与一只至十几只雄蜂进行交配。与婚飞蜂王交配的雄蜂数量越多，蜂群性等位基因纯合（同质）率越低，幼虫的存活率就越高；反之，与婚飞蜂王交配的雄蜂数量越少，蜂群性等位基因纯合（同质）率越高，幼虫的存活率就越低。同时与蜂王和雄蜂性等位基因差异大小有关，两者性等位基因差异越大，幼虫的存活率就越高；反之，两者性等位基因差异越小，幼虫的存活率就越低。

三、蜜蜂的级型确定

由受精卵发育的幼虫是向蜂王发展还是向工蜂分化，即级型决定通常由它们所接受的营养来决定。在级型确定过程中，蜂王幼虫和工蜂幼虫间存在着差异。与要发育成工蜂的幼虫相比，要发育成蜂王的幼虫被饲喂以蜂王浆且接受更多的食物，结果产生了一个形态学典型的蜂王级型。在急造王台（图2-33、图2-34）中的适龄小幼虫，它们原来要发育成性功能不完全的工蜂，但是由于种群结构的突然变故（失王），它们的性器官发育发生改善，所得到的食物更加丰盈，体内保幼激素和脱皮激素的平衡朝着有利于性分化程度提高的方向倾斜。

通常认为幼虫不拥有级型确定的能力，社会性寄生虫除外。然而海角蜜蜂的蜂子却具有让哺育蜂进行选择性饲喂的能力，这对侵占非海角蜜蜂的蜂群十分重要。当海角蜜蜂的幼虫被欧洲蜜蜂的工蜂饲喂时，工蜂给予它们更多的食

图2-33　用工蜂房改造的急造王台
（薛运波　摄）

图2-34　发育成熟的急造王台
（薛运波　摄）

物。海角蜜蜂幼虫被欧洲蜜蜂饲养时，比被本种蜜蜂饲养时接受更多食物。此外，食物组成更像王浆，这导致类似蜂王的海角蜜蜂工蜂的产生。在欧洲蜜蜂群饲养的海角蜜蜂工蜂，有减少的工蜂特征，如后足上的花粉梳和花粉篮；功能上相应增加蜂王特征，如发育期短、基辅节上丢失了花粉梳或花粉篮而变成了增多的绒毛数，初生体重大，受精囊大和卵巢小管多。

第三章 蜜蜂遗传资源

第一节 地方品种

一、长白山中蜂

长白山中蜂（Changbaishan Chinese Bee）为中华蜜蜂（*Apis cerana cerana* Fabricius, 1793）的一个类型。

（一）品种来源及分布

长白山中蜂是其分布区内的自然蜂种，它是在长白山生态条件下（图3-1），经过长期自然选择形成的中华蜜蜂的一个类型。

图3-1 野生蜂巢
（薛运波 摄）

长白山中蜂历史悠久，唐代已有采捕中蜂蜜的记载。明代，长白山区的女真族和汉族集居地已出现了用空心树桶饲养中蜂的生产活动。清代，朝廷在长白山设立了“打牲乌拉”机构及蜜户，专职世袭从事采捕野生蜂蜜和桶养中蜂生产贡蜜的生产活动，在中蜂密集和生产蜂蜜的地方，留下了诸多如蜜蜂岭、蜜蜂砬子、蜜蜂顶子、蜜蜂沟等地名。20世纪20年代，吉林桦甸等地提倡应用活框蜂箱饲养中蜂，使传统饲养的中蜂和活框饲养的中蜂并存。

长白山中蜂，俗称山蜜蜂，野蜜蜂，曾称“东北中蜂”。其特点是：工蜂前翅外横脉中段常有一小突起，肘脉指数高于其他中蜂。

中心产区在吉林省长白山区的通化、白山、吉林、延边、长白山保护区5个市、州以及辽宁东部的部分山区。吉林省的长白山中蜂占总群数的85%，辽宁占15%。

（二）形态特征

长白山中蜂蜂王的个体较大，腹部较长，尾部稍尖，腹节背板为黑色，有的蜂王腹节背板上有棕红色或深棕色环带；雄蜂个体小，为黑色，毛深褐色至黑色；工蜂个体小，体色分两种，一种为黑灰色，一种为黄灰色，各腹节背板前缘均有明显或不明显的黄环（图3-2）；1/3工蜂的前翅外横脉中段有一分叉突出（又称小突起），这是长白山中蜂的一大特征。其他主要形态特征见表3-1。

图3-2 三型蜂
（薛运波、常志光 摄制）

表3-1 长白山中蜂主要形态指标

吻长（mm）	右前翅长（mm）	右前翅宽（mm）	肘脉指数	翅钩数	跗节指数	3+4背板总长（mm）
4.84±0.05	8.81±0.05	2.95±0.04	5.91±0.61	18.85±0.38	56.19±0.68	4.22±0.09

注：吉林省养蜂科学研究所，2011年6月测定；采样地点吉林敦化。

（三）生物学特性

长白山中蜂育虫节律陡，受气候、蜜源条件的影响较大，蜂王有效日产卵量可达960粒左右（图3-3）。抗寒，在−40～−20℃的低温环境里不包装或简单包装可在室外安全越冬。

春季繁殖较快，于5—6月达到高峰，开始自然分蜂。一个蜂群每年可繁殖4～8个新分群，多者超过10个新分群；活框蜂箱饲养的长白山中蜂，一般每年可分出1～3个新分群。早春最小群势1～3框蜂，生产期最大群势12框蜂以上，维持子脾5～8张，子脾密实度90%以上；越冬群势下降率为8%～15%。

图3-3 长白山中蜂蜂脾
（薛运波 摄）

（四）生产性能

1.蜂产品产量 长白山中蜂主要生产蜂蜜。传统方式饲养的蜂群一年取蜜一次，每群平均年产蜜5～10kg；活框蜂箱饲养的每群平均年产蜜10～20kg，产蜂蜡0.5～1kg。越冬期为4～6个月，年需越冬饲料5～8kg。

2.蜂产品质量 传统方式饲养的长白山中蜂生产的蜂蜜为封盖成熟蜜，一年取蜜一次，水分含量18%以下，蔗糖含量4%以下，酶值8.3以上，保持着原生态风味。

（五）饲养管理

长白山中蜂定地饲养占95%，定地与小转地结合仅占5%。一般养蜂户饲养2～20群，中等蜂场饲养30～80群，大型蜂场饲养100～200群（图3-4）。70%以上的长白山中蜂采用传统方式饲养，30%以下为活框蜂箱饲养。冬季多数为室外越冬，少数为室内越冬。

图3-4 长白山中蜂蜂场

二、北方中蜂

北方中蜂（North Chinese Bee）为中华蜜蜂（*Apis cerana cerana* Fabricius, 1793）的一个类型。

（一）品种来源及分布

北方中蜂是其分布区内的自然蜂种，是在黄河中下游流域丘陵、山区生态条件下，经长期自然选择形成的中华蜜蜂的一个类型。

华北地区有文字记载的历史悠久。河南安阳殷墟发掘的3 300年前的甲骨文中就有“蜂”字的原型；史料记载，殷末周初，周武王兴兵伐纣，行军大旗上聚集蜂团，被认为是吉兆，命为“蜂纛”；《诗经》中有“莫矛荓蜂，自求辛螫”的诗句，表述了人们对蜜蜂的认识；周朝尹喜所著《关尹子·三极》中有“圣人师蜂立君臣”，表明2 500年前，古人对蜂群生物学已有所了解。养蜂历史则可追溯到西周时代，到唐代家庭养蜂有了较大发展，宋代《永嘉地记》中有“雍、洛间有梨花蜜，色如凝脂”的记述。

北方中蜂的中心产区为黄河中下游流域，分布于山东、山西、河北、河南、陕西、宁夏、北京、天津等地的山区；四川省北部地区也有分布。

（二）形态特征

蜂王体色多为黑色，少数棕红色；雄蜂体色为黑色；工蜂体色以黑色为主，体长11.0 ~ 12.0mm（图3-5）。其他主要形态特征见表3-2。

图3-5　北方中蜂三型蜂
（薛运波、常志光　摄制）

表3-2　北方中蜂主要形态指标

吻长（mm）	右前翅长（mm）	右前翅宽（mm）	肘脉指数	翅钩数	跗节指数	3+4背板总长（mm）
4.96±0.19	8.81±0.10	2.93±0.05	3.50±0.37	17.14±1.25	58.73±1.23	3.99±0.37

注：吉林省养蜂科学研究所，2012年8月测定；采样地点北京。

（三）生物学特性

北方中蜂耐寒性强，分蜂性弱，较为温驯，防盗性强，可维持7 ~ 8框以上蜂量的群势（图3-6）；蜂群抗巢虫能力较弱，易感染中蜂囊状幼虫病、欧洲幼虫腐臭病等幼虫病，病群群势下降快。蜂王一般在2月初开产，每昼夜产卵平均200粒左右，部分蜂王可达300 ~ 400粒。群势恢复后，蜂王进入产卵盛期，有效产卵量平均700余粒，部分蜂王可达800 ~ 900粒，最高可达1 030粒。

图3-6　北方中蜂蜂脾
（薛运波　摄）

（四）生产性能

北方中蜂主要生产蜂蜜、蜂蜡和少量花粉。

1. 蜂产品产量　产蜜量因产地蜜源条件和饲养管理水平而异。转地饲养年均群产蜂蜜20 ~ 35kg，最高可达50kg；定地传统饲养年均群产蜂蜜4 ~ 6kg。

2. 蜂产品质量　蜂蜜质量因饲养管理方式而异，含水量在19% ~ 29%。

活框蜂箱饲养的蜂群蜂蜜纯净，传统方式饲养的蜂群蜂蜜杂质较多。

（五）饲养管理

该区域绝大多数北方中蜂均采用活框饲养（图3-7），只有山区仍沿用传统饲养方式。

图3-7　北方中蜂活框饲养（薛运波　摄）

三、华中中蜂

华中中蜂（Centre-China Chinese Bee）为中华蜜蜂（*Apis cerana cerana* Fabricius, 1793）的一个类型。

（一）品种来源及分布

华中中蜂是其分布区内的自然蜂种，是在长江中下游流域丘陵、山区生态条件下，经长期自然选择形成的中华蜜蜂的一个类型。

元代王祯在安徽旌德县和江西永丰县任县尹时（1295—1300年），所著的农书中记载："割蜜者，以薄荷叶细嚼涂于手面，自不螫人"，"人以竿高悬，笠帽召之，三面扬土阻其出路，蜂自避入笠中，收入，将笠装于布袋悬空处，至晚移于桶内"。这表明，700多年前的元代，当地人已经掌握了蜜蜂饲养技术，其收蜜和收捕蜜蜂的方法，仍沿用至今。

明朝万历六年（1578年）成书的《本草纲目》记载，北宋时安徽宣州和亳州已有家养土蜂并分别出产黄连蜜和桂花蜜。

明代江西奉新人宋应星著有《天工开物》一书，在第六卷第六节《蜂蜜篇》中，记述了蜜蜂、蜂蜜和养蜂技术，这表明，当时当地的养蜂技术已有较高水平，并进行商业化生产。

20世纪80年代，中国首次在全国范围内进行了中蜂资源考察。杨冠煌等根据考察结果将该分布区内的中蜂定名为湖南型（也有人将其称为沅陵型），匡邦郁、龚一飞等也认同上述地区分布的中蜂为一个生态型，匡邦郁还认为该生态型的分布区主要在华中，故将其定名为华中型。

华中中蜂的中心分布区为长江中下游流域，主要分布于湖南、湖北、江西、安徽等省以及浙江西部、江苏南部，此外，贵州东部、广东北部、广西北部、重庆东部、四川东北部也有分布。

图3-8　华中中蜂三型蜂
（薛运波、常志光　摄制）

（二）形态特征

蜂王一般为黑灰色，少数为棕红色。工蜂多为黑色，腹节背板有明显的黄环。雄蜂黑色（图3-8）。部分地区华中中蜂主要形态特征见表3-3。

表3-3　华中中蜂主要形态指标

吻长（mm）	右前翅长（mm）	右前翅宽（mm）	肘脉指数	翅钩数	跗节指数	3+4背板总长（mm）
4.92±0.20	8.68±0.14	3.04±0.08	3.98±0.68	17.60±1.19	57.00±1.35	4.24±0.12

注：吉林省养蜂科学研究所，2011年6月测定；采样地点湖北神农架。

（三）生物学特性

活框饲养的华中中蜂，其群势在主要流蜜期到来时可达到6～8框蜂，越冬期群势可维持3～4框蜂。自然分蜂期为5月末6月初，一群可以分出2～3群，分蜂时间多在上午10时至下午3时。遇到敌害侵袭或人为干扰时，常弃巢而逃，另筑新巢。育虫节律陡，早春进入繁殖期较早。早春2～3框蜂的群势，到主要流蜜期可发展为6～8框蜂的群势（图3-9）。飞行敏捷，采集勤奋，在低温阴雨天气仍出巢采集，能利用零星蜜源。抗寒性能强：树洞、石洞里的野生蜂群，在－20℃的环境里仍能自然越冬；传统饲养在树桶中的蜂群，放在院内或野外即可越冬；越冬蜂死亡率8%～15%。冬季气温在0℃以上时，工蜂便可以飞出巢外在空中排泄。抗巢虫能力较差，易受巢虫危害。温驯，易于管理。盗性中等，防盗能力较差。易感染中蜂囊状幼虫病，该病在中蜂分布区流行已有30多年的历

图3-9　华中中蜂蜂脾
（薛运波　摄）

史，至今仍在流行，对中蜂生产造成重大损失，威胁着中蜂的生存。

（四）生产性能

1. 蜂产品产量　通常只生产蜂蜜，不产蜂王浆、蜂胶，很少生产蜂花粉。传统饲养的蜂群，年均群产蜂蜜5 ~ 20kg，活框蜂箱饲养的蜂群，年均群产蜂蜜20 ~ 40kg。

2. 蜂产品质量　蜂蜜浓度较高，含水量19%以下，味清纯。

（五）饲养管理

饲养方式有：定地饲养、定地结合小转地饲养，少数进行转地饲养。多数蜂群采用活框蜂箱饲养（图3-10），有些地区仍沿用传统方式饲养。有些地方，如鄂西北神农架林区，养蜂人对传统饲养方式进行了改良，在蜂桶中部垂直加两根小方木，用以加固巢脾，创造了每年多次取蜜而又不伤害子脾的方法（图3-11）。

图3-10　华中中蜂活框饲养
（薛运波　摄）

图3-11　神农架中蜂方桶饲养
（薛运波　摄）

四、阿坝中蜂

阿坝中蜂（A ba Chinese Bee）为中华蜜蜂（*Apis cerana cerana* Fabricius, 1793）的一个类型。

（一）品种来源及分布

阿坝中蜂是在四川盆地向青藏高原隆升的过渡地带的生态条件下，经过长期自然选择形成的中华蜜蜂的一个类型。

20世纪80年代，对分布于阿坝地区东方蜜蜂的分类意见不一，有学者认为它属于中华蜜蜂的一个地理宗，另有学者认为它已形成为一个亚种。1988年开始，杨冠煌等对阿坝州及甘孜州北部的生态环境和蜂群生物学进行了考察，对采自多点的工蜂样本进行了形态测定、酯酶同工酶等电点聚焦电泳分析，并与平原地区的中华蜜蜂进行了比对。通过3年考察，杨冠煌等认为：在四川西北高原的大渡河上游，存在阿坝中蜂的稳定种群，它们具有比较一致的形态特征及生物学特性，适应高纬度、高海拔的高山峡谷生态环境，为丘陵和平原之间的过渡类型。

阿坝中蜂分布在四川西北部雅砻江流域和大渡河流域的阿坝、甘孜两州，包括大雪山、邛崃山等海拔在2 000m以上的高原及山地。原产地为马尔康市，中心分布区在马尔康、金川、小金、壤塘、理县、松潘、九寨沟、茂县、黑水、汶川等县，青海东部和甘肃东南部亦有分布。

图3-12　阿坝中蜂三型蜂
（薛运波、常志光　摄制）

（二）形态特征

阿坝中蜂是东方蜜蜂中个体较大的一个生态型（图3-12）。蜂王黑色或棕红色，雄蜂为黑色。工蜂的足及腹节腹板呈黄色，小盾片棕黄色或黑色，第三、四腹节背板黄色区很窄，黑色带超过2/3。其他主要形态特征见表3-4。

表3-4　阿坝中蜂主要形态指标

吻长（mm）	右前翅长（mm）	右前翅宽（mm）	肘脉指数	翅钩数	跗节指数	3+4背板总长（mm）
4.99±0.21	8.95±0.20	2.96±0.07	4.35±0.99	18.87±0.74	54.26±1.06	4.04±0.11

注：吉林省养蜂科学研究所，2011年6月测定；采样地点四川马尔康。

（三）生物学特性

阿坝中蜂耐寒，分蜂性弱，能维持大群，采集力强，性情温驯，适宜高寒山地饲养（图3-13）。在原产地马尔康市自然条件下，蜂王一般在2月下旬开始产卵，蜂群开始繁殖，秋季外界蜜源终止后，蜂王于9月底10月初停止产卵，繁殖期8个月左右。早春最小群势0.5框蜂，生产期最大群势12框蜂，维持子脾5～8框，子脾密实度50%～65%；越冬群势下降50%～70%。春季开繁较迟，但繁殖快。在蜜源较好的情况下，每年可发生1～2次自然分蜂，每次分出1～2群。在马尔康市查北村（海拔3 200m）定点观察表明，多数蜂群在5月5日以后发生自然

图3-13　阿坝中蜂蜂脾
（薛运波　摄）

分蜂，出现分蜂王台时，群势为6～8框蜂。分蜂期外界最高气温20～23℃，最低温2～3℃。此外，很少发生巢虫危害，飞逃习性弱，活框饲养的蜂群很温驯。

（四）生产性能

1.蜂产品产量　阿坝中蜂的产品主要是蜂蜜，产量受当地气候、蜜源等自然条件的影响较大，年均群产蜂蜜10～25kg、蜂花粉1kg、蜂蜡0.25～0.5kg。

2.蜂产品质量　原产地生产的蜂蜜浓度较高，一般含水量在18%～23%。

（五）饲养管理

定地饲养的阿坝中蜂占90%以上，少量蜂群小转地饲养。一般一个蜂场饲养10～90群，以取蜜为主（图3-14）。80%蜂群采用活框蜂箱饲养，20%采用传统方式饲养（图3-15）。大部分蜂群在本地越冬和春繁。

图3-14　阿坝中蜂活框饲养
（薛运波　摄）

图3-15　阿坝中蜂传统饲养
（薛运波　摄）

五、华南中蜂

华南中蜂（South-China Chinese Bee）为中华蜜蜂（*Apis cerana cerana* Fabricius, 1793）的一个类型。

（一）品种来源及分布

华南中蜂是其分布区内的自然蜂种，是在华南地区生态条件下，经长期自然选择形成的中华蜜蜂的一个类型。

宋朝大诗人苏轼（1037—1101年），被贬到广东惠州时，看到养蜂人用艾草烟熏驱赶收捕分蜂群的情景后，写下了《收蜜蜂》一诗。当时，养蜂者用竹笼、树筒和木桶等传统饲养方法，产量很低，蜂群处于自生自灭状态。直到20世纪初，西方蜜蜂引进前，华南中蜂都是分布区内饲养的主要蜂种。20世纪中叶，广东省开始将活框蜂箱饲养技术应用于当地自然蜂种的饲养，养蜂业得到迅猛发展。

据蓝国贤报道，台湾早在清朝康熙年间即已饲养东方蜜蜂。当时的农民在树洞、山壁岩洞中收捕野生蜂，用传统方法饲养。其时，有吕、赖、林三姓家族由大陆移居台湾嘉义县的关子岭地区，带去了养蜂技术，由此推算，台湾饲养中华蜜蜂已有200多年的历史。

中心产区在华南，主要分布于广东、广西、福建、浙江、台湾等省的沿海和丘陵山区，安徽南部、云南东南部也有分布。

（二）形态特征

蜂王基本呈黑灰色，腹节有灰黄色环带；雄蜂黑色；工蜂为黄黑相间（图3-16）。其他主要形态特征见表3-5。

图3-16　华南中蜂三型蜂
（薛运波、常志光　摄制）

表3-5　华南中蜂主要形态指标

吻长（mm）	右前翅长（mm）	右前翅宽（mm）	肘脉指数	翅钩数	跗节指数	3+4背板总长（mm）
4.53±0.14	8.15±0.12	2.89±0.08	3.75±0.23	18.83±1.32	57.19±2.83	3.97±0.33

注：吉林省养蜂科学研究所，2011年6月测定；采样地点广东湛江。

（三）生物学特性

华南中蜂繁殖高峰期平均日产卵量为500 ~ 700粒，最高日产卵量为1 200粒。育虫节律较陡，受气候、蜜源等外界条件影响较明显。春季繁殖较快，夏季繁殖缓慢，秋季有些地方停止产卵，冬季繁殖中等。维持群势能力较弱，一般群势为3 ~ 4框蜂（图3-17），最大群势达8框蜂左右。分蜂性较强，通常一年分蜂2 ~ 3次；分蜂时，群势多为3 ~ 5框蜂，有的群势2框蜂即进行分蜂。蜂群经度夏后，群势下降40% ~ 45%。温驯性中等，受外界刺激时反应较强烈，易螫人。盗性较强，食物缺乏时易发生互盗。防卫性能中等。易飞逃。易感染中蜂囊状幼虫病，病害流行时发病率高达85%以上。该病主要采取消毒、选育抗病蜂

图3-17　华南中蜂蜂脾
（薛运波　摄）

种、幽闭蜂王迫使其停止产卵而断子等措施进行防控。

（四）生产性能

1.蜂产品产量 产品只有蜂蜜和少量蜂蜡。年均群产蜜量因饲养方式不同差异很大。定地饲养年均群产蜂蜜10 ~ 18kg，转地饲养年均群产蜂蜜15 ~ 30kg。可生产少量蜂蜡（年均群产不足0.5kg），一般自用加工巢础。

2.蜂产品质量 华南中蜂生产的蜂蜜浓度较低，成熟蜜含水量多在23%～27%，淀粉酶值为2 ～ 6，蜂蜜颜色较浅，味香纯。

（五）饲养管理

中心分布区的饲养方式有两种：75%～80%的蜂群为定地结合小转地饲养，20%～25%的蜂群为定地饲养。大多数蜂群采用活框蜂箱饲养（图3-18），少数蜂群采用传统方式饲养。

图3-18　华南中蜂活框饲养
（薛运波　摄）

六、海南中蜂

海南中蜂（Hainan Chinese Bee）为中华蜜蜂（*Apis cerana cerana* Fabricius, 1793）的一个类型，因分布于海南岛而得名。

（一）品种来源及分布

海南中蜂是原产地海南岛的自然蜂种，是在海南岛生态条件下，经过长期自然选择形成的中华蜜蜂的一个类型。海南中蜂又有椰林蜂和山地蜂之分。

20世纪初，海口琼山已有人养蜂。当时海府地区与东南亚通商日趋频繁，蜂蜜已成为商品，促使当地农民收捕野生中蜂，放入竹笼、木桶、椰筒等容器中饲养，毁巢取蜜。

海南中蜂在海南岛全岛多数地区都曾有大量分布，但随着热带高效农业的发展和西方蜜蜂的引入，海南中蜂生存条件受到破坏，其分布范围缩小。现分布在北部的海口、澄迈、定安、文昌，中部山区的琼中、五指山、白沙、屯昌、保亭、陵水，以及临高、儋州、琼海等市、县和垦区农场。其中，椰林蜂主要分布在海拔低于200m的沿海椰林区，集中于海南岛北部的文昌、琼海、万宁和陵水一带沿海。山地蜂主要分布在中部山区，集中在琼中、琼山、乐东和澄迈等地，以五指山脉为主要聚集区。由于近年来大量从岛外引进其他类型的中蜂，导致目前海南中蜂处于濒危状态。

图3-19 海南中蜂三型蜂
（薛运波、常志光 摄制）

（二）形态特征

蜂王体色为黑色。雄蜂体色为黑色。工蜂体色为黄灰色，各腹节背板上有黑色环带（图3-19）。其他主要形态特征见表3-6。

表3-6 海南中蜂主要形态指标

吻长（mm）	右前翅长（mm）	右前翅宽（mm）	肘脉指数	翅钩数	跗节指数	3+4背板总长（mm）
4.16±0.10	7.77±0.14	2.67±0.05	3.95±0.60	19.23±1.04	58.51±1.96	3.67±0.07

注：吉林省养蜂科学研究所，2011年6月测定；采样地点海南白沙。

（三）生物学特性

海南中蜂群势较小，山地蜂为3～4框，椰林蜂为2～3框。山地蜂较温驯，但育王期较凶；椰林蜂较凶暴，但育王期比山地蜂温驯。易感染中蜂囊状幼虫病，易受巢虫危害，易发生飞逃。

山地蜂的栖息地蜜源植物种类丰富，有明显的流蜜期和缺蜜期，采集力比椰林蜂强，善于利用山区零星蜜粉源，无需补喂饲料。椰林蜂长期生活在以椰林为主要蜜源的环境中，椰子常年开花，有粉有蜜，无明显的缺蜜期，蜜蜂随时可以采集，因此形成了繁殖力强、产卵圈面积大、分蜂性强等特点（图3-20），可连续分

图3-20 海南中蜂蜂脾
（薛运波 摄）

蜂，无明显分蜂期，喜欢采粉，采蜜性能差，贮蜜少，在大流蜜期也如此。

（四）生产性能

海南中蜂主要产品有蜂蜜和少量花粉。

1. 蜂产品产量　活框蜂箱饲养的山地蜂年均群产蜂蜜25kg，活框蜂箱饲养的椰林蜂年均群产蜂蜜15kg。

2. 蜂产品质量　活框蜂箱饲养的海南中蜂所产蜂蜜含水量约为21%，传统饲养的海南中蜂所产蜂蜜含水量一般在19%左右。

（五）饲养管理

海南中蜂大多数为家庭副业或业余饲养。近几年出现了一批饲养海南中蜂的专业户（图3-21），其中定地饲养占85%，定地结合小转地饲养占15%。每户饲养1 ~ 20群（图3-22），较大的蜂场饲养20 ~ 50群，专业户饲养50 ~ 200群。

采用活框蜂箱饲养的约占65%，采用椰筒或其他木桶等传统饲养的约占35%。

图3-21　海南中蜂活框饲养
（薛运波　摄）

图3-22　海南山地型蜂场
（薛运波　摄）

七、滇南中蜂

滇南中蜂（Diannan Chinese Bee）为中华蜜蜂（*Apis cerana cerana* Fabricius, 1793）的一个类型。

（一）品种来源及分布

滇南中蜂是产区内的自然蜂种，它是在横断山脉南麓生态条件下，经长期自然选择形成的中华蜜蜂的一个类型。

在滇南少数民族的传说、神话、故事、叙事长诗、情歌、寓言等民族民间文学中，字里行间均可见到关于蜜蜂的叙述。文山州的苗族民间传说“蜜蜂叮人为何掉针”的故事，描述了蜜蜂螫刺行为和巢房中蜜蜂幼虫的生物学特点，幽默风趣。石屏县花腰彝族的男人喜欢养蜜蜂，在建造土掌房时，在土屋的墙壁四周掏有蜜蜂窝用以饲养蜜蜂。由此可见，滇南少数民族在其发展的历史中，早就和蜜蜂结下不解之缘。

主要分布于云南南部的德宏傣族景颇族自治州、西双版纳傣族自治州、红河哈尼族彝族自治州、文山壮族苗族自治州和玉溪市等地。

（二）形态特征

蜂王触角基部、额区、足、腹节腹板为棕色。雄蜂黑色。工蜂体色黑黄相间（图3-23），体长9.0 ~ 11.0mm。其他主要形态特征见表3-7。

图3-23　滇南中蜂三型蜂
（薛运波、常志光　摄制）

表3-7　滇南中蜂主要形态指标

吻长（mm）	右前翅长（mm）	右前翅宽（mm）	肘脉指数	翅钩数	跗节指数	3+4背板总长（mm）
4.67±0.12	8.21±0.12	2.83±0.06	3.75±0.60	19.0±1.15	57.26±2.42	3.64±0.21

注：吉林省养蜂科学研究所，2011年6月测定；采样地点云南景洪。

（三）生物学特性

蜂王产卵力较弱，盛期日产卵量平均为500粒；分蜂性较弱，可维持4 ~ 6框的群势（图3-24）；前翅较短；吻较短，采集力较差；耐热不耐寒，外界气温在37 ~ 42℃时，仍能正常产卵。

图3-24　滇南中蜂蜂脾
（薛运波　摄）

（四）生产性能

滇南中蜂主要用于生产蜂蜜，也生产蜂蜡。

1. 蜂产品产量　传统方式饲养的年均群产蜜5kg，活框蜂箱饲养的年均群产蜜10kg。

2. 蜂产品质量　蜂蜜质量有待提高，杂质含量较高。

（五）饲养管理

滇南中蜂主产区活框蜂箱饲养历史较短，先进饲养技术需要大力推广应用（图3-25），基本停留在传统饲养方式上（图3-26），养蜂生产发展潜力较大。

图3-25　滇南中蜂活框饲养
（薛运波　摄）

图3-26　滇南中蜂传统饲养
（薛运波　摄）

八、云贵中蜂

云贵高原中蜂（Yun-Gui Plateau Chinese Bee）为中华蜜蜂（*Apis cerana cerana* Fabricius, 1793）的一个类型。

（一）品种来源及分布

云贵高原中蜂是分布区内的自然蜂种，是在云贵高原的生态条件下，经长期自然选择形成的中华蜜蜂的一个类型。

云南省江川县李家山出土的战国铜臂甲上发现的蜜蜂形象图，祥云县出土的古墓铜棺上刻有的蜜蜂图案，证明云南蜜蜂的记录可追溯至2 200余年前的战国时期。据史料记载，贵州少数民族对蜂产品的利用，至少在千年以上，唐代以来，贵州的苗、布依、水、仡佬等少数民族利用蜂蜡制作的蜡染素负盛名。

中心产区在云贵高原，主要分布于贵州西部、云南东部和四川西南部三省交汇的高海拔区域。

（二）形态特征

蜂王体色多为棕红色或黑褐色，雄蜂为黑色，工蜂体色偏黑，第3、4腹节背板黑色带达60%～70%。个体大（图3-27），体长可达13.0mm。其他主要形态特征见表3-8。

图3-27　云贵高原中蜂三型蜂（薛运波、常志光　摄制）

表3-8　云贵高原中蜂主要形态指标

吻长（mm）	右前翅长（mm）	右前翅宽（mm）	肘脉指数	翅钩数	跗节指数	3+4背板总长（mm）
5.08±0.11	8.47±0.13	3.02±0.06	3.85±0.45	19.1±1.11	56.6±2.08	3.95±0.11

注：吉林省养蜂科学研究所，2015年6月测定；采样地点贵州纳雍。

（三）生物学特性

云贵中蜂产卵力较强，蜂王一般在2月开产，最高日产卵量可达1 000粒以上。

云贵高原夏季气温较低，蜜源植物开花少，蜂群群势平均下降30 %左右，6月中旬最严重。越冬期约3个月，群势平均下降50%左右。

云贵中蜂性情较凶暴，盗性较强。分蜂性弱，可维持群势7 ～ 8框以上（图3-28）。抗病力较弱，易感染中蜂囊状幼虫病和欧洲幼虫腐臭病。

图3-28　云贵高原中蜂蜂脾

（四）生产性能

1.蜂产品产量　以产蜜为主，不同地区的蜂群，因管理方式及蜜源条件不同，产量有较大差别。定地结合小转地饲养的蜂群，采油菜、乌桕、秋季山花，年均群产蜜可达30kg左右，最高60kg；定地饲养群以采荞麦、野藿香为主，年均群产蜂蜜约15kg。

2.蜂产品质量　因生产方式的差异，所产蜂蜜含水量在21%～ 29%，活框箱饲养蜂群生产的蜂蜜纯净、品质好；传统方式饲养的蜂群，生产的蜂蜜杂质含量高。生产花粉较少，能生产蜂蜡。

（五）饲养管理

贵州、云南以定地饲养为主，四川为定地结合小转地饲养（图3-29）。

图3-29　云贵高原中蜂蜂场
（薛运波　摄）

九、西藏中蜂

西藏中蜂（Xizang Chinese Bee）为中华蜜蜂（*Apis ceran acerana* Fabricius, 1793）的一个类型，又称藏南中蜂。

（一）品种来源及分布

西藏中蜂是其分布区内的自然蜂种，是在西藏东南部林芝地区和山南地区生态条件下，经长期自然选择形成的中华蜜蜂的一个类型。

目前，对西藏中蜂的分类地位尚未完全确定。1944年马骏超根据对西藏南部蜜蜂干标本的研究，将其确定为*Apis indica skorikovi* Maa，近几年国际统一命名后改为*Apis cerana skorikovi*。马骏超后来曾怀疑过这个亚种存在的可靠性。杨冠煌等在西藏调查后，根据对西藏中蜂样本的形态鉴定以及对西藏中蜂生物学特性的考察，结合当地的生态条件，认为分布在西藏东南部的蜜蜂不同于中华蜜蜂其他亚种，也不同于印度蜜蜂。

西藏中蜂主要分布在西藏东南部的雅鲁藏布江河谷以及察隅河、西洛木河、苏班黑河、卡门河等河谷地带，海拔2 000 ～ 4 000m的区域。其中，林芝地区（图3-30）的波密、墨脱、察隅和山南地区的错那等县蜂群较多，是西藏中蜂的中心分布区。云南西北部的迪庆州、怒江州北部也有分布。

图3-30　西藏中蜂的生境
（薛运波　摄）

（二）形态特征

西藏中蜂工蜂体长11 ～ 12mm，体色灰黄色或灰黑色，第3腹节背板常有黄色区，第4腹节背板黑色，第4、5、6腹节背板后缘有黄色绒毛带。第5腹节背板狭长，第3腹节背板超过4.00mm、但小于4.38mm，腹部较细长（图3-31）。其他主要形态特征见表3-9。

图3-31　西藏中蜂三型蜂
（薛运波、常志光　摄制）

表3-9　西藏中蜂主要形态指标

吻长（mm）	右前翅长（mm）	右前翅宽（mm）	肘脉指数	翅钩数	跗节指数	3+4背板总长（mm）
5.21±0.12	8.66±0.11	3.04±0.09	4.55±0.51	18.62±1.15	54.10±1.17	4.04±0.28

注：吉林省养蜂科学研究所，2011年6月测定；采样地点云南维西。

（三）生物学特性

西藏中蜂是一种适应高海拔地区的蜂种（图3-32）。在山南地区错那县的西藏中蜂分蜂性强（图3-33），迁徙习性强，群势较小，采集力较差，但耐寒性强。与滇南中蜂相比，西藏中蜂的翅、吻均较长，体色较黑，腹较宽，个体较大。因其生产性能较低，故采用活框蜂箱饲养的蜂群数量很少。

图3-32　西藏中蜂蜂脾
（薛运波　摄）

图3-33　西藏中蜂新分群
（薛运波　摄）

（四）生产性能

西藏中蜂生产性能较差，蜂蜜产量较低（图3-34、图3-35），用传统方式饲养的蜂群，年均群产蜂蜜5 ～ 10kg；用现代活框蜂箱饲养的蜂群，年均群产蜂蜜10 ～ 15kg。

图3-34　传统饲养蜂巢
（薛运波　摄）

图3-35　采收蜂蜜
（薛运波　摄）

（五）饲养管理

西藏中蜂多为定地饲养，绝大多数蜂群用传统方法饲养（图3-36），极少数蜂群用活框蜂箱饲养（图3-37）。

为了更好的保护和开发利用西藏中蜂资源，在西藏自治区农牧科学院覃荣研究员、国家蜂产业技术体系西藏综合试验站站长王文峰副处长、扎罗副研究员等的大力支持下，吉林省养蜂科学研究所（国家蜜蜂基因库）先后多次派专业技术人员前往西藏波密阿博多吉等蜂场（图3-38），与波密养蜂协会会长阿博多吉密切合作，采集蜜蜂精液保存于国家蜜蜂基因库中。由于语言上（藏语与汉语）的差异，在合作过程中得到了阿博多吉女儿、儿子们（图3-39）的大力支持，她们不仅给我们当向导，还给我们当翻译，使得合作非常愉快、合作效果丰硕。

图3-36　西藏中蜂蜂场
（覃荣　摄）

图3-37　少数活框饲养
（薛运波　摄）

图3-38　与科研院所合作保种
（王志　摄）

图3-39　野外采集雄蜂精液
（王志　摄）

十、浙江浆蜂

浙江浆蜂（Zhejiang Royal Jelly Bee）为蜂王浆高产的一个西方蜜蜂（*Apis mellifera* Linnaeus, 1758）遗传资源，2009年通过国家畜禽遗传资源委员会蜜蜂专业委员会的审定。

（一）浙江浆蜂的来源及分布

浙江浆蜂的原产地在嘉兴、平湖和萧山一带，始发地在平湖乍浦。该地处于钱塘江畔和沿海区，蜜粉资源丰富，交通比较闭塞，隔离条件较好，为浙江浆蜂遗传资源的形成提供了独特的生态环境。中心产区为嘉兴、杭州、宁波、绍兴、金华、衢州市。除舟山外，浙江省10个地级市的91个县（市、区）都有饲养，饲养量达56万群。目前已推广到除西藏以外的全国各地。

（二）形态特征

蜂王体色以黄棕色为主，个体较大，腹部较长，尾部稍尖，腹部末节背板略黑。雄蜂体色多为黄色，少数腹部有黑色斑。工蜂体色多为黄色，少数为黄灰色，部分背板前缘有黑色带（图3-40）。其他主要形态特征见表3-10。

图3-40　浙江浆蜂三型蜂
（薛运波、常志光　摄制）

表3-10　浙江浆蜂主要形态指标

吻长（mm）	右前翅长（mm）	右前翅宽（mm）	肘脉指数	翅钩数	跗节指数	3+4背板总长（mm）
6.46±0.15	9.36±0.10	3.23±0.06	2.38±0.29	22.70±1.24	58.70±1.91	4.74±0.10

注：吉林省养蜂科学研究所，2011年6月测定；采样地点吉林省蜜蜂遗传资源基因保护中心。

（三）生产性能

1. 蜂产品产量 徐明春等（1987年）对王浆高产蜂群的生产性能进行测定，其王浆产量比原意大利蜂平均高2.19倍。1988—1989年浙江省畜牧局组织32个养蜂重点县（市）进行对比试验，平湖浆蜂比普通意大利蜂王浆增产83.69%，花粉增产54.5%。据近年来畜牧生产统计，浙江浆蜂年均群产量见表3-11。

表3-11 浙江浆蜂蜂产品生产量调查结果

产品类别	蜂蜜（kg）	蜂王浆（kg）（6—7月）	蜂花粉（kg）	蜂胶（kg）	蜂蜡（kg）
年均群产	50	3.5～5.0	5.0	0.05～0.1	0.6～1.0

2. 蜂产品质量 浙江浆蜂生产的蜂蜜含水量为23%～30%。2006年4月，浙江省畜牧兽医局对全省5个一级种蜂场、2个二级种蜂场的浙江浆蜂在油菜花期生产的蜂王浆抽样检测，其62个样品的测定结果是：蜂王浆中10-羟基-2-癸烯酸（10-HDA）含量为1.40%～2.28%，平均为1.76%。平湖浆蜂蜂王浆中10-HDA含量为1.4%～1.9%，其中春浆10-HDA含量为1.8%左右，水分含量为62%～70%。一般蜂场饲养的浙江浆蜂，油菜花期生产的蜂王浆10-HDA含量为1.4%～1.8%，平均为1.6%。

（四）生物学特征

浙江浆蜂分蜂性较弱，在蜂脾相称、群势小于8框蜂时，一般不会出现分蜂；能维持强群（图3-41），一般能保持在10框蜂以上。全年有效繁殖期为10个月左右，蜂王于冬末开始产卵，繁殖旺季蜂王平均日产卵量超过1 500粒，繁殖期子脾密实度为95.8%。秋季外界蜜源结束后，蜂王停止产卵。冬繁时最小群势为0.5～1框蜂，生产季节最大群势为14～16框蜂，并能保持7张以上子脾。越冬群势下降率为30%。

图3-41 浙江浆蜂蜂脾
（薛运波 摄）

对大宗蜜源采集力强，对零星蜜源的利用能力也强，哺育力强，育虫积极，性情温驯，适应性广，较耐热，饲料消耗量大，易受大小螨侵袭，易感染白垩病。

浙江浆蜂咽下腺（工蜂分泌王浆的主要腺体）小囊的数量为579个（原浙江农业大学动物科学学院和北京大学生命科学院1993年测定），而原种意大利蜂咽下腺小囊的数量为547个（江西农业大学动物科技学院报道），与原意大利蜂相比，浙江浆蜂咽下腺小囊的数量增加了5.85%。

（五）饲养管理

1.蜂群饲养　浙江浆蜂转地饲养约有79%，定地饲养约占10%，定地加小转地饲养约占11%。多数蜂场生产蜂蜜（图3-42）、蜂王浆、蜂花粉等产品。蜂群室外越冬。

图3-42　浙江浆蜂蜂场
（薛运波　摄）

2.饲养技术要点　根据浙江浆蜂的生物学特性，饲养管理上应采取适时冬繁、蜂脾相称、早加继箱、及时生产、维持强群等技术措施。

十一、东北黑蜂

东北黑蜂（Northeast-China Black Bee）是西方蜜蜂（*Apis mellifera* Linnaeus, 1758）的一个地方品种。19世纪末至20世纪初由俄国远东地区传入中国黑龙江省，是中俄罗斯蜂（欧洲黑蜂的一个生态型）和卡尼鄂拉蜂的过渡类型，并在一定程度上混有高加索蜂血统，与饲养于东北地区的其他西蜂，经过长期混养、自然杂交和人工选育逐渐形成的一个蜂蜜高产型蜂种。

（一）品种来源及分布

19世纪50年代以后，沙皇俄国由俄罗斯南部、乌克兰和高加索等地向远东地区大量移民，一些移民将其饲养的黑色蜜蜂带入远东地区。19世纪末，上述黑色蜜蜂分别从三个方向进入中国黑龙江省：一是由乌苏里江以东地区越江进入黑龙江省，二是由黑龙江以北地区越江进入黑龙江省，三是由满洲里口岸用火车运入黑龙江省，分布在中长铁路沿线（至1925年，中长铁路沿线饲养的黑色蜜蜂已发展到12 430群，养蜂生产发展较快）。

1918年3月养蜂人邹兆云迁入饶河，由乌苏里江以东（俄罗斯）引进15桶黑色蜜蜂，用他自己设计的“高架方脾十八框蜂箱”在苇子沟定地饲养，后逐步繁殖、推广至石场、太平、大贷、万福砬子等地，成为“饶河东北黑蜂之源”。

中心产区为饶河县，主要分布在饶河、虎林、宝清等地。核心区饲养种群约5 000群。

（二）形态特征

东北黑蜂个体大小及体形与卡尼鄂拉蜂相似，蜂王大多为褐色，其第2～3腹节背板有黄褐色环带，少数蜂王为黑色。雄蜂为黑色，绒毛灰色至灰褐色。工蜂有黑、褐两种，少数工蜂第2～3腹节背板两侧有淡褐色斑，绒毛淡褐色，少数灰色，第4腹节背板绒毛带较宽，第5腹节背板覆毛较短（图3-43）。其他主要形态特征见表3-12。

图3-43　东北黑蜂三型蜂
（薛运波、常志光　摄制）

表3-12　东北黑蜂主要形态指标

吻长（mm）	右前翅长（mm）	右前翅宽（mm）	肘脉指数	翅钩数	跗节指数	3+4背板总长（mm）
6.53±0.15	9.32±0.13	3.29±0.07	2.71±0.40	21.30±1.59	49.50±1.43	4.72±0.10

注：吉林省养蜂科学研究所，2011年6月测定；采样地点吉林省蜜蜂遗传资源基因保护中心。

（三）生物学特性

蜂王产卵力强，早春繁殖快；分蜂性弱，可维持大群（图3-44）。采集力强。抗寒，越冬安全。不怕光，开箱检查时较温驯。盗性弱。定向力强。比意大利蜂抗幼虫病。

图3-44　东北黑蜂蜂脾
（薛运波　摄）

（四）生产性能

东北黑蜂生产性能见表3-13。

表3-13　东北黑蜂生产性能

产品类别	蜂蜜（kg）	蜂王浆（6—7月）(g)	蜂花粉（kg）	蜂胶（g）	蜂蜡（kg）
年均群产	50～100	300～500	3～5	30～60	1.5～2.5

（五）饲养管理

东北黑蜂定地饲养的占10%，定地结合小转地饲养的占90%。一般一个蜂场饲养50 ～ 100群，最多饲养240群。定地蜂场只生产椴树蜜。定地结合小转地饲养蜂场可利用两个大蜜源：椴树蜜源后再采秋季蜜源，或采椴树蜜源后利用秋季蜜源繁殖蜂群。

80%以上的东北黑蜂采用18框卧式蜂箱饲养（图3-45），20%以下应用俄式蜂箱饲养。冬季有10%蜂群室内越冬，90%蜂群室外包装越冬。

根据当地气候及蜜源的特点和东北黑蜂的特性，采取早繁殖、早育王、早分蜂，适时繁殖适龄采集蜂、繁殖越冬适龄蜂，强群繁殖、强群生产、强群越冬等技术措施。

图3-45　东北黑蜂蜂场
（薛运波　摄）

十二、新疆黑蜂

新疆黑蜂（Xinjiang Black Bee）是西方蜜蜂（*Apis mellifera* Linnaeus, 1758）的一个地方品种。它是20世纪初由俄国传入中国新疆的黑色蜜蜂，经过长期自然杂交和人工选育后，逐渐形成的一个蜂蜜高产型蜂种。

（一）品种来源及分布

1900年俄国人把黑色蜜蜂带入新疆伊犁和阿勒泰两地饲养。1919年俄国人经哈萨克斯坦将黑蜂带入新疆的布尔津县。1925—1926年俄国人再次经哈萨克斯坦将黑蜂带入新疆伊宁，后发展到整个伊犁地区。另据新源县哈萨克族养蜂老人奴尔旦自克回忆，20世纪30—40年代，天山地区有很多野生黑蜂，俄国侨民常到山里收捕这些野生黑蜂带回家饲养。

可见，新疆黑蜂是20世纪初由俄国传入中国新疆伊犁、阿勒泰等地的黑色蜜蜂，在经过长期混养、自然杂交和人工选育后，逐渐形成的一个西方蜜蜂地方品种，它们对中国新疆地区的气候、蜜源等生态条件产生了很强的适应性。

新疆黑蜂中心产区在阿尔泰山和天山山脉及伊犁河谷地区。主要分布于伊犁的尼勒克、特克斯、新源、巩留、昭苏、伊宁、霍城，阿勒泰的布尔津、哈巴河、吉木乃等县、市。分布区西部与哈萨克斯坦接壤，北部与俄罗斯相邻。

（二）形态特征

新疆黑蜂为黑色蜂种。蜂王个体较大，黑色，有些蜂王腹节有棕红色环带。雄蜂个体粗大，黑色，体毛密集。工蜂个体比卡尼鄂拉蜂稍大，黑色（图3-46）。

图3-46　新疆黑蜂三型蜂
（薛运波、常志光　摄制）

新疆黑蜂与意大利蜂杂交后，蜂王、雄蜂和工蜂的体色由黑到黄，变化较大。其他主要形态特征见表3-14。

表3-14　新疆黑蜂主要形态指标

吻长（mm）	右前翅长（mm）	右前翅宽（mm）	肘脉指数	翅钩数	跗节指数	3+4背板总长（mm）
6.15±0.17	9.43±0.11	3.14±0.05	1.75±0.22	19.43±1.45	55.29±1.59	4.79±0.07

注：吉林省养蜂科学研究所，2011年6月测定；采样地点吉林省蜜蜂遗传资源基因保护中心。

（三）生物学特性

蜂王产卵力较强，产卵整齐，子脾面积大，密实度达90%以上，子脾数可达7 ～ 10框，群势达10 ～ 14框时也不发生分蜂热。育虫节律陡，对外界气候、蜜粉源条件反应敏感，蜜源丰富时，蜂王产卵旺盛，工蜂哺育积极。在新疆本地自然条件下，蜂王于越冬末期产卵，蜂群开始繁殖，秋季外界蜜源结束后，蜂王停止产卵，繁殖期结束，年有效繁殖期5 ～ 7个月。采集力强，善于利用零星蜜粉源，节约饲料。抗病力强，抗巢虫。耐寒，越冬性能强，越冬群势下降率为15%～20%，低于意大利蜂和高加索蜂。性情凶暴，怕光，开箱检查时易骚动，爱蜇人。定向力弱，易偏集。不爱作盗，防盗能力差。抗逆性强于其他西方蜜蜂品种（图3-47），在恶劣的地理、气候条件下能够生存，是中国唯一能够在野外生存的西方蜜蜂类群。

图3-47 新疆黑蜂蜂脾
（薛运波 摄）

（四）生产性能

1. 蜂产品产量 20世纪80年代以来，新疆黑蜂更加适应当地的气候和蜜源，由过去单一产蜜型向兼顾蜂蜜、花粉、蜂胶生产发展，产胶性能好。在正常年份，新疆黑蜂年均群产量见表3-15。

表3-15 新疆黑蜂年均群产量

产品类别	蜂蜜（kg）	蜂花粉（kg）	蜂胶（kg）	蜂蜡（kg）
年均群产	50～70	2～3	0.1～0.2	1～2

2. 蜂产品质量 新疆黑蜂生产的蜂蜜大多为天然成熟蜜，含水量一般在23%以下，最低可达17%，品质优良。以野生牧草和药用蜜源植物生产的特种天然成熟蜜，色泽浅白，结晶细腻，具有独特的芳香气味，当地俗称“黑蜂蜜”。

（五）饲养管理

新疆黑蜂可采用定地结合小转地方式饲养（图3-48），饲养规模不宜超过100群，年采大宗蜜源1～2个。

现有的新疆黑蜂60%使用郎式标准箱、40%采用俄式蜂箱饲养。约70%的蜂群在室内越冬，30%的蜂群在室外越冬。

饲养要点：应根据新疆黑蜂抗寒不耐热的特性，加强夏季通风遮阴，防止偏集，控制分蜂热。应注意防治大蜂螨。

图3-48 新疆黑蜂蜂场
（薛运波 摄）

第二节　培育品种

一、喀（阡）黑环系蜜蜂品系

喀（阡）黑环系蜜蜂（Kaqian Black Ring Bee）是1979—1989年吉林省养蜂科学研究所以喀尔巴阡蜂为育种素材，在长白山区生态条件下，用纯种选育的方法育成的西方蜜蜂（*Apis mellifera* Linnaeus, 1758）新品系。因其腹部背板有棕黑色环节，故定名为“喀（阡）黑环系蜜蜂”，简称黑环系蜜蜂。

（一）形态特征

蜂王个体细长，腹节背板有深棕色环带，体长16 ~ 19mm，初生重160 ~ 230mg。雄蜂黑色，个体粗大，尾部钝圆，体长14 ~ 15mm，初生重200 ~ 210mg。工蜂黑色，腹部背板有棕黄色环带，腹部细长，覆毛短，绒毛带宽而密（图3-49），体长11 ~ 13mm。其他主要形态特征见表3-16。

图3-49　喀（阡）黑环系蜜蜂三型蜂
（薛运波、常志光　摄制）

表3-16　喀（阡）黑环系蜜蜂主要形态指标

吻长（mm）	右前翅长（mm）	右前翅宽（mm）	肘脉指数	翅钩数	跗节指数	3+4背板总长（mm）
6.56±0.12	9.66±0.12	3.33±0.10	2.47±0.36	21.82±1.44	49.19±1.60	4.74±0.11

注：吉林省养蜂科学研究所，2010年6月测定；采样地点吉林省蜜蜂遗传资源基因保护中心。

（二）生物学特性

蜂王产卵力较强，子脾密实度高（图3-50），蜂群对外界条件变化敏感，遇气候和蜜粉源条件不利，即减少飞行活动，善于保存群体实力。秋季断子早。善于采集零星蜜源，也能利用大宗蜜源，节约饲料。抗逆性强，抗螨、抗白垩病能力强。定向力强，不易迷巢，不爱作盗。耐寒，越冬安全；耐热性低于意大利蜂。杂交配合力强，与意大利蜂、高加索蜂杂交能产生良好的杂种优势。

图3-50　喀（阡）黑环系蜂脾

（三）生产性能

与本地意大利蜂相比，喀（阡）黑环系蜜蜂产蜜量高20.3%，越冬群势下降率低18.6%，越冬饲料消耗量低43.7%。与喀尔巴阡蜂相比，喀（阡）黑环系蜜蜂产蜜量提高14.7%，王浆产量提高12.7%；越冬群势下降率低4.8%，越冬饲料消耗量低4.3%。饲养成本明显低于其他蜂种。

（四）培育简况

育种素材及来源：育种素材为喀尔巴阡蜂，系1978年由罗马尼亚引入中国，保存于大连华侨果树农场，1979年转交吉林省养蜂科学研究所。

育种技术路线：选择→建立近交系→系间混交→闭锁繁育。

培育过程：1979—1981年，在长白山区自然交尾场地对200群喀尔巴阡蜂进行集团繁育时，发现其中有3群蜂王体色不同于其他蜂群，为红黑色，且其繁殖力和采集力都优于其他蜂群，饲料消耗和越冬死亡率都较低，于是，将这3群喀尔巴阡蜂挑选出来作为系祖，建立了近交系。

1982—1985年，在3个近交系（共75群）的基础上，采用人工授精的方法进行兄妹交配繁育。

1986—1989年，在近交系兄妹交配繁育的基础上，采用人工授精的方法进行母子回交，使喀（阡）黑环系蜜蜂进入了高纯度阶段（近交系数0.94）；在此基础上进行近交系间（共45群）混交和闭锁繁育（60群）；通过对比试验考察其生产性能及相关生物学特性，同时在多个蜂场共进行了3 000多群的中间试验，最后确定喀（阡）黑环系蜜蜂为新品系。

（五）饲养管理

喀（阡）黑环系蜜蜂善于利用零星蜜源，节约饲料，适合业余饲养以及在城郊和没有大蜜源的地方饲养。定地饲养占35%以上，小转地饲养占30%，长途转地杂交饲养黑环系占35%。单场规模20～100群，多数采用10框标准箱饲养（图3-51），少数采用卧式箱饲养。

喀（阡）黑环系蜜蜂饲养技术要点是：选择零星蜜粉源丰富的场地饲养，针对其对气候、蜜源变化敏感的特性，在外界气候温和、有蜜粉源的条件下培育个体较大的优质蜂王，淘汰瘦小蜂王，提高蜂群的产子哺育能力，增加哺育负担。适时修造巢脾，通风散热，延缓春季自然分蜂高潮的出现，提高蜂群的繁殖效率。有效防治蜂螨及其他病虫害，保持蜂群的健壮

图3-51　喀（阡）黑环系蜂场（薛运波　摄）

程度，增强蜂群的生产能力。

二、浙农大1号意蜂品系

浙农大1号意蜂（Zhenongda No.1 Italian Bee）是原浙江农业大学等单位，1988—1993年用浙江平湖、萧山、嘉兴、杭州、桐庐、绍兴、慈溪等地的王浆高产意大利蜂群（浙江浆蜂）作素材，通过闭锁繁育育成的西方蜜蜂（*Apis mellifera* Linnaeus, 1758）新品系。

（一）形态特征

蜂王个体中等，腹部瘦长，初生重180mg以上；毛色淡黄，腹部背板几丁质橘黄色至淡棕色。雄蜂胸腹部绒毛淡黄色，腹部背板几丁质金黄色，有黑色斑。工蜂胸腹部绒毛淡黄色，腹部2 ~ 5节背板几丁质黄色，后缘有黑色环带，末节黑色。

（二）生物学特性

繁殖力强，日产卵多时可达1 500粒以上。群势较强，能常年维持在12框蜂以上强群。贮蜜习性、抗逆性、防盗性、温驯度等较好，抗白垩病能力强。

（三）生产性能

浙农大1号意蜂产浆性能好，年均群产王浆3.7 ~ 7.7kg；浙江农业大学试验蜂场油菜花期所产蜂王浆10-羟基-2-癸烯酸（10-HDA）含量为1.9%；大面积推广的蜂群，油菜花期蜂王浆10-羟基-2-癸烯酸（10-HDA）含量为1.4%~ 1.7%，水分含量在66%~ 67%。

年均群产蜂蜜40kg左右，蜂蜜含水量23% ~ 30%。年均群产花粉1.75 ~ 2kg。群产蜂蜡0.85 ~ 1kg。

（四）培育简况

培育场地自然生态条件：浙农大1号意蜂培育地区是杭州市，其地势西高东低。东部、东北部、东南部为平原，海拔20 ~ 60m，河流纵横；西部是丘陵、山地，海拔1 000 ~ 1 500m。属亚热带季风气候，温暖湿润，年平均气温15 ~ 18℃，相对湿度70%~ 80%，无霜期230 ~ 250d，年平均降水量1 000 ~ 1 500mm，年平均日照时数1 800h左右。蜜粉植物品种繁多，主要蜜源为油菜、紫云英、茶花等。

育种素材：浙江平湖、萧山、嘉兴、杭州、桐庐、绍兴、慈溪等地的王浆高产意大利蜂。

培育过程：1988年开始，先后从嘉兴蜂农戴来观、杨金明、王根良蜂场，绍兴蜂农赵友福蜂场，桐庐蜂农严士松蜂场，杭州青春蜂场，平湖蜂农周良观蜂场，萧山蜂农洪德兴蜂场，慈溪蜂农吴望美蜂场等处，搜集王浆高产蜂种，连同浙江农业大学实验蜂场高产群，共计17群组成种群组，采用隔离自然交尾和人工授精方法进行闭锁繁育，共繁育6代。至1993年，育成了王浆高产性状基本稳定的新品系。

（五）饲养管理

浙农大1号意蜂60%为定地结合小转地饲养，40%为转地饲养。

饲养技术要点：注意高产性能和抗病、抗螨、抗逆性能考察；勤记录、重选育；种用雄蜂和蜂王的选择同等重要；避免近亲交配，充分利用杂种优势。

在外界蜜源充足、温湿度适宜季节，应与邻近蜂场协作，选择强壮健康蜂群，培育雄蜂和处女王；注意交尾场有足够的优质雄蜂。双王群或主副群饲养，饲料充足，蜂多于脾，蜂数密集；无蜂螨、无蜂病危害；流蜜期适当控制蜂王产卵，适时取蜜。

三、白山5号蜜蜂配套系

白山5号蜜蜂配套系（Baishan No.5 Bee）是1982—1988年吉林省养蜂科学研究所在长白山区育成的一个以生产蜂蜜为主、王浆为辅的蜜、浆高产型西方蜜蜂（*Apis mellifera* Linnaeus, 1758）配套系。

白山5号蜂群血统构成：蜂王是单交种（A×B），工蜂是三交种（A·B×C）。

（一）形态特征

近交系A（卡尼鄂拉蜂）：蜂王黑色，腹部背板有深棕色环带，体长16～18mm，初生重160～250mg。雄蜂黑色，个体粗大，尾部钝圆，体长14～16mm，初生重206～230mg。工蜂黑色，腹部背板有棕黄色环带，腹部细长，覆毛短，绒毛带宽而密，体长11～13mm。

近交系B（喀尔巴阡蜂）：蜂王体躯细长，体色黑色，腹节背板有棕色斑或棕黄色环带，体长16～18mm，初生重150～230mg。雄蜂黑色，体躯粗壮，体长13～15mm，初生重200～210mg。工蜂黑色，少数工蜂2～3腹节背板有棕黄色斑或棕黄色环带，腹部细长，覆毛短，绒毛带宽而密，体长12～14mm。

近交系C（美国意大利蜂）：蜂王黄色，尾部有明显的黑色环节，体长16～18mm，初生重175～290mg。雄蜂黄色，腹部3～5节背板有黑色环带，体躯粗大，尾部钝圆，体长14～16mm，初生重210～230mg。工蜂黄色，腹部背板有明显的黑色环节，尾尖黑色，体长12～14mm。

白山5号（A·B×C）：蜂王个体较大，腹部较长，多为黑色，少数蜂王3～5腹节背板有棕黄色环带；背板有灰色绒毛，体长16～18mm，初生重160～250mg。雄蜂黑色，体躯粗壮，体长14～16mm，初生重

206～230mg。工蜂头胸部为灰色，多数工蜂2～4腹节背板有黄色环带，少数工蜂黑色（图3-52），体长12～14mm。工蜂其他主要形态特征见表3-17。

图3-52　白山5号蜜蜂配套系三型蜂（薛运波、常志光　摄制）

表3-17　白山5号蜜蜂配套系的主要形态指标

种系	初生重（mg）	吻长（mm）	前翅长（mm）	前翅宽（mm）	3+4腹节背板总长（mm）	肘脉指数
近交系A	125.0±8.4	6.57±0.13	9.28±0.13	3.24±0.09	4.68±0.08	2.74±0.23
近交系B	110.0±3.9	6.42±0.18	9.45±0.30	3.21±0.08	4.59±0.02	2.33±0.35
近交系C	113，0±4.0	6.41±0.18	9.72±0.11	3.28±0.07	4.66±0.17	2.27±0.42
白山5号	112.7±4.1	6.35±0.05	9.28±0.13	3.27±0.06	4.77±0.12	2.09±0.14

注：测定单位：吉林省养蜂科学研究所；测定时间：2006年6—8月。

（二）生物学特性

近交系A：善于采集零星蜜源，越冬安全，适应性较强。

近交系B：采集力较强，越冬安全，节省饲料。

近交系C：繁殖力较强，采集力较强。

白山5号：产育力强，育虫节律较陡，子脾面积较大，能维持9～11张子脾，子脾密实度高达90%以上（图3-53）；分蜂性弱，能养成强群，可维持14～16框蜂的群势；一个越冬原群每年能分出1～2个新分群；大流蜜期易出现蜜压卵圈现象，流蜜期后群势略有下降；越冬蜂数能达到5～7框。

图3-53　白山5号蜜蜂配套系蜂脾

（三）生产性能

白山5号蜜蜂配套系采集力较强，蜂产品产量较高，饲养成本降低，与本地意大利蜂相比，产蜜量提高30%以上，产浆量提高20%以上，越冬群势下降率降低10%左右，越冬饲料消耗量降低25%以上。

（四）培育简况

培育场地气候、蜜源特点：培育场地在长白山腹地，位于北纬40°52′—46°18′、东经121°38′—131°19′，具有显著的温带-半干旱大陆性季风气候特点，冬季长而寒冷，夏季短而温暖。年平均气温3～5℃，年降水量350～1 000mm，无霜期110～130d。越冬试验在延吉市地下越冬室进行，越冬期130d左右。蜜粉源植物400余种，主要蜜源植物为椴树、槐树、山花、胡枝子；辅助蜜源植物有侧金盏、柳树、槭树、稠李、忍冬、山里红、山猕猴桃、黄柏、珍珠梅、柳兰、蚊子草、野豌豆、益母草、月见草、香薷、兰萼香茶菜等，4—9月花期连续不断。

育种素材：喀尔巴阡蜂（1979年从大连华侨果树农场引进）、卡尼鄂拉蜂（1980年从中国农业科学院养蜂研究所引进）、美国意大利蜂（1983年从中国农业科学院养蜂研究所引进）。

技术路线：确定育种素材→建立近交系→配套系组配→配套系对比试验→中间试验→确定配套系。

A系，系祖卡尼鄂拉蜂，1982年建立，兄妹交配9代，近交系数达0.859。

B系，系祖喀尔巴阡蜂，1982年建立，兄妹交配7代、母子回交2代，近交系数达0.94。

C系，系祖美国意蜂，1983年建立，兄妹交配3代，近交系数达0.625。

培育过程：系祖确定后，用人工授精的方法，通过兄妹交配、母子回交等近交系统建立近交系；当近交系达到一定纯度时，用其组配配套系，配成A·B×C（即白山5号）、A·C×B、B·A×C 3个三交组合和C×A、C×B、B×A、B×C 4个单交组合。用美国意蜂生产种作对照组，进行对比试验，并在各地进行了3 000多群的中间试验，筛选出白山5号配套系。

图3-54　白山5号蜜蜂配套系蜂场（薛运波　摄）

（五）饲养管理

目前，白山5号蜜蜂配套系定地饲养蜂群占20%，小转地饲养占50%，大转地饲养占30%。单场规模100群左右（图3-54），有90%采用标准箱饲养，10%采用其他蜂箱饲养。白山5号蜜蜂配套系饲养技术要点是：选择蜜粉源充足的繁殖和生产场地培育优质蜂王，调动蜂王产卵积极性，延缓蜂群的分蜂热，防治螨害和其他病虫害，保持蜂群生产能力。

四、国蜂213配套系

国蜂213（Guofeng 213 Bee）是七五期间（1986—1990年）中国农业科学院养蜂研究所在湖南省畜牧局、山西省晋中种蜂场等单位的协作下，育成的蜂蜜高产型西方蜜蜂（*Apis mellifera* Linnaeus, 1758）配套系。

国蜂213蜂群的血统构成：蜂王是单交种（H×C），工蜂是三交种（H · C×A）。

培育工作是在北京、山西和湖南同时进行的。

（一）形态特征

近交系A（美国意蜂）为黄色，近交系C（卡尼鄂拉蜂）为黑色，近交系H（“意大利蜂 × 美国意蜂”杂交一代中的Cordovan突变型）为橙红色（无黑环）。

国蜂213（H · C×A）：蜂王为“花”色，工蜂为黄色和“花”色两种，雄蜂为橙红色和黑色两种。工蜂其他形态特征见表3-18。

表3-18　国蜂213配套系的主要形态指标

种系	吻长（mm）	前翅长（mm）	前翅宽（mm）	3+4腹节背板总长（mm）	肘脉指数
近交系A	6.38±0.09	9.43±0.10	3.30±0.05	4.70±0.10	2.41±0.18
近交系C	6.52±0.10	9.40±0.10	3.29±0.06	4.65±0.10	2.35±0.28
近交系H	6.32±0.04	9.35±0.07	3.19±0.06	4.40±0.10	2.37±0.14
国蜂213	6.63±0.11	9.42±0.13	3.31±0.09	4.75±0.10	2.58±0.29

注：中国农业科学院蜜蜂研究所2010年3月提供。

（二）生物学特性

近交系A：采集大宗蜜源能力强，能维持强群，泌浆能力较弱。

近交系C：采集力强，善于利用零星蜜粉源，节约饲料，不能维持强群，泌浆能力差。

近交系H：产育力强，泌浆能力强，工蜂寿命较短，饲料消耗较多。

国蜂213：产育力强，繁殖快。采集力特别强，产浆性能高于本地意蜂。抗病力强，越冬性能好，性情温驯。

（三）生产性能

国蜂213配套系蜜蜂的产育力强，最高有效日产卵量可达1 500粒以上，与本地意蜂相比，提高5%左右；能维持较大的群势。产蜜量高，定地饲养，年均群产蜜可达35 ~ 50kg；转地饲养，年均群产蜜可达100 ~ 200kg，与本地意蜂相比，提高近70%。泌浆能力有所改善，在大流蜜期，平均每72h群产王浆50g以上，与本地意蜂相比，提高20%左右。

国蜂213配套系蜜蜂性情较温驯，其饲养管理方法与饲养意大利蜂相似。适合在饲养意大利蜂的地区饲养。

（四）培育简况

为提高我国养蜂生产中的当家品种——本地意蜂（20世纪20—30年代引进我国的意大利蜂的后代）的平均单产水平，“七五”期间中国农业科学院养蜂研究所承担并完成了农业部畜牧业科研项目专题（子专题）“蜜蜂高产杂交种培育”的任务。

培育场地气候、蜜源特点：培育工作是在北京、山西和湖南同时进行的。北京属温带半湿润大陆性季风气候，春季少雨多风，夏季炎热多雨，秋季气候温和，冬季干燥寒冷。主要蜜源植物有刺槐、枣树、板栗和荆条。山西属温带大陆性季风气候，春季气候多变，风沙较多；夏季炎热，雨水集中；秋季短暂，温差较大；冬季较长，严寒干燥。主要蜜源植物有油菜、刺槐、狼牙刺、荆条、向日葵和草木樨。湖南属亚热带湿润气候，光照充足，雨量充沛，无霜期长，四季分明。蜜源植物种类繁多，四季花开不断。主要蜜源植物有油菜、紫云英、柑橘、棉花、荆条、柃（野桂花）。

育种素材：由意大利引进的意大利蜂蜂王后代（I），由美国引进的美国意蜂蜂王（A），由德国引进的卡尼鄂拉蜂蜂王后代（C），由黑龙江省饶河县东北黑蜂原种场搜集到的东北黑蜂蜂王（B）。

育种技术路线：近交→系间杂交→三交组配→筛选→生产鉴定（中试）。

培育过程：1985年年底以前，搜集和饲养了意大利蜂、美国意蜂、卡尼鄂拉蜂、喀尔巴阡蜂、高加索蜂、东北黑蜂、新疆黑蜂、本地意蜂等8个西方蜜蜂品种或品系，并根据其在饲养过程中的性状表现，选用了意大利蜂、美国意蜂、卡尼鄂拉蜂、喀尔巴阡蜂、东北黑蜂5个素材建立近交系。

应用蜂王人工授精技术，通过母子回交、兄妹回交、表兄妹交配等近交系统，建成了A（美意）、B（东北黑蜂）、C（卡蜂）和H（“意大利蜂 × 美国意蜂”杂交一代中的Cordovan突变型）4个西方蜜蜂近交系，其中，A系、B系和C系的近交系数达0.9以上，H系的近交系数超过0.5（在配套系中，只用了A系、C系和H系）。

应用蜂王人工授精技术，根据亲本优缺点互补的原则进行系间杂交，并进行配合力测定：用配合力强的单交组合A × B、H × A、H × C作母本，分别以近交系A、C和H作父本，用控制自然交尾的方法（空间隔离法和时间隔离法），配制成A · B × A、H · A × A、H · C × A、A · B × C、H · A × C、H · C × C、

A·B×H、H·A×H、H·C×H 9个三交（或回交）组合。

用本地意蜂作对照，对三交（或回交）组合的产育力、采集能力和泌浆能力进行考察。筛选出1个蜂蜜产量最高的组合——H·C×A（即国蜂213配套系）。

最后，将国蜂213配套系蜜蜂（1 400群以上）放在湖南和山西两省进行多点中试（用本地意蜂作对照），对其生产性能进行考察，以验证育种试验场的小试结果。

（五）饲养管理

国蜂213配套系蜜蜂产育力强，产卵整齐，子圈面积大，较温驯，易于饲养和推广使用，其饲养管理方法与饲养意大利蜂相似。

五、国蜂414配套系

国蜂414（Guofeng 414 Bee）是“七五”期间（1986—1990年）中国农业科学院养蜂研究所在湖南省畜牧局、山西省晋中种蜂场等单位的协作下，育成的王浆高产型西方蜜蜂（*Apis mellifera* Linnaeus, 1758）配套系。

国蜂414蜂群的血统构成：蜂王是单交种（H×A），工蜂是回交种（H·A×H）。

培育工作是在北京、山西和湖南同时进行的。

（一）形态特征

近交系A（美国意蜂）为黄色，近交系H（“意大利蜂×美国意蜂”杂交一代中的Cordovan突变型）为橙红色（无黑环）。

国蜂414（H·A×H）：蜂王为黄色，工蜂为黄色和橙红色两种，雄蜂也为黄色和橙红色两种。工蜂其他形态特征见表3-19。

表3-19 国蜂414配套系蜜蜂的主要形态指标

种系	吻长（mm）	前翅长（mm）	前翅宽（mm）	3+4腹节背板总长（mm）	肘脉指数
近交系A	6.38±0.09	9.43±0.10	3.30±0.05	4.70±0.10	2.41±0.18
近交系H	6.32±0.04	9.35±0.07	3.19±0.06	4.40±0.10	2.37±0.14
国蜂414	6.33±0.08	9.42±0.13	3.27±0.09	4.70±0.12	2.34±0.15

注：中国农业科学院蜜蜂研究所2010年3月提供。

（二）生物学特性

近交系A：采集大宗蜜源能力强，能维持强群，泌浆能力较弱。

近交系H：产育力强，泌浆能力强，工蜂寿命较短，饲料消耗较多。

国蜂414：产育力与本地意蜂相似，采集力稍强于本地意蜂，产浆性能良好，饲料消耗量大。抗病力、越冬性能、温驯性等与本地意蜂相似。

（三）生产性能

国蜂414配套系蜜蜂的产育力与本地意蜂相似，能维持大群。产浆量高，在大流蜜期平均每72h群产王浆70g以上，与本地意蜂相比，提高60%左右。产蜜能力有所改善，与本地意蜂相比，约提高10%左右。性情温驯，其饲养管理方法与饲养意大利蜂相似。适合在饲养意大利蜂的地区饲养。

（四）培育简况

为提高我国养蜂生产中的当家品种——本地意蜂（20世纪20—30年代引进我国的意大利蜂的后代）的平均单产水平，“七五”期间，中国农业科学院养蜂研究所承担并完成了农业部畜牧业科研项目专题（子专题）“蜜蜂高产杂交种培育”的任务。

培育场地气候、蜜源特点：培育工作是在北京、山西和湖南同时进行的。北京属温带半湿润大陆性季风气候，春季少雨多风，夏季炎热多雨，秋季气候温和，冬季干燥寒冷。主要蜜源植物有刺槐、枣树、板栗和荆条。山西属温带大陆性季风气候，春季气候多变，风沙较多；夏季炎热，雨水集中；秋季短暂，温差较大；冬季较长，严寒干燥。主要蜜源植物有油菜、刺槐、狼牙刺、荆条、向日葵和草木樨。湖南属亚热带湿润气候，光照充足，雨量充沛，无霜期长，四季分明。蜜源植物种类繁多，四季花开不断。主要蜜源植物有油菜、紫云英、柑橘、棉花、荆条、柃（野桂花）。

育种素材：由意大利引进的意大利蜂蜂王后代（I），由美国引进的美意蜂蜂王（A），由德国引进的卡尼鄂拉蜂蜂王后代（C），由黑龙江省饶河县东北黑蜂原种场搜集到的东北黑蜂蜂王（B）。

育种技术路线：近交→系间杂交→三交组配→筛选→生产鉴定（中试）。

培育过程：1985年年底以前，搜集和饲养了意大利蜂、美国意蜂、卡尼鄂拉蜂、喀尔巴阡蜂、高加索蜂、东北黑蜂、新疆黑蜂、本地意蜂等8个西方蜜蜂品种或品系，并根据其在饲养过程中的性状表现，选用了意大利蜂、美国意蜂、卡尼鄂拉蜂、喀尔巴阡蜂、东北黑蜂5个素材建立近交系。

应用蜂王人工授精技术，通过母子回交、兄妹回交、表兄妹交配等近交系统，建成了A（美意）、B（东北黑蜂）、C（卡蜂）和H（“意大利蜂×美国意蜂”杂交一代中的Cordovan突变型）4个西方蜜蜂近交系，其中，A系、B系和C系的近交系数达0.9以上，H系的近交系数超过0.5（在国蜂414配套系中，只用了A系和H系）。

应用蜂王人工授精技术，根据亲本优缺点互补的原则进行系间杂交，并进行配合力测定；用配合力强的单交组合A×B、H×A、H×C作母本，分别以近交系A、C和H作父本，用控制自然交尾的方法（空间隔离法和时间隔离法），配制成A·B×A、H·A×A、H·C×A、A·B×C、H·A×C、H·C×C、A·B×H、H·A×H、H·C×H 9个三交（或回交）组合。

用本地意蜂作对照，对三交（或回交）组合的产育力、采集能力和泌浆能力进行考察。筛选出1个王浆产量最高的组合——H·A×H（即国蜂414配套系）。

最后，将国蜂414配套系蜜蜂（700群以上）放在湖南和山西两省进行多点中试（用本地意蜂作对照），对其生产性能进行考察，以验证育种试验场的小试结果。

（五）饲养管理

国蜂414配套系蜜蜂产育力强，产卵整齐，子圈面积大，较温驯，易于饲养和推广使用，其饲养管理方法与饲养意大利蜂相似。

六、松丹蜜蜂配套系

松丹蜜蜂配套系（Songdan Bee）是吉林省养蜂科学研究所于1989—1993年在松花江和牡丹江流域育成的蜜、浆高产型西方蜜蜂（*Apis mellifera* Linnaeus, 1758）配套系（以生产蜂蜜为主、兼顾王浆生产），由2个单交种正反交组配而成，正交为松丹1号，反交为松丹2号，因其培育场地而得名“松丹”。

松丹1号蜂群的血统构成：蜂王是单交种（C×D），工蜂是双交种（C·D×R·H）。

松丹2号蜂群的血统构成：蜂王是单交种（R×H），工蜂是双交种（R·H×C·D）。

（一）形态特征

C系（卡尼鄂拉蜂）：蜂王个体粗壮，黑色，腹节背板有棕色斑或棕黄色环带，体长16～18mm，初生重160～250mg。雄蜂黑色，体长14～16mm，初生重206～230mg。工蜂黑色，少数工蜂第2～3腹节背板有棕黄色斑或棕黄色环带，腹部细长，覆毛短，绒毛带宽而密，体长12～14mm。

D系（喀尔巴阡蜂）：蜂王个体细长，腹节背板有深棕色环带，体长16～18mm，初生重150～230mg。雄蜂黑色，个体粗大，尾部钝圆，体长13～15mm，初生重200～210mg。工蜂黑色，腹节背板有棕黄色环带，腹部细长，覆毛短，绒毛带宽而密，体长11～13mm。

R系（美国意蜂）：蜂王黄色，尾部有明显的黑色环节，体长16～18mm，初生重175～290mg。雄蜂黄色，第3～5腹节背板有黑色环带，个体粗大，尾部钝圆，体长14～16mm，初生重210～230mg。工蜂黄色，腹节背板有明显的黑色环节，尾尖黑色，体长12～14mm。

H系（浙江浆蜂）：蜂王黄红色，尾部有明显的黑色环节，体长16～18mm，初生重200～245mg。雄蜂黄色，第3～5腹节背板有黑色环带，个体粗大，尾部钝圆，体长14～16mm，初生重210～230mg。工蜂黄色，腹节背板有明显的黑色环节，尾尖黑色，体长12～14mm。

松丹1号（C·D×R·H）：蜂王个体较大，腹部较长，多为黑色，少数蜂王第3～5腹节背板有棕黄色环带，背板有灰色绒毛，体长16～18mm，初生重162～253mg。雄蜂黑色，个体粗壮，体长14～16mm，初生重208～232mg。工蜂花色，多数工蜂第2～4腹节背板有黄色环带，少数工蜂黑色，体长12～14mm。

图3-55　松丹1号蜜蜂配套系三型蜂
（薛运波、常志光　摄制）

松丹2号（R·H×C·D）：蜂王黄色，少数蜂王尾尖黑色，背板有黄色绒毛，体长16～18mm，初生重181～289mg。雄蜂黄色，背板有黄色绒毛，个体粗大，尾部钝圆，体长14～16mm，初生重212～235mg。工蜂黄色，多数工蜂第2～4腹节背板有黑色环带（图3-55），尾尖黑色，体长12～14mm。

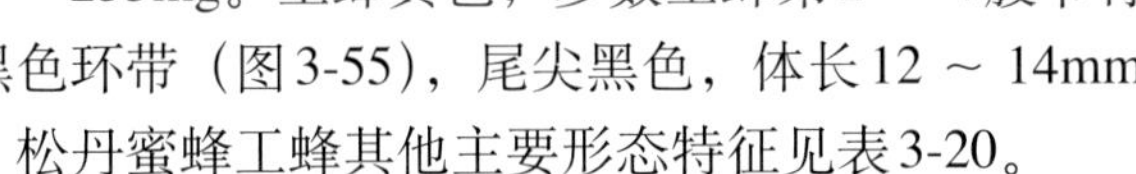

松丹蜜蜂工蜂其他主要形态特征见表3-20。

表3-20　松丹蜜蜂配套系主要形态指标

种系	初生重(mg)	吻长(mm)	前翅长(mm)	前翅宽(mm)	3+4腹节背板总长（mm）	肘脉指数
近交系C	125.0±8.4	6.57±0.13	9.28±0.13	3.24±0.09	4.68±0.08	2.74±0.23
近交系D	110，0±3.9	6.42±0.18	9.45±0.30	3.21±0.08	4.59±0.02	2.33±0.35
近交系R	113.0±4.0	6.41±0.18	9.72±0.11	3.28±0.07	4.66±0.17	2.27±0.42
近交系H	110.0±3.76	6.48±0.18	9.55±0.37	3.20±0.14	4.03±0.14	2.27±0.22
松丹1号	125.0±3.32	6.52±0.05	9.94±0.11	3.22±0.40	4.85±0.08	2.17±0.14
松丹2号	122.0±2.29	6.58±0.06	9.96±0.38	3.25±0.07	4.88±0.09	2.04±0.11

注：吉林省养蜂科学研究所，2006年6—8月测定。

（二）生物学特性

C系：善于采集零星蜜源，越冬安全，适应性较强。

D系：采集力较强，越冬安全，节省饲料。

R系：繁殖力和采集力较强。

H系：产王浆量较高、耐热。

松丹蜜蜂配套系：产卵力强，育虫节律较陡，春季初次进粉后，蜂王产卵积极，子脾面积较大（图3-56），群势发展快。到椴树花期，群势达到高峰，能维持9～12张子脾，外界蜜粉源丰富时蜂王产卵旺盛，工蜂哺育积极，子脾密实度高达93%以上，蜜粉源较差时蜂王产卵速度下降。分蜂性弱，能养成强群，可维持14～17框蜂的群势，一个越冬原群每年分出1～2群。大流蜜期易出现蜜压卵圈现象，流蜜期后群势略有下降；越冬群势能达到6～9框。

图3-56 松丹1号蜜蜂配套系蜂脾（薛运波 摄）

（三）生产性能

松丹蜜蜂配套系采集力较强，蜂产品产量较高。与美国意蜂相比，松丹1号蜜蜂产蜜量高70.8%，产王浆量高14.4%，越冬群势下降率低11.9%，越冬饲料消耗量低23.7%。与美国意蜂相比，松丹2号蜜蜂产蜜量高54.4%，产王浆量高23.7%，越冬群势下降率低5%，越冬饲料消耗量低14.9%。

（四）培育简况

培育场地气候、蜜源特点：培育场地位于东北地区中部，松花江和牡丹江流域，位于北纬40°52′—46°18′、东经121°38′—131°19′，为低山丘陵区。地势北高南低，海拔200～800m。具有显著的温带—半干旱大陆性季风气候特点，冬季长而寒冷，夏季短而温暖。年平均气温为3～5℃，年降水量350～1 000mm，无霜期110～150d。森林、谷地、草甸构成本区复杂多样的地貌。森林覆盖率达50%以上，山地、林间蜜源植物繁多。主要蜜源植物为椴树、槐树、山花、胡枝子；辅助蜜源植物有侧金盏、柳树、槭树、稠李、忍冬、山里红、山猕猴桃、黄柏、珍珠梅、柳兰、蚊子草、野豌豆、益母草、月见草、香薷、兰萼香茶菜等，4—9月花期连续不断。

育种素材：喀尔巴阡蜂（1979年由大连华侨农场引进）、卡尼鄂拉蜂（1980年由中国农业科学院养蜂研究所引进）、美国意大利蜂（1983年由中国农业科学院养蜂研究所引进）、平湖浆蜂（1987年由平湖引进）。

技术路线：确定育种素材→近交系选育→配套系组配→配套系对比试验→中间试验→确定配套系。

C系，系祖为卡尼鄂拉蜂，1982年建立，兄妹交配9代，近交系数0.859。

D系，系祖为喀尔巴阡蜂，1982年建立，兄妹交配7代、母子回交2代，近交系数0.94。

R系，系祖为美国意蜂，1984年建立，兄妹交配8代，近交系数0.826。

H系，系祖为浙江浆蜂，1988年建立，兄妹交配6代，近交系数0.734。

培育过程：系祖确定后，用人工授精的方法，通过兄妹交配、母子回交等近交系统建立近交系；当近交系达到一定纯度时，用其组配配套系，配成C·D×R·H（即松丹1号）、R·H×C·D（即松丹2号）、D·C×R·H、C·R×D·H、D·H×C·R 5个双交组合，C·D×R 1个三交组合，C×D、R×H 2个单交组合；用美国意蜂生产种作对照，进行对比试验，并在多个蜂场共进行了3 000多群的中间试验，筛选出松丹1号和松丹2号蜜蜂配套系。

（五）饲养管理

目前松丹蜜蜂配套系定地饲养量占20%，小转地饲养占50%，大转地饲养占30%。单场规模100群左右（图3-57），有90%采用标准箱饲养，10%采用其他蜂箱饲养。松丹蜜蜂配套系饲养技术要点是：选择蜜粉源充足的繁殖场地和生产场地，培育优质蜂王，调动蜂王产卵积极性，延缓蜂群的分蜂热，有效防治螨害和其他病虫害，保持蜂群生产能力。

图3-57 松丹1号蜜蜂配套系蜂场（薛运波 摄）

七、晋蜂3号配套系

晋蜂3号配套系（Jinfeng No.3 Bee）是“七五”和“八五”期间，山西省晋中种蜂场根据本省养蜂生产的需要育成的蜂蜜高产型西方蜜蜂（*Apis mellifera* Linnaeus, 1758）配套系。

晋蜂3号配套系蜂群的血统构成：蜂王是单交种（I×A），工蜂是三交种（I·A×K）。

（一）形态特征

近交系I（意大利蜂）为黄色，近交系A（安纳托利亚蜂）为黑色，近交

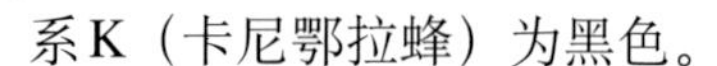

系K（卡尼鄂拉蜂）为黑色。

晋蜂3号配套系（I·A×K）：蜂王为“花”色，第2腹节背板的黄区较大、最明显，其后各腹节背板的黄区逐渐变小，黑区逐渐增大，第4腹节背板虽有黄区，但黄区较小，其后缘的黑环较宽，第5腹节背板全部为黑色，腹部腹板大部分为黄色，腹板两侧有少许黑斑，蜂王体长18.32 ~ 20.58mm，初生重200 ~ 230mg。雄蜂为黄色和黑色两种，个体粗壮，翅宽大，复眼发达，具有灰色或黑灰色绒毛，体长15.9 ~ 19.5mm，体重为190 ~ 225mg。工蜂为“花”色和黑色两种，体表具白色或灰色绒毛。体长12.18 ~ 13.22mm，初生重93 ~ 105mg。工蜂其他主要形态特征见表3-21。

表3-21　晋蜂3号配套系蜜蜂的主要形态指标

种系	吻长（mm）	前翅长（mm）	前翅宽（mm）	3+4腹节背板总长（mm）	肘脉指数
近交系I	6.46±0.09	9.55±0.13	3.32±0.08	4.74±0.08	2.44±0.17
近交系A	6.39±0.13	9.35±0.10	3.18±0.04	4.42±0.08	2.75±0.32
近交系K	6.50±0.10	9.43±0.10	3.30±0.06	4.62±0.10	2.38±0.35
晋蜂三号	6.56±0.11	9.42±0.13	3.31±0.09	4.75±0.10	2.58±0.15

注：山西省晋中种蜂场，2006年6—8月测定。

（二）生物学特性

晋蜂3号配套系蜜蜂产卵能力强，春季繁殖较快、平稳，能维持大群；采集力强，不仅对大宗蜜源有良好的采集能力，尤其善于利用零星蜜源；抗病能力强；越冬性能良好；性情温驯，定向能力强，盗性弱。

（三）生产性能

能维持大群，采集力强，与本地意蜂相比，产蜜量提高25%以上：定地饲养，年均群产蜂蜜40kg以上；转地饲养，年均群产蜂蜜60 ~ 100kg。产浆能力和清巢能力都很优良。较温驯，便于饲养管理。适合在我国华北地区饲养。

（四）培育简况

培育场地气候、蜜源特点：培育工作是在山西省进行的。山西省位于北纬34°34′48″—40°43′24″、东经110°14′36″—114°33′24″，地形地貌复杂，东部为山地，西部为高原山地，中部为裂陷盆地；属温带大陆性季风气候，年平均气温3.7 ~ 13.8℃，气候的垂直变化和南北差异显著：由北往南，冬季平均气温由－12℃递增至2℃，夏季平均气温由22℃递增至27℃；无霜期120 ~ 220d。全省有蜜源植物500多种，其中连片的大宗蜜源植物有15种之多，面积达100万～130万hm^2，蜜粉源十分丰富，主要蜜源植物有油菜、刺槐、狼牙刺、荆条、向日葵和草木樨。

育种素材：由意大利引进的意大利蜂蜂王后代（I），由河北省承德市蜜蜂原种场引入的安纳托利亚蜂蜂王（A），由德国引进的卡尼鄂拉蜂蜂王后代（K）。

育种技术路线：近交→系间杂交→三交组配→筛选→生产鉴定（中试）。

培育过程：应用蜂王人工授精技术，通过母子回交、兄妹回交、表兄妹交配等近交系统，建成了I（意大利蜂）、A（安纳托利亚蜂）和K（卡尼鄂拉蜂）3个西方蜜蜂近交系，其近交系数均达0.8以上。

应用蜂王人工授精技术，根据亲本优缺点互补的原则进行系间杂交，并进行配合力测定；用配合力强的单交组合作母本，分别以近交系A、K和M（美国意蜂）作父本，用控制自然交尾的方法（空间隔离法和时间隔离法），配制成7个三交组合。

用本地意蜂作对照，对7个三交组合的产育力、采集能力和泌浆能力等经济形状进行考察，筛选出1个综合性状最好的组合——“I·A×K”，定名晋蜂3号蜜蜂配套系。试验表明，晋蜂3号蜜蜂配套系的采集性能、抗病性能、产育力均优于其他组合。

最后，将1 000多群晋蜂3号配套系蜜蜂放在山西进行多点中试（用本地意蜂作对照），对其生产性能进行考察，以验证育种试验场的小试结果。

（五）饲养管理

晋蜂3号配套系蜜蜂无特殊饲养要求，要注意选择蜜粉源充足的场地生产繁殖，精心培育优质蜂王，防止分蜂热发生，有效防治病虫害，充分调动蜂群的采集和繁殖积极性。

第三节 引进品种

一、意大利蜂

意大利蜂（Italian Bee）是西方蜜蜂的一个地理亚种，学名*Apis mellifera ligustica* Spinola，简称意蜂、原意，是蜂蜜、王浆兼产型蜂种。该蜂在中国大部分地区都有饲养。

（一）原产地

意大利蜂原产于意大利的亚平宁半岛。气候、蜜源特点是冬季短、温暖而湿润，夏季炎热而干旱；蜜源植物丰富，花期长。主要蜜源植物有油菜、三叶草、刺槐、板栗、椴树、苜蓿、向日葵、薰衣草、油橄榄、柑橘等。在相似的自然条件下，意大利蜂表现较好的经济性状，在寒冷的冬季、春季常有寒潮袭击的地方，适应性较差。

（二）引入历史

1913年春，福建闽侯县三英蜂场的张品南先生，从日本学习活框养蜂技术后回国时，购回4群意大利蜂以及活框蜂箱养蜂用的摇蜜机、巢础机等新式蜂具和书籍，开始专业饲养意大利蜂。1914年天津农事试验场从日本引进意大利蜂，1917年北京农事试验场从国外引进意大利蜂，在华北地区进行推广。1918年江苏的华绎之从日本购回12群意大利蜂。1928—1932年的5年中，中国从日本进口了约30万群意大利蜂，其中华北地区1930年就进口了11万群。由于当时多数蜂场设在城市，蜜源不足，加之由日本引进的意大利蜂患有严重的美洲幼虫腐臭病，使华北养蜂业、乃至全国养蜂业遭到巨大损失。截至1949年，全国饲养的蜂群总数约50万群，其中10万群为意大利蜂。

1974年5—7月，农林部和外贸部由意大利引入意大利蜂蜂王560只，分配给全国27个省、市、自治区。为保存、繁育和推广应用这些意大利蜂，70年代中期，很多地方相继成立了蜜蜂原种场或种蜂场。80年代以后，又曾多次少量引入意大利蜂蜂王，如1983年9月，从意大利养蜂研究所引入意大利蜂蜂王5只，保存于中国农业科学院养蜂研究所。

（三）形态特征

意大利蜂为黄色蜂种，其个体大小和体形与卡尼鄂拉蜂相似。蜂王为黄色，第6腹节背板通常为棕褐色；少数蜂王第6腹节背板为黑色，第5腹节背板后缘有黑色环带。雄蜂腹节背板为黄色，具黑斑或黑色环带，绒毛淡黄色。工蜂为黄色，第4腹节背板后缘通常具黑色环带，第5～6腹节背板为黑色（图3-58）。其他主要形态特征见表3-22。

图3-58 意大利蜂三型蜂
（薛运波、常志光 摄制）

表3-22 意大利蜜蜂主要形态指标

吻长（mm）	右前翅长（mm）	右前翅宽（mm）	肘脉指数	翅钩数	跗节指数	3+4背板总长（mm）
6.51±0.11	9.42±0.13	3.31±0.05	2.34±0.40	22.20±1.56	50.24±1.53	4.84±0.13

注：吉林省养蜂科学研究所，2010年6月测定；采样地点吉林省蜜蜂遗传资源基因保护中心。

（四）生物学特性

意大利蜂蜂王产卵力强，蜂群育虫节律平缓，早春蜂王开始产卵后，对气候、蜜源等自然条件变化不敏感，即使在炎热的夏季和气温较低的晚秋也能保持较大面积的育虫区。分蜂性弱，易养成强群，能维持9～11张子脾、

13 ～ 15框蜂的群势。对大宗蜜源的采集力强（图3-59），但对零星蜜粉源的利用能力较差，花粉的采集量大。在夏秋两季能够采集较多的树胶。泌蜡造脾能力强，分泌王浆能力较强。繁殖期饲料消耗量大，在蜜源条件不良时易出现食物短缺现象。性情温驯，不怕光，开箱检查时很安静。定向力较差，易迷巢。盗性强。清巢能力强。在越冬期饲料消耗量仍然较大，在纬度较高的严寒地区越冬较困难。抗病力较弱，易感染幼虫病，抗螨力弱。抗巢虫能力较强。蜜房封盖为干型或中间型。

图3-59　意大利蜂脾（薛运波　摄）

（五）生产性能

意大利蜂产蜜能力强，在花期较长的大流蜜期，在华北的荆条花期或东北的椴树花期，一个意大利蜂强群最高可产蜂蜜45kg（图3-60）。在世界四大名种蜜蜂中，意大利蜂的泌浆能力最强，在大流蜜期，一个意大利蜂强群平均每72h可产王浆50g以上，其10-羟基-2-癸烯酸（10-HDA）含量达1.8%以上。意大利蜂年均群产花粉3 ～ 5kg，是生产花粉的理想蜂种。夏秋季节，意大利蜂常大量采集和利用蜂胶，也是理想的蜂胶生产蜂种。

图3-60　意大利蜂蜂场（薛运波　摄）

二、卡尼鄂拉蜂

卡尼鄂拉蜂（Carniolian Bee）为西方蜜蜂的一个地理亚种，学名*Apis mellifera carnica* Pollmann，简称卡蜂，原译喀尼阿兰蜂（原简称喀蜂），是蜂蜜高产型蜂种。20世纪70年代以后已广泛用于中国的养蜂生产。目前，卡尼鄂拉蜂及其杂交种占中国西方蜜蜂总数的20%～ 30%。

（一）原产地

卡尼鄂拉蜂原产于巴尔干半岛北部的多瑙河流域，从阿尔卑斯山脉到黑海之滨都有其踪迹。自然分布于奥地利、前南斯拉夫、匈牙利、罗马尼亚、保加利亚和希腊北部，其自然分布的东部界限不明显，有资料表明，土耳其西北部也有分布。原产地气候、蜜源条件总的特点是，受大陆性气候影响，冬季寒冷而漫长，春季短而花期早，夏季较炎热。在类似上述的生态条件下，卡尼鄂拉蜂可表现出很好的经济性状。因此，很多原来没有卡蜂的国家，也纷纷引种饲养。例如，德国已用卡蜂取代了本国原有的蜂种——欧洲黑蜂。近几十年来，其分布范围已远远超出了原产地，成为继意大利蜂之后广泛分布于全世界的第二大蜂种。

卡蜂有若干个生态型（即品系），如奥地利卡蜂（奥卡）、罗马尼亚卡蜂（喀尔巴阡蜂）。

（二）引入历史

1917年，日本人高海台岭从日本携带4群卡尼鄂拉蜂至中国大连，在辽东建立蜂场饲养，20世纪20—40年代在东北南部地区推广。1930年，上海南华蜂业公司张引士东渡日本引进意大利蜂的同时，引进卡尼鄂拉蜂在江浙饲养。1948年，美国人HayesE.P.从美国引进卡尼鄂拉蜂到福州饲养。

1969年，F.卢特涅赠送给中国农业科学院养蜂研究所几只卡尼鄂拉蜂蜂王。自1971年开始，江西省养蜂研究所（即中国农业科学院养蜂研究所）的科技人员采用输送卵虫的方法，在四川省崇庆县对其进行推广，至1973年春，将该县原来饲养的种性已混杂、退化的数千群本地意蜂全部换成卡蜂为母本、意蜂为父本的杂交种或卡蜂纯种，基本上实现了全县养蜂生产良种化，从而使该县蜂蜜产量提高了35%左右。这是中国首次利用卡尼鄂拉蜂进行较大规模的换种和用于养蜂生产。

1974年6—7月，农林部和外贸部由前南斯拉夫引进卡尼鄂拉蜂蜂王150只，由奥地利引进卡尼鄂拉蜂蜂王20只，共170只，分配给了北京、黑龙江、吉林、辽宁、内蒙古、山东、河北、河南、江苏、浙江、福建、湖南、广东、广西、四川、云南、贵州、陕西、甘肃、宁夏、新疆21个省、市、自治区。在江西省养蜂研究所（即中国农业科学院养蜂研究所）的倡导下，各地有关蜂场引入卡尼鄂拉蜂蜂王后，当年便纷纷用其培育处女王，与当地蜂场原有的雄蜂杂交，投入生产使用。很多地方建立了种蜂场，对卡尼鄂拉蜂进行保存、繁育和推广应用。从此卡尼鄂拉蜂在中国养蜂生产中，特别是中国北方地区的养蜂生产中发挥着越来越重要的作用。

1986年，F.卢特涅赠送给中国养蜂学会5只卡尼鄂拉蜂蜂王，分别保存于中国农业科学院养蜂研究所和吉林省养蜂科学研究所。

2000年6月，中国农业科学院蜜蜂研究所由德国引进卡尼鄂拉蜂蜂王20只，保存于该所育种场。

（三）形态特征

卡尼鄂拉蜂为黑色蜂种，其个体大小和体形与意大利蜂相似。蜂王为黑色或深褐色，少数蜂王腹节背板上具棕色斑或棕红色环带；雄蜂为黑色或灰褐色；工蜂为黑色，有些工蜂第2～3腹节背板上具棕色斑，少数工蜂具棕红色环带，绒毛多为棕灰色（图3-61）。其他主要形态特征见表3-23。

图3-61　卡尼鄂拉蜜蜂三型蜂
（薛运波、常志光　摄制）

表3-23　卡尼鄂拉蜜蜂主要形态指标

吻长（mm）	右前翅长（mm）	右前翅宽（mm）	肘脉指数	翅钩数	跗节指数	3+4背板总长（mm）
6.46±0.11	9.40±0.16	3.33±0.07	2.45±0.42	22.50±1.53	48.95±1.24	4.61±0.12

注：吉林省养蜂科学研究所，2010年6月测定；采样地点吉林省蜜蜂遗传资源基因保护中心。

（四）生物学特性

蜂王产卵力不强，蜂群育虫节律陡，对外界气候、蜜源等自然条件变化反应敏感；早春，外界出现花粉时开始育虫，当外界蜜粉源丰富时，蜂王产卵增多，工蜂哺育积极，子脾面积扩大；夏季，在气温35℃以下、并有较充分的蜜粉源时，才能保持一定面积的育虫区；当气温超过35℃时，育虫面积明显减少；晚秋，育虫量和群势急剧下降，“秋衰”现象严重。分蜂性强，不易养成强群，一般能维持7～9张子脾、10～12框蜂的群势（图3-62）。采集力特别强，善于利用零散蜜粉源，但对花粉的采集量比意蜂少。节约饲料，在蜜源条件不良时，较少发生饥饿现象。性情较温驯，不怕光，开箱检查时较安静。定向力强，不易迷巢。盗性弱。较少采集树胶。在纬度较高的严寒地区，3～5框

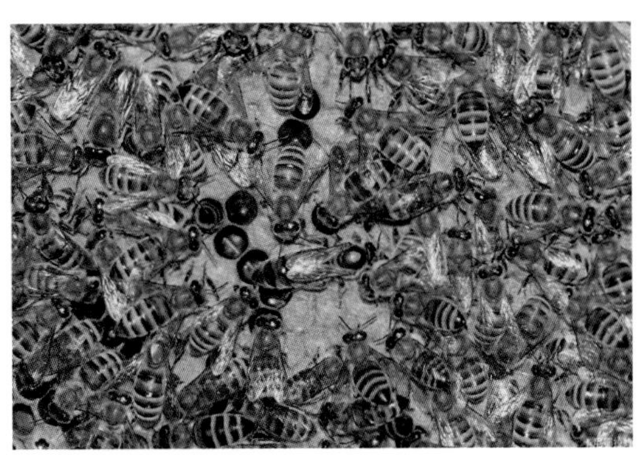

图3-62　卡尼鄂拉蜂蜂脾（薛运波　摄）

蜂的群势仍然越冬较好。抗病力和抗螨力优于意大利蜂，在原产地几乎未发现过幼虫病。蜜房封盖为干型。

（五）生产性能

卡尼鄂拉蜂的产蜜能力特别强，在中国东北地区的椴树花期（图3-63），一个卡蜂强群最高年产蜂蜜50 ~ 80kg。因其蜜房封盖为干型（白色），故宜用其进行巢蜜生产。产浆能力很低，在大流蜜期每群每72h只产王浆20 ~ 30g，但其10-羟基-2-癸烯酸（10-HDA）含量很高，超过2.0%。可用其进行花粉生产，年均群产花粉2 ~ 3kg。此外，卡蜂还可用于为果树及大棚内蔬菜和瓜果授粉。

图3-63　卡尼鄂拉蜂蜂场（薛运波　摄）

三、高加索蜂

高加索蜂（Caucasian Bee）全称灰色山地高加索蜂，为西方蜜蜂的一个地理亚种，学名*Apis mellifera caucasica* Gorb.，简称高蜂，是蜂蜜高产型蜂种。目前，高加索蜂在中国养蜂生产上尚未普遍推广应用。

（一）原产地

高加索蜂原产于高加索和外高加索山区。原产地气候温和，冬季不太寒冷，春季蜜源植物丰富，夏季较热，无霜期较长。主要分布于格鲁吉亚，其次分布于阿塞拜疆、亚美尼亚，有资料介绍，土耳其的东北部也有其踪迹。

（二）引入历史

据东北地区文献记载，19世纪末至20世纪30年代，高加索蜂由俄罗斯远东多次引入中国东北地区，饲养在东北的东部、北部和西部个别地区，后来在饲养中与黑蜂、意蜂杂交。

1974年5—6月，农业部和外贸部由加拿大引进高加索蜂蜂王50只，分配给黑龙江、吉林、河北、陕西、新疆5个地区。有关单位和蜂场引入高加索蜂蜂王后，当年就用其培育处女王，与当地蜂场原有的雄蜂杂交，投入生产使用。由于缺乏有效的保种措施，各地都没有保存其纯种后代。

1975年，由前苏联引进高加索蜂蜂王5只，保存于黑龙江省林口县蜜蜂原种场，后转至黑龙江省牡丹江市蜜蜂原种场。20世纪80年代，该场曾对其进行了繁育和推广应用。

2000年6月，中国农业科学院蜜蜂研究所由格鲁吉亚引进高加索蜂蜂王50只（存活27只），分别保存于北京市延庆县和河南省唐河县。

（三）形态特征

高加索蜂为黑色蜂种，其个体大小、体形和绒毛与卡尼鄂拉蜂相似（图3-64）。蜂王为黑色或深褐色；雄蜂为黑色或灰褐色，其胸部绒毛为黑色；工蜂为黑色，第1腹节背板上通常具棕色斑，少数工蜂第2腹节背板具棕红色环带，其绒毛多为深灰色。其他主要形态特征见表3-24。

图3-64 高加索蜂三型蜂（薛运波、常志光 摄制）

表3-24 高加索蜂主要形态指标

吻长（mm）	右前翅长（mm）	右前翅宽（mm）	肘脉指数	翅钩数	跗节指数	3+4背板总长（mm）
7.05±0.19	9.42±0.13	3.29±0.06	2.28±0.39	21.88±1.77	49.28±1.56	4.77±0.11

注：吉林省养蜂科学研究所，2010年6月测定；采样地点吉林省蜜蜂遗传资源基因保护中心。

（四）生物学特性

蜂王产卵力强，蜂群育虫节律平缓，气候、蜜源等自然条件对群势发展的影响不太明显。春季群势发展缓慢，在炎热的夏季仍可保持较大面积的育虫区，子脾密实度达90%以上，秋季蜂王停产晚。分蜂性弱，能维持较大的群势（图3-65）。采集力强，泌浆能力与卡蜂相似，花粉的采集量低于意大利蜂。泌蜡造脾能力强，爱造赘脾。性情较温驯，不怕光，开箱检查时较安静。定向力差，易迷巢。盗性强。采集树胶的能力强于其他任何品种的蜜蜂。在纬度较高的严

图3-65 高加索蜂蜂脾（薛运波 摄）

寒地区越冬性能较差。抗病力和抗螨力与意大利蜂相似，易感染孢子虫病，易发生甘露蜜中毒。蜜房封盖为湿型。

（五）生产性能

高加索蜂的产蜜能力较强，在我国东北地区的椴树花期，一个高加索蜂强群最高年产蜂蜜60kg以上。产浆能力低，在大流蜜期，每群每72h只产王浆20～30g，但其10-羟基-2-癸烯酸（10-HDA）含量超过2.0%。可用其进行花粉生产，年群产花粉2～4kg。因其极爱采集树胶，是进行蜂胶生产的首选蜂种（图3-66）。此外，高加索蜂还可用于为果树和大棚内的蔬菜、瓜果授粉。

图3-66 高加索蜂蜂场（薛运波 摄）

四、喀尔巴阡蜂

对喀尔巴阡蜂（Carpathian Bee）的分类，学界有不同看法。罗马尼亚的弗蒂（Foti）认为它是西方蜜蜂的一个地理亚种，并将其定名为*Apis mellifera carpatica*。但鲁特涅及多数学者认为它是卡尼鄂拉蜂（*Apis mellifera carnica* Pollmann）的一个生态型，简称喀蜂，是蜂蜜高产型蜂种。

（一）原产地

喀尔巴阡蜂原产于罗马尼亚，乌克兰西部的喀尔巴阡山区也有分布。罗马尼亚境内平原、山地、高原各占三分之一，喀尔巴阡山脉呈弧形盘踞中部，多瑙河下游流经南部。全境属温和的大陆性气候，其气候特点是年降水量少，温度变化剧烈并有强烈的气流。蜜源植物种类繁多，蜜源丰富，主要蜜源植物有刺槐、椴树、向日葵以及生产甘露蜜的森林蜜源植物。在类似的自然条件下，喀尔巴阡蜂可表现出很好的经济性状。

（二）引入历史

1978年，农林部由罗马尼亚引进喀尔巴阡蜂蜂王，交由辽宁省大连华侨果树农场养蜂队饲养，1979年转至吉林省养蜂科学研究所繁育保存至今；

2003年，罗马尼亚赠送吉林省养蜂科学研究所20只喀尔巴阡蜂蜂王。目前，吉林省养蜂科研究所已繁育保存60多群纯种喀尔巴阡蜂。

（三）形态特征

喀尔巴阡蜂为黑色蜂种，其体色和个体大小与卡尼鄂拉蜂相似，但腹部较卡尼鄂拉蜂细。蜂王为黑色或深褐色，少数蜂王腹节背板上具棕色斑或棕红色环带；雄蜂为黑色或灰褐色；工蜂为黑色，覆毛短，绒毛带宽而密，有些工蜂第2～3腹节背板上具棕色斑，少数工蜂具棕红色环带（图3-67）。其他主要形态特征见表3-25。

图3-67 喀尔巴阡蜂三型蜂（薛运波、常志光 摄制）

表3-25 喀尔巴阡蜂主要形态指标

吻长（mm）	右前翅长（mm）	右前翅宽（mm）	肘脉指数	翅钩数	跗节指数	3+4背板总长（mm）
6.52±0.16	9.25±0.13	3.21±0.08	2.34±0.34	22.17±1.64	59.65±1.84	4.57±0.14

注：吉林省养蜂科学研究所，2010年6月测定；采样地点吉林省蜜蜂遗传资源基因保护中心。

（四）生物学特性

喀尔巴阡蜂的生物学特性与卡尼鄂拉蜂基本相似，但比卡蜂更温驯，更节省饲料，越冬性能更好。蜂王产卵力强，产卵整齐，子脾面积大，子脾密实度高达92%以上，子脾数可达8～11框，群势达12～14框时也不发生分蜂热。蜂群育虫节律陡，对外界气候、蜜粉源条件反应敏感，外界蜜源丰富时，蜂王产卵旺盛，工蜂哺育积极；蜜源较差时蜂王产卵速度下降，不哺育过多幼虫；蜂王喜欢在新脾上产卵，秋季胡枝子蜜源后期，在新脾上新培育的蜂儿也能安全羽化出房，子脾成蜂率达95%以上（图3-68），高于其他蜂种。采集力比较强，善于利用零星蜜粉源。节约饲料，在蜜源条件不良时，很少发生饥饿现象。性情较温驯，不怕光，开箱检查时较安静，但流蜜期较暴躁。定向力强，不易迷巢。盗性弱。蜂群在纬度较高的严寒地区越冬性能良好，据试验越冬死亡率低于

图3-68 喀尔巴阡蜂蜂脾（薛运波 摄）

15%。抗蜂螨能力强于其他西方蜜蜂品种。不耐热。蜂群失王后容易出现工蜂产卵现象。

（五）生产性能

喀尔巴阡蜂的产蜜能力特别强，在中国东北地区的椴树花期，一个强群最高年产蜂蜜50 ~ 80kg。产浆能力低，在大流蜜期，每群每72h只产王浆25 ~ 30g，但其10-羟基-2-癸烯酸（10-HDA）含量很高，超过2.0%。可用其进行花粉生产，年群产花粉2 ~ 3kg。泌蜡造脾能力强。据吉林省养蜂科学研究所1983年测定，喀尔巴阡蜂在4个月繁殖和生产期群均产蜂蜡319g。因其蜜房封盖为干型（白色），宜用其进行巢蜜生产（图3-69）。此外，喀尔巴阡蜂还可用于为果树和大棚内蔬菜、瓜果授粉。

图3-69　喀尔巴阡蜂蜂场（薛运波　摄）

五、安纳托利亚蜂

安纳托利亚蜂（Anatolian Bee）为西方蜜蜂的一个地理亚种，学名*Apis mellifera anatolica* Maa，简称安蜂。是蜂蜜高产型蜂种。

（一）原产地

安纳托利亚蜂原产于土耳其的安纳托利亚高原。原产地属亚热带地中海型气候，蜜源植物丰富，主要蜜源植物为牧草和野花，花期4月初至8月底；此外，安纳托利亚高原中部、东南部和东部，种植有大面积果树、棉花、向日葵、芝麻和油菜，全年花期长达5 ~ 6个月。

（二）引入历史

1975年6月，农林部由土耳其引进安纳托利亚蜂蜂王30只，保存于江西省养蜂研究所（现在的中国农业科学院蜜蜂研究所），1976年开始向全国推广；2000年6月，中国农业科学院蜜蜂研究所由土耳其引进安纳托利亚蜂蜂王20只，保存于该所育种场，当年即开始向全国推广。

（三）形态特征

安纳托利亚蜂为黑色蜂种，其个体大小及体形与塞浦路斯蜂相似（图3-70）。蜂王为棕褐色；雄蜂和工蜂为灰褐色，有些工蜂第2、3腹节背板上具棕色斑。绒毛灰色。其他主要形态特征见表3-26。

图3-70　安纳托利亚蜂三型蜂
（薛运波、常志光　摄制）

表3-26　安纳托利亚蜂主要形态指标

吻长（mm）	前翅长（mm）	前翅宽（mm）	第3腹节背板长（mm）	第4腹节背板长（mm）	第4腹节背板绒毛带宽度（mm）	第5腹节背板覆毛长度（mm）	肘脉指数
6.46±0.16	9.16±0.14	3.10±0.05	2.26±0.04	2.21±0.04	0.89±0.15	0.29±0.03	2.23±0.19

注：中国农业科学院蜜蜂研究所2010年3月提供。

（四）生物学特性

蜂王产卵力强，子脾密实度为90%以上。蜂群育虫节律陡，气候、蜜源等自然条件对群势发展有明显的影响。春季群势发展较缓慢，入夏后群势超过卡尼鄂拉蜂，接近意大利蜂，秋季蜂王停产比意大利蜂早。分蜂性较弱，可养成较大的群势（图3-71），一般能维持8～10张子脾、12～14框蜂的群势。采集力强，善于利用零星蜜粉源。节约饲料，在蜜源条件不良时，很少发生饥饿现象。定向力强，不易迷巢，防盗性能好。工蜂寿命长。爱造赘脾。爱采树胶。性情较凶猛，怕光，开箱检查时爱蜇人。易感染麻痹病和孢子虫病。

图3-71　安纳托利亚蜂蜂脾（薛运波　摄）

（五）生产性能

产蜜能力强，在我国东北地区的椴树花期，安纳托利亚蜂强群最高年产蜂蜜50～70kg。产浆能力低，在大流蜜期，每群每72h只产王浆20～30g，但其10-羟基-2-癸烯酸（10-HDA）含量很高，可达2.0%。采胶能力强，年均群产蜂胶100g左右（图3-72）。可进行花粉生产，年均群产花粉2 ~ 3kg。

图3-72　安纳托利亚蜂蜂场（薛运波　摄）

六、美国意大利蜂

美国意大利蜂（Italian Bee from America）是由美国引入中国的意大利蜂（*Apis mellifera ligustica* Spinola），简称美国意蜂，俗称美意。主要用于蜂蜜生产。

（一）原产地

美洲原来没有蜜蜂，美国饲养的蜜蜂是17世纪20年代开始，由欧洲移民带去的，至19世纪中叶，引入美国的都是欧洲黑蜂。1859年，首批意大利蜂被引入美国。为防止蜜蜂传染病的侵入和传播，1923年美国立法禁止从其他国家进口蜜蜂。

美国意蜂的形态特征与原产地意大利蜂基本相同，但体色更黄一些，这是美国蜜蜂育种者对较浅色泽类型偏爱和选择的结果。美国的蜜蜂育种者还特别注意子脾的发展速率、开箱检查时蜂群的安静程度，以及对某些流蜜植物的适应性。从而，美国意蜂形成了如三环黄金种和五环黄金种等一些品系。

（二）引入历史

1912年秋，驻美公使龚怀西从美国回国时，带回5群意大利蜂，放在安徽合肥自家的花园中饲养，这是中国首次引进和饲养意大利蜂。1921年江苏的华绎之由美国引进5群纯种意大利蜂，进行育王换种。

1974年6月，农林部和外贸部从加拿大引进美国意蜂蜂王（三环黄金种）共130只，分配给北京、黑龙江、辽宁、内蒙古、山东、浙江、安徽、江西、湖南、广东、广西、四川、陕西、甘肃、宁夏、新疆共16个地区。

2000年6月，中国农业科学院蜜蜂研究所由美国引进美国意蜂蜂王100只，分别保存于该所的育种场、北京市平谷县、河南省唐河县和辽宁省蜜蜂原种场。当年即开始向全国推广。在这批蜂王中，有些个体呈黑色，类似黑色蜂种，有人将其称为“黑美意”。但这些“黑美意”的后代，体色分离现象十分严重，说明它们不是纯种，很可能是意蜂和某一黑色蜂种的杂交种。

（三）形态特征

美国意蜂为黄色蜂种。蜂王黄色，第6腹节背板后缘通常为黑色（即尾尖为黑色），少数蜂王第5腹节背板后缘具黑色环带；雄蜂黄色，第3～5腹节背板后缘具黑色环带；工蜂黄色，第2～4腹节背板为黄色，但第4腹节背板后缘具有明显的黑色环带，第5、6腹节背板为黑色（图3-73）。其他主要形态特征见表3-27。

图3-73　美国意蜂三型蜂（薛运波、常志光　摄制）

表3-27　美国意蜂主要形态指标

吻长（mm）	右前翅长（mm）	右前翅宽（mm）	肘脉指数	翅钩数	跗节指数	3+4背板总长（mm）
6.43±0.13	9.28±0.13	3.28±0.05	2.22±0.29	22.18±1.29	49.51±1.53	4.78±0.10

注：吉林省养蜂科学研究所，2010年6月测定；采样地点吉林省蜜蜂遗传资源基因保护中心。

（四）生物学特性

蜂王产卵力强，子脾密实度达90%以上（图3-74）。蜂群育虫节律平缓，群势发展平稳：在外界蜜粉源丰富时，蜂王产卵旺盛，工蜂哺育积极，子脾扩展速度快；在炎热的夏季和气温较低的晚秋，也可保持较大的育虫面积。分蜂性弱，易养成强群，能维持8～11张子脾、13～15框蜂的群势。采集力强，善于利用大宗蜜源，但对零星蜜粉源的利用能力较差。在夏秋两季往往采集较多的树胶。泌蜡造脾能力强。繁殖期饲料消耗量大，在蜜源条件不良时，易出现食物短缺现象。性情温驯，不怕光，开箱检查时很安静。定向力较差，易迷巢。盗性强。易感染幼虫病。越冬期饲料消耗量大，在纬度较高的严寒地区越冬较困难。

图3-74　美国意蜂蜂脾（薛运波　摄）

（五）生产性能

美国意蜂产蜜能力强，在我国华北的荆条花期或东北的椴树花期，一个美意强群可产蜂蜜50kg以上，高于其他意大利蜂（图3-75）。产浆能力低于浙江的“浆蜂”，但高于任何黑色蜂种，在大流蜜期，一个美意强群每72h可产王浆40 ~ 50g，其10-羟基-2-癸烯酸（10-HDA）含量不低于1.8%。对花粉的采集量大，年群产花粉3 ~ 5kg。因其在夏秋季爱采树胶，因此可用其进行蜂胶生产。此外，美意还可用于为果树和大棚内的蔬菜、瓜果授粉。

图3-75　美国意蜂蜂场（薛运波　摄）

七、澳大利亚意大利蜂

澳大利亚意大利蜂（Italian Bee from Australia）是从澳大利亚引入中国的意大利蜂（*Apis mellifera ligustica* Spinola），简称澳大利亚意蜂，俗称澳意。主要用于蜂蜜生产。

（一）原产地

大洋洲原来没有蜜蜂，澳大利亚饲养的蜜蜂都是从欧洲引入的。1814年，欧洲黑蜂被带入澳大利亚，饲养于塔斯马尼亚岛，该岛现已被划为欧洲黑蜂保护区；1884年，意大利蜂被引入澳大利亚，饲养于坎加鲁岛，第二年该岛就被划为意大利蜂保护区。除意大利蜂外，还陆续引进了卡尼鄂拉蜂和高加索蜂。为防止蜜蜂传染病的侵入和传播，澳大利亚已立法禁止从其他国家进口蜜蜂。现在，澳大利亚饲养的蜜蜂基本上都是意大利蜂。

（二）引入历史

1963年，农业部由澳大利亚引进澳意蜂王60余只，分配给辽宁省蜜蜂原种场和江苏省吴县蜜蜂原种场饲养保存。1974年5月，外贸部由澳大利亚引进澳意蜂王30只，分配给四川省和江苏省吴县蜜蜂原种场。1990年11月，中国蜜蜂育种考察组由澳大利亚赖斯育王场带回澳意蜂王50只，其中的20只为人工授精的种王，保存于中国农业科学院蜜蜂研究所。

2000年4月，中国农业科学院蜜蜂研究所从澳大利亚引进澳意蜂王50只（存活45只），保存于该所的育种场，当年即向全国各地推广应用。

（三）形态特征

澳意蜂的形态特征与美意很相似。蜂王黄色，第6腹节背板后缘通常为黑色（即尾尖为黑色）；雄蜂黄色，第3 ～ 5腹节背板后缘具黑色环带；工蜂黄色，第2 ～ 4腹节背板为黄色，但第4腹节背板后缘的黑色环带比美意窄，第5、6腹节背板为黑色（图3-76）。其他主要形态特征见表3-28。

图3-76　澳大利亚意蜂三型蜂
（薛运波、常志光　摄制）

表3-28　澳大利亚意蜂主要形态指标

吻长（mm）	右前翅长（mm）	右前翅宽（mm）	肘脉指数	翅钩数	跗节指数	3+4背板总长（mm）
6.49±0.14	9.39±0.12	3.30±0.06	2.26±0.31	20.44±1.25	49.26±1.68	4.83±0.07

注：吉林省养蜂科学研究所，2010年6月测定；采样地点吉林省蜜蜂遗传资源基因保护中心。

（四）生物学特性

澳大利亚意蜂的生物学特性与美国意蜂相似。蜂王产卵力强，卵圈集中，子脾密实度达90%以上（图3-77）。蜂群育虫节律平缓，群势发展平稳：在外界蜜粉源丰富时，蜂王产卵旺盛，工蜂哺育积极，子脾扩展速度快；在炎热的夏季和气温较低的晚秋，也可保持较大的子脾面积。分蜂性弱，易养成强群，能维持8 ～ 11张子脾、13 ～ 15框蜂的群势。采集力强，善于利用大宗蜜源，但对零星蜜粉源的利用能力较差。在夏秋两季往往采集较多的树胶。泌蜡造脾能力强。繁殖期饲料消耗量大，在蜜源条件不良时，易出现食物短缺现象。性情温驯，不怕光，开箱检查时很安静。定向力较差，易迷巢。盗性强。易感染幼虫病。越冬期饲料消耗量较大，在纬度较高的严寒地区越冬较困难，以强群的形式越冬效

图3-77　澳大利亚意蜂蜂脾（薛运波　摄）

果会好些。

（五）生产性能

澳大利亚意蜂的产蜜能力较强，在中国华北的荆条花期或东北的椴树花期，一个澳大利亚意蜂强群最高年产蜂蜜40kg以上（图3-78）。产浆能力低于“浙江浆蜂”，但强于黑色蜂种，在大流蜜期，一个澳大利亚意蜂强群每72h可产王浆40 ～ 50g，其10-羟基-2-癸烯酸（10-HDA）含量不低于1.8%。对花粉的采集量大，年均群产花粉3 ～ 5kg。在夏秋季爱采树胶，可用其进行蜂胶生产。此外，澳大利亚意蜂还可用于为果树和大棚内的蔬菜、瓜果授粉。

图3-78　澳大利亚意蜂蜂场（薛运波　摄）

八、塞浦路斯蜂

塞浦路斯蜂（Cyprusian Bee）为西方蜜蜂的一个地理亚种，学名*Apis mellifera cypria* Pollmann，简称塞蜂。

（一）原产地

塞浦路斯蜂原产于地中海岛国塞浦路斯。原产地属典型的地中海型气候，冬季（11月至次年2月）温和湿润，夏季（5—10月）炎热干燥。

（二）引入历史

1974年6月，农林部和外贸部由塞浦路斯引进塞浦路斯蜂蜂王共40只(成活35只)，分配给黑龙江、四川和江西。

（三）形态特征

塞浦路斯蜂为黄色蜂种，体形与意大利蜂相似，个体比意大利蜂略小。蜂王腹部为浅黄色，每一腹节背板后缘都有1条细的新月形黑环。雄蜂为黄色，与意大利蜂雄蜂体色相似。工蜂前3节腹节背板呈明显的橙黄色，其后缘各有1条窄的黑环，自第1腹节背板至第3腹节背板黑环逐渐加宽；第4 ～ 6腹节背板为黑色；除最后2节腹节腹板外，前4节腹节腹板通常呈明显的橙黄色，没有任何黑色斑点，这是塞浦路斯蜂最明显的特征；绒毛为浅黄色。其他主要形态特征见表3-29。

表3-29　塞浦路斯蜂主要形态指标

吻长 (mm)	前翅长 (mm)	前翅宽 (mm)	3+4腹节背板总长 (mm)	肘脉指数
6.39±0.14	8.87±0.15	3.02±0.05	4.24±0.16	2.72±0.36

注：引自鲁特涅，1988。

（四）生物学特性

蜂王产卵力强，卵圈集中，子脾密实度达90%以上。蜂群育虫节律平缓，群势发展平稳。工蜂寿命长，分蜂性弱，易养成强群。采集力强，特别善于利用零星蜜粉源。爱采树胶。泌蜡造脾能力强，很少造赘脾。性情凶猛，极爱蜇人，往往无法开箱检查，攻击性极强，可将人畜追至数十米以外。

（五）生产性能

塞浦路斯蜂采蜜能力、采粉能力、采胶能力都很强。

第四章　蜜蜂生物学知识

第一节　蜜蜂个体生物学

一、蜜蜂的生活和职能

蜜蜂在长期的进化过程中，形成了营群体生活的生物学特性，单一个体离开群体就不能生存。

一个蜂群通常由一只蜂王、数千或数万只工蜂和数百只以至上千只季节性雄蜂组成。

（一）蜂王

蜂王是蜂群中唯一生殖器官发育完全的雌性蜂，身体比工蜂长1/4 ～ 1/3（图4-1）。蜂王的职能是产卵，1只品种优良的蜂王在产卵盛期，一昼夜能产1 500 ～ 2 000粒卵。

图4-1　蜂王
（薛运波　摄）

蜂王产的卵有两种：一种是产于工蜂房和王台基内，发育成工蜂和蜂王的受精卵；一种是产于雄蜂房内，发育成雄蜂的未受精卵。蜂王产卵量多少对蜂群的群势有直接影响。

新蜂王一般出房后3d试飞认巢，5 ～ 6d性成熟后多次出巢飞行交配，在最后一次交配后2 ～ 3d开始产卵，从此，除自然分蜂或群体迁移外，蜂王不再离开蜂巢（图4-2）。正常情况下，一个蜂群中只有1只蜂王。在整个发育期和繁殖期，蜂王以工蜂分泌的蜂王浆为饲料，并由工蜂饲喂，其寿命比工蜂和雄蜂长很多。

图4-2　蜂王在巢脾上（薛运波　摄）

（二）工蜂

工蜂是生殖器官发育不完全的雌性蜂（图4-3），正常情况下不能产卵，蜂群失王时间过长时，工蜂卵巢能发育，产出未受精卵。工蜂担负着群体内外的各种工作。一般出房3d内从事清扫巢房和保温孵化工作；4d后调制蜂粮饲喂大幼虫；6～11d分泌王浆，饲喂蜂王和小幼虫；12～18d认巢飞翔，泌蜡筑巢，酿造加工等；15～20d后从事采蜜、采粉、采水等和守卫蜂巢的工作。工蜂的分工不是固定不变的，可以根据需要而改变。

图4-3　工蜂
（薛运波　摄）

蜂群的采集力取决于工蜂的数量和质量。由于工蜂长时间从事采集和哺育幼虫等工作，大多数寿命在40d以下，很少超过2个月。秋后培育的越冬蜂，由于没有参与采集和哺育幼虫的工作，一般能活3～5个月，越冬的工蜂最多能活6～7个月。

（三）雄蜂

雄蜂是由未受精卵发育而成的雄性个体，身体粗壮，没有螫针（图4-4）。雄蜂不会采集，无群界，唯一的职能是性成熟后飞出巢外与蜂王交配。雄蜂出房7d后才能飞翔，12d性成熟，12～20d是交配最佳期。雄蜂与蜂王交配后即死亡。

图4-4　雄蜂
（薛运波　摄）

蜂群根据需要决定雄蜂的生存。在自然分蜂季节，蜂群大量培育雄蜂；在早春和秋季，蜂群很少培育雄蜂；在秋冬季节的非繁殖期，蜂群把雄蜂驱逐出蜂巢。雄蜂为季节性蜂。

二、蜜蜂个体的发育

蜜蜂是完全变态昆虫。蜂王、工蜂、雄蜂的个体发育都要经过卵期、幼虫期、蛹期和成蜂4个阶段，4个发育阶段其形态完全不相同。

（一）三型蜂的发育期

蜜蜂个体发育的每一个阶段，都要具备一定的条件，如适宜的温度和湿度、适合个体发育的巢房、充足的饲料等。西方蜜蜂各型蜂的发育期如下（图4-5、图4-6）：

1. 蜂王　卵期3d，幼虫期5.5d，蛹期7.5d。从卵到成蜂发育期为16d。

2. 工蜂　卵期3d，幼虫期6d，蛹期12d。从卵到成蜂发育期为21d。

图4-5　三型蜂
（薛运波、常志光　摄制）

3. 雄蜂 卵期3d，幼虫期6.5d，蛹期14.5d。从卵到成蜂发育期为24d。

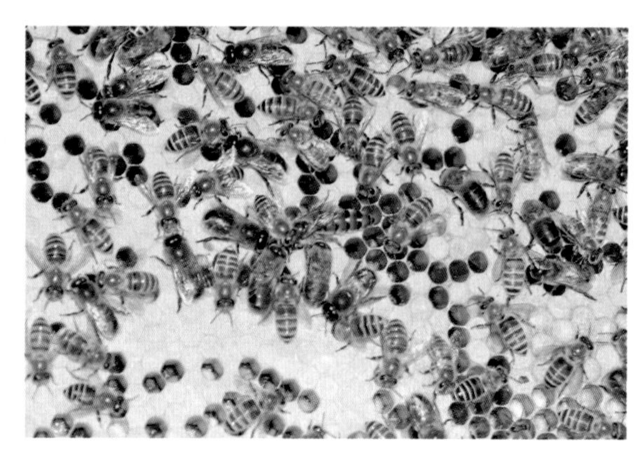

图4-6 巢脾上的三型蜂（薛运波 摄）

（二）蜜蜂发育的4个阶段

1. 卵期 蜜蜂的卵呈香蕉形，乳白色，卵膜略透明，长1.4 ~ 1.8mm。卵第1天直立在巢房底部，第2天倾斜（图4-7），第3天伏卧，哺育蜂开始在卵周围分泌王浆。

图4-7 蜜蜂卵（李志勇 摄）

2. 幼虫期 蜜蜂幼虫初期呈半月形、蠕虫状、白色、无足，平卧在巢房底。随着虫体逐渐长大，虫体伸直，头朝向巢房口。三型蜂的幼虫期前3d全部吃白色的王浆。蜂王幼虫在整个幼虫期一直食用王浆，工蜂和雄蜂幼虫3d后改食花粉和蜂蜜混合饲料。蜜蜂幼虫期由工蜂饲喂，长成后巢房封盖，进入蛹期（图4-8）。

3. 蛹期 蜜蜂蛹的翅足分离，称为裸蛹。蛹初期呈白色，逐渐变成淡黄色至黄褐色（图4-9）。蛹期表面看来不食不动，内部却发生着本质性变化，形

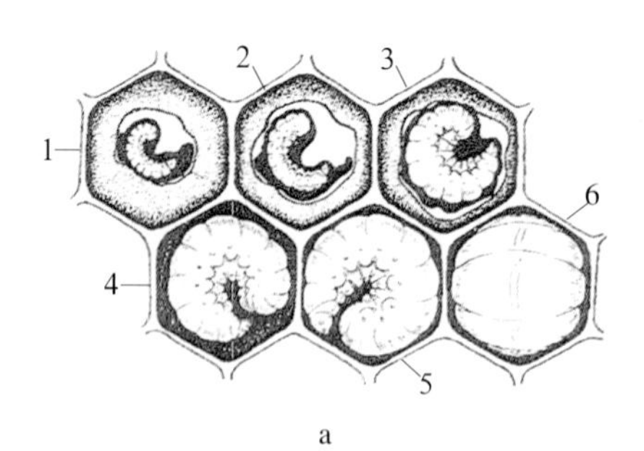

a

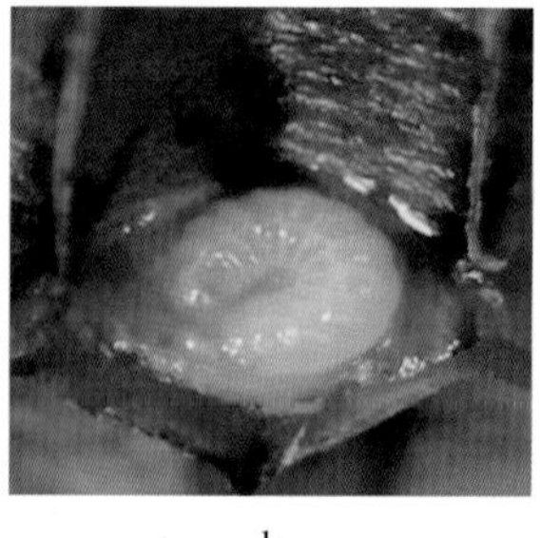

b

图4-8 蜜蜂幼虫（引自Dade，2009）

a.蜜蜂幼虫的五次蜕皮及第五次蜕皮末 b.浸浴在王浆里的幼虫

成成年蜂的内外部各种器官。发育后期的蛹，分泌蜕皮激素，蜕下蛹壳，咬破巢房封盖，羽化成蜂。

图4-9　封盖蛹期的工蜂（李志勇　摄）

4.成蜂　新羽化出房的幼蜂（图4-10）体表绒毛柔软，外骨骼较软，内部器官还需要成熟发育过程。

图4-10　羽化出房的工蜂（李志勇　摄）

三、蜜蜂的外部形态

蜜蜂的身体分为头部、胸部、腹部3个体段，各节有膜相连接。外壳由几丁质组成，也就是身体的骨骼，外骨骼上生长着密实的绒毛，整个内脏器官都包藏在骨骼之中（图4-11）。

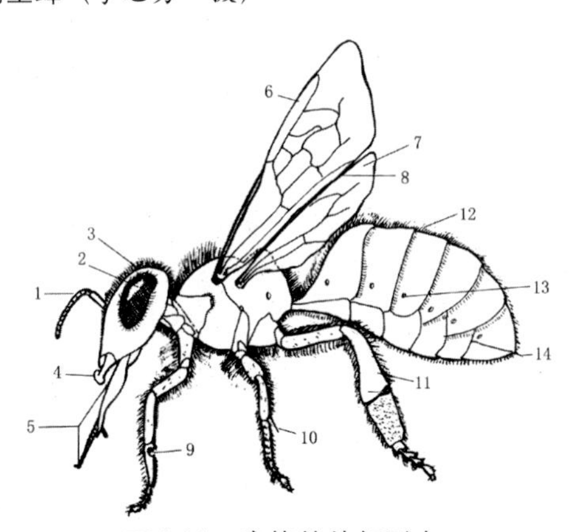

图4-11　蜜蜂的外部形态

（引自Morse，1999）

1.触角　2.复眼　3.单眼　4.上颚　5.中唇舌　6.前翅　7.后翅　8.翅钩　9.净角器　10.胫距　11.花粉筐　12.体毛　13.气孔　14.螫针

（一）头部

蜜蜂头部是感觉和取食的中心，生有3只单眼、2只复眼、1对触角和口器。工蜂头部呈三角形，蜂王头部呈心脏形，雄蜂头部呈近圆形（图4-12）。蜜蜂复眼起观看物象作用，单眼起感光作用。口器为既能吸吮液体又能咀嚼固体的嚼吸式口器。

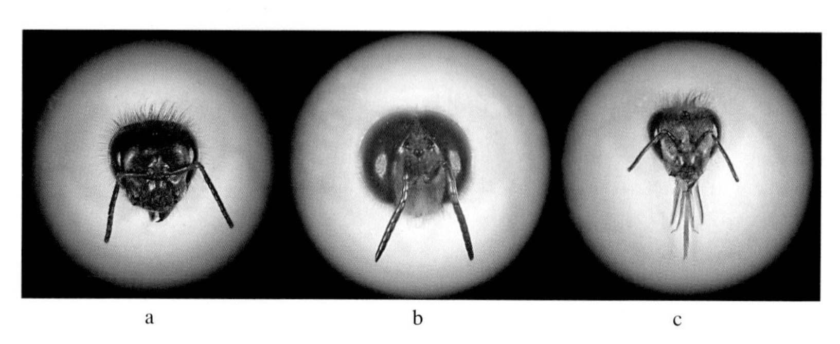

图4-12　蜜蜂头部（李志勇　摄）
a.蜂王头部　b.雄蜂头部　c.工蜂头部

（二）胸部

蜜蜂的胸部由前胸、中胸、后胸和并胸腹节组成，生有3对足、2对翅，是运动的中心（图4-13）。

蜜蜂的前足可以清理触角和收集头部的花粉。中足可以收集胸部的花粉，可以将后足上携带的花粉团铲落在巢房内。后足上生有一个“花粉篮”，可以把采集的花粉携带回巢；后足上还有“刺”，能将腹部蜡腺分泌的蜡鳞取下来，用于修筑巢房（图4-14）。蜜蜂的翅除用于飞翔外，还能够扇风、调节巢内温湿度、振翅发声传递信号（图4-15）。

图4-13　蜜蜂胸部
（李志勇　摄）

图4-14　工蜂后足
（李志勇　摄）

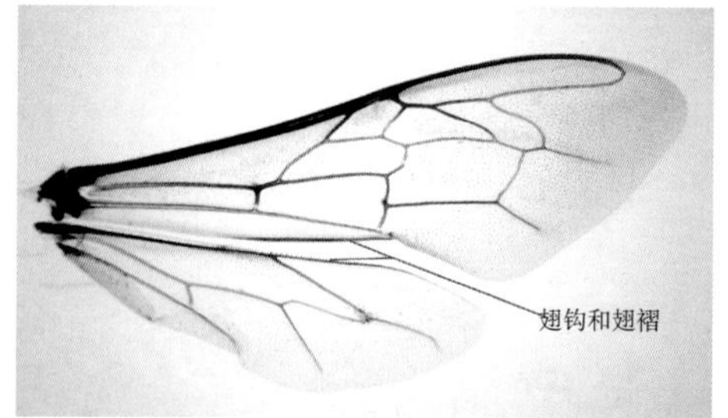

图4-15　工蜂翅钩和翅褶
（李志勇　摄）

（三）腹部

蜜蜂腹部由一组环节组成，各节之间由节间膜连接，每节由背板和腹板构成。腹腔内充满血液，容纳着消化、呼吸、循环和生殖等器官（图4-16），是消化和生殖的中心。

雄蜂腹部有7个环节，工蜂和蜂王腹部有6个环节，末端有螯针，螯针是蜜蜂用于防卫和保护家园的武器。

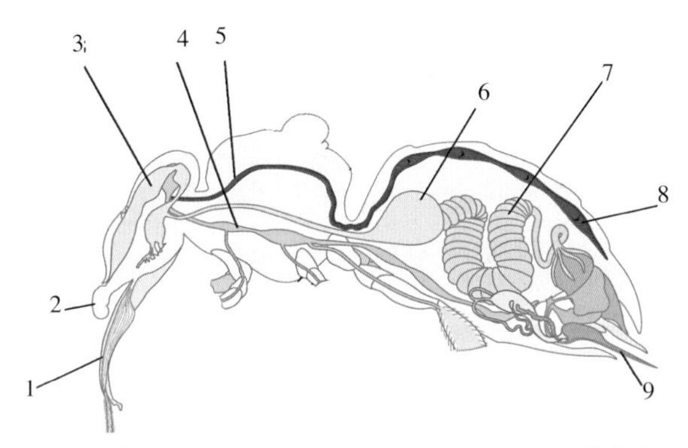

图4-16　工蜂体内构造（引自Snodgrass R. E., 1956；常志光　仿绘）
1.喙　2.上颚　3.脑　4.神经索　5.动脉　6.蜜胃　7.中肠　8.心脏　9.螯针

四、蜜蜂的内部器官

（一）呼吸器官

蜜蜂的呼吸器官比较发达，包括气门、气管主干、气囊、支气管和微气管。气门是气管通往身体两侧的开口，胸部有3对，腹部有7对（图4-17）。气管很细，与气门相连接，气管直接分布在身体各个组织中，分为支气管、微气管，输送氧气带走二氧化碳和水。气囊由气管膨大而成，作用是增强管内的气体流通，有利于增加蜜蜂的飞行浮力。

蜜蜂的呼吸运动每分钟40 ~ 150次。在剧烈活动或高温条件下，呼吸加快；静止低温时，呼吸速度减慢。

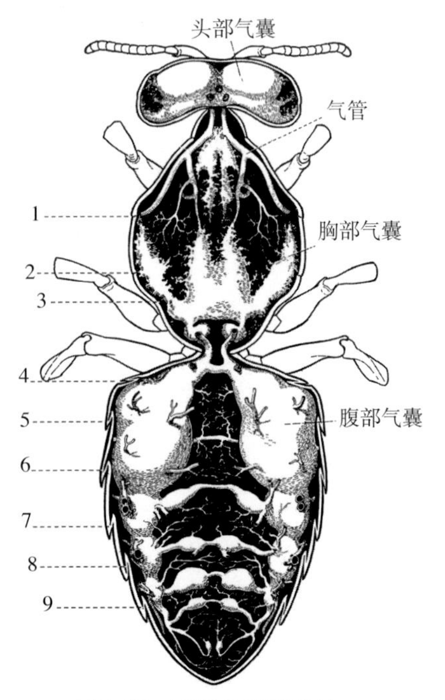

图4-17　工蜂的呼吸系统
（引自Snodgrass R. E., 1956；常志光　仿绘）
1 ~ 9.第1 ~ 9对气门

（二）消化和排泄器官

蜜蜂的消化器官是消化道，排泄器官是马氏管、脂肪体和后肠。有摄食、消化、吸收和排泄4种作用。

1. 消化道　由前肠、中肠和后肠3部分构成（图4-18）。前肠由咽喉、食管、蜜囊三者连接而成。咽喉有吸吮和吐出花蜜的功能，食管为连接咽喉和蜜囊的细长管，蜜囊是临时贮存花蜜的仓库，最多可装80mm³花蜜。中肠是消化食物和吸收养分的主要器官，所以又称为胃。后肠由小肠和大肠组成。小肠弯曲而细小，没有被中肠消化完的食物，进入小肠继续消化吸收，废渣进入大肠排出体外。

2. 马氏管和脂肪体　马氏管分布于中肠和小肠的连接处（图4-18），有80～100条，它们浸在血液中，分离出尿酸和盐类，送入大肠排出体外。蜜蜂的脂肪体发达，能积存部分尿酸等废物；当蜜蜂体内营养不足时，这种组织便可以提供大量易于消化吸收的营养贮备。

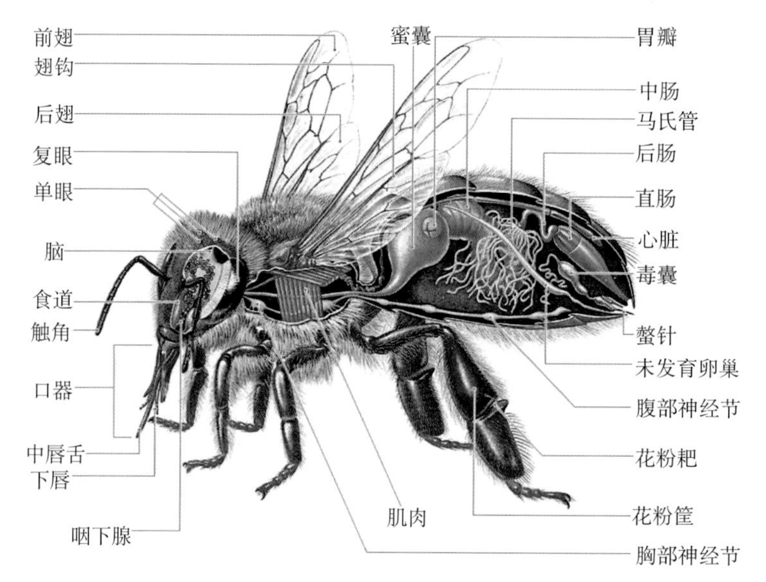

图4-18　蜜蜂的内部解剖马氏管等（引自Nipponica E., 2001；常志光　仿绘）

（三）血液循环器官

蜜蜂体腔内充满了流动的血液。蜜蜂的血液没有颜色，由白血细胞、变形细胞和带酸性的血浆组成。蜜蜂的血液在其整个体腔内的循环是开放式的，通过血液循环，将养料输送到体内各组织中，又将废物输送到排泄器官排出体外。血液循环的主要器官是纵贯全身的简单粗血管，称为背血管，分为前端的动脉和后端的心脏两部分。动脉能引导血液向前流动，心脏则为血液循环的搏动机构。心脏有5个心室，每个心室都有1对心门。

蜜蜂心脏搏动频率，静止时每分钟60～70次，活动时每分钟100次，飞翔时每分钟为120～150次。

（四）神经器官

蜜蜂的神经系统及其感觉器官非常发达（图4-19），由中枢神经、交感神经和周缘神经组成。

1. 中枢神经　由位于头部的脑和纵贯全身的腹神经索组成，是支配全身的各感觉器官和运动器官的中枢。

2. 交感神经　位于前肠侧面和背面，由许多小型神经节以及这些神经节发出的神经构成。神经分布于前肠、中肠、气管和心脏等处，是调节消化、循环、呼吸活动的中心。

3. 周缘神经　由感觉器官的细胞体和通入中枢神经的传入神经纤维以及中枢神经通到反应器官的传出神经纤维构成。周缘神经分布广，遍及蜂体周缘。

图4-19　工蜂神经系统
（引自 Snodgrass R. E., 1956；常志光　仿绘）
1 ～ 7.体部第1 ～ 7神经节　8.前翅神经　9.后翅神经　10.触角神经　11.脑神经

（五）生殖器官

1. 雄性生殖器官　主要是由1对睾丸、2条细小输精管、1对贮精囊、2个黏液腺、1条射精管和1个能外翻的阳茎组成（图4-20、图4-21）。睾丸是产生精子的器官，成熟的精子经输精管进入贮精囊内，黏液腺能够分泌滋润精子和参与精液组成的黏液。射精管直通阳茎，当与蜂王交配时，阳茎外翻伸入蜂王阴道，精子便从贮精囊中通过射精管射入蜂王阴道。交配后，阳茎和生殖器官的其他部分便脱落在蜂王的尾端，由工蜂帮助清除掉。

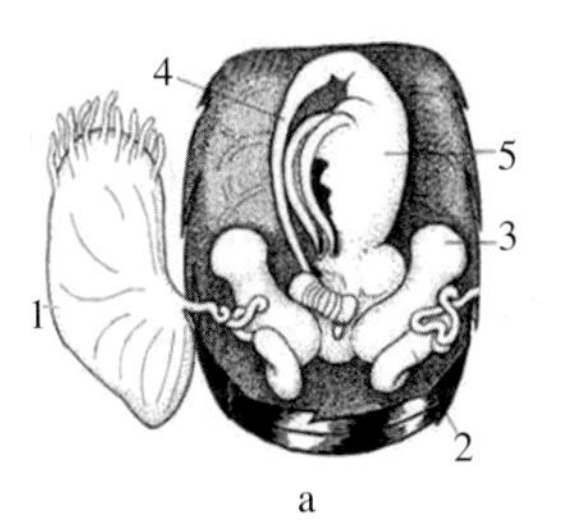

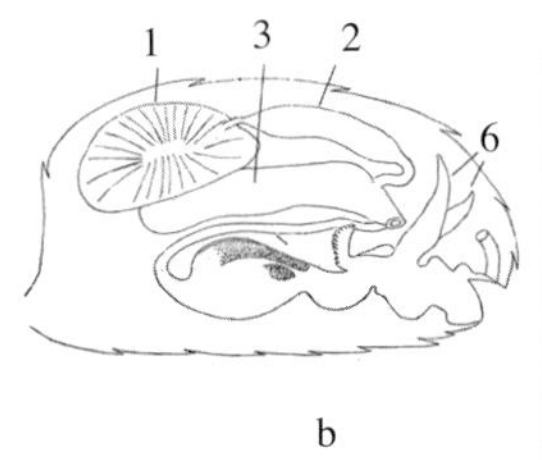

图4-20　雄蜂生殖系统
（引自 Ruttner, 1976和Dade，2009）
a.背面观　b.侧面观
1.精巢　2.贮精囊　3.黏液腺
4.射精管　5.球茎体　6.角囊

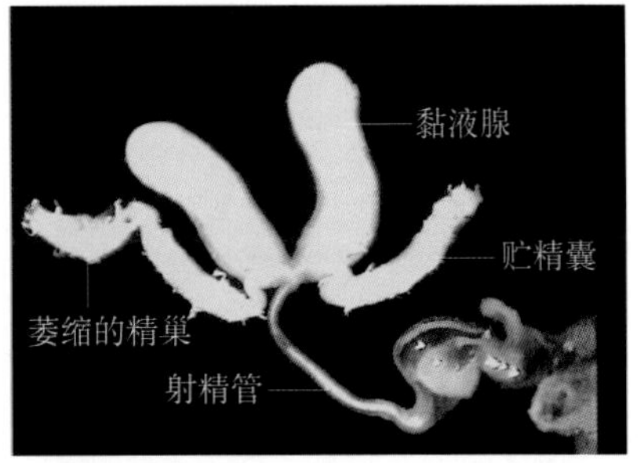

图4-21　羽化后12日龄性成熟期生殖系统
（李志勇　摄）

2. 蜂王生殖器官　由1对巨大的梨形卵巢、2条侧输卵管、1条短的中输卵管、1个贮精球和1条短的阴道组成（图4-22）。卵巢占据腹部大部分位置，由数百条卵巢管组成，是产生卵子的器官。侧输卵管前端与卵巢基部相接，后端合为中输卵管，中输卵管末端扩大为阴道，是卵子的通道。贮精球是接受和贮存精子的特殊器官，它有一短小管与阴道相通，根据产卵需要，小管的开口由肌肉收缩控制精子的排放。

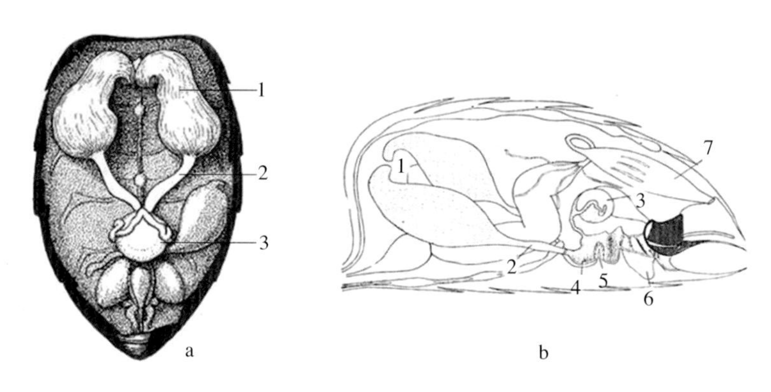

图4-22　蜂王生殖系统（引自Ruttner，1976和Dade，2009）
a.背面观　b.侧面观
1.卵巢　2.侧输卵管　3.贮精囊　4.中输卵管　5.瓣突　6.侧囊　7.后肠

3. 工蜂生殖器官　工蜂生殖器官与蜂王相似，但卵巢发育不完全，仅有几条卵巢管（图4-23），其他附属器官均已退化。但在蜂群失王较久的情况下，少数工蜂卵巢发育，开始产未受精卵，发育成雄蜂。

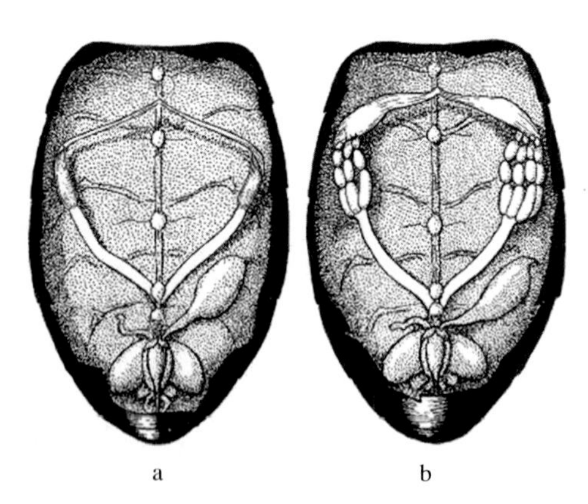

图4-23　工蜂生殖系统（引自Dade，2009）
a.卵巢退化的正常工蜂　b.卵巢发育的产卵工蜂

（六）蜜蜂的主要腺体

1. 上颚腺　位于上颚基部，开口于上颚内侧，由1对囊状腺体组成。工蜂的上颚腺，能分泌参与王浆组成的生物激素以及能软化蜂蜡蜂胶的液体（图4-24）。蜂王和雄蜂的上颚腺都能分泌信息素，互相引诱前来交配。

图4-24　工蜂的腺系统
（引自 Winston M. L., 1991；常志光　仿绘）
1.咽下腺　2.涎腺　3.毒腺　4.臭腺
5.副腺　6.蜡腺　7.跗节腺　8.上颚腺

2. 咽下腺　位于工蜂的头部，由两串非常发达的葡萄状腺体组成，能分泌王浆，用以饲喂蜂王、蜂王幼虫以及雄蜂和工蜂的幼龄幼虫（图4-24）。

3. 涎腺　涎腺有头涎腺和胸涎腺各1对（图4-25）。涎腺能分泌转化酶，混入花蜜中，促使蔗糖转化为葡萄糖和果糖。

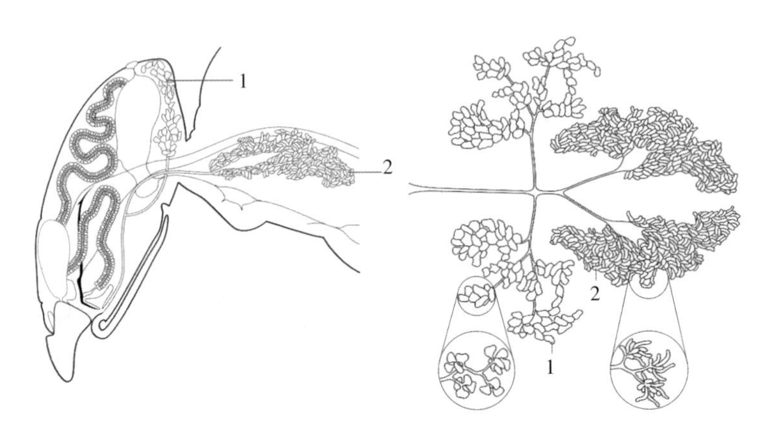

图4-25　工蜂头部和胸部腺体
（引自 Snodgrass R. E., 1956；常志光　仿绘）
1.头涎腺　2.胸涎腺

4.蜡腺 工蜂蜡腺有4对，位于腹部最后4节的腹板上，专门分泌蜂蜡，用以筑造巢房（图4-26）。

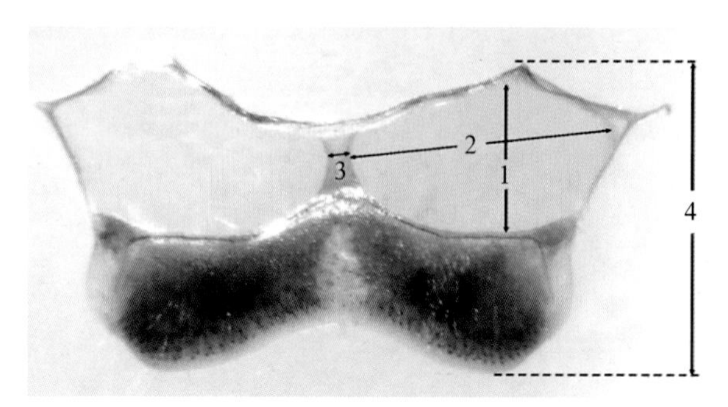

图4-26 工蜂蜡腺（李志勇 摄）
1.蜡镜长 2.蜡镜斜长 3.蜡镜间距 4.腹板长

5.大肠腺 大肠腺有6条，分布在大肠的基部。其分泌物能够防止大肠内粪便发酵、腐败，对蜜蜂长时间困守巢内越冬、不出巢排泄意义极大。

6.毒腺 位于腹腔内，能够分泌毒液（图4-27），通过螫针注入敌体内。

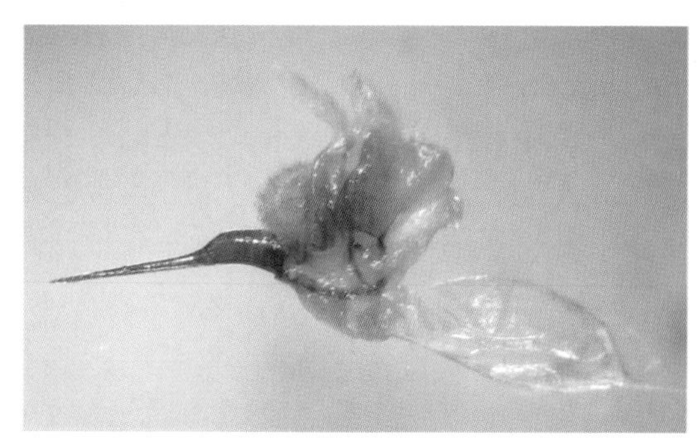

图4-27 工蜂毒腺（李志勇 摄）

第二节 蜜蜂群体生物学

一、蜂群的生活条件

（一）蜂巢

蜂巢是蜜蜂居住、贮存饲料和繁殖后代、延续种族的地方。野生蜜蜂将蜂巢筑造在岩洞、树窟之中（图4-28），人工饲养的蜂群其蜂巢建立在蜂箱内。蜂巢内垂直排放着巢脾，脾间保持着一定距离，蜜蜂在巢脾上贮存和加工酿制蜜粉饲料，培育后代，栖息结团。蜂巢大小随着群势和季节而变化。春季弱群蜂巢1个箱体有1～3张巢脾（图4-29）；流蜜期强群大的蜂巢有2～5个箱体、20～40张巢脾，一张标准巢脾两面共有六角形巢房6 600～6 800个。巢脾上除了工蜂房以外，还有较大的雄蜂房和不规则的过渡巢房及王台基。蜂巢在不同时期有不同的稳定温度。没有蜂儿时温度在14～32℃；有卵虫和蛹时，温度稳定在34～35℃。蜂巢温度依靠蜜蜂群体的活动来调节。春秋两季，为保证蜂儿的正常发育和减少工蜂调节巢温的能量消耗，应根据蜂群群势强弱进行保温；在炎热的夏季应注意散热降温。蜂巢内适合蜂儿发育的相对湿度是35%～45%，流蜜期巢内湿度一般在65%以下，越冬期适合蜂团的湿度是75%～85%。

图4-28 木桶蜂巢（薛运波 摄）

图4-29 活框蜂巢（薛运波 摄）

（二）食物

蜜蜂的食物主要是通过采集活动获得的花蜜和花粉，还有水分和盐类。蜜蜂在巢内要大量贮存花蜜（图4-30）和花粉（图4-31），用以维持群体生活的需要。蜜蜂把花蜜贮存在蜂巢外侧的巢脾上和子脾的上部，花粉贮存在子圈外缘。整个蜂巢自然地形成了花蜜、花粉对子圈的覆盖层（图4-32），既便于蜜蜂取食饲喂幼虫，又利于蜂巢的保温。

图4-30 蜂蜜食物（薛运波 摄）

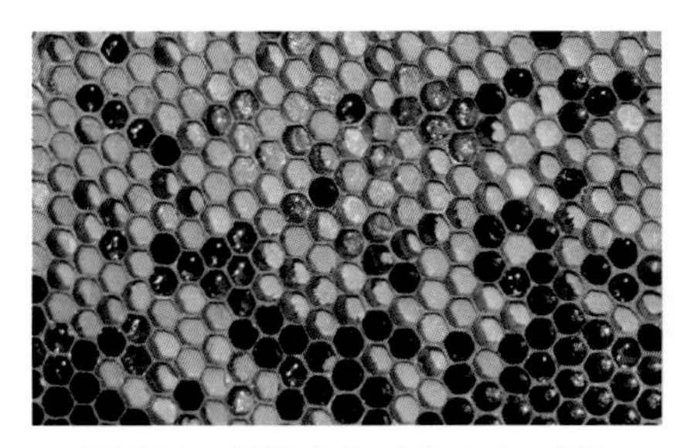

图4-31 花粉食物（薛运波 摄）

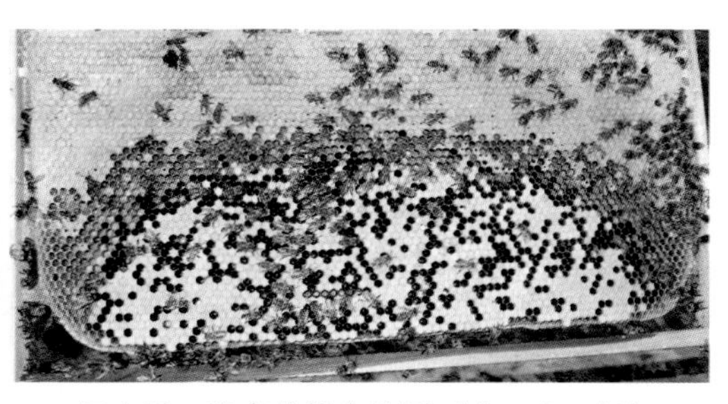

图4-32 蜂蜜花粉食物圈（薛运波 摄）

蜜蜂所需要的营养物质都能从花蜜和花粉中获得，只有无机盐是工蜂从具有盐碱成分的水边、草木灰或便池上采集来的。为了适当给蜂群补充无机盐，可以结合喂水，在水中加入适量的食盐让蜜蜂自由摄取。

（三）气候

温度对蜜蜂生活影响最大。蜜蜂是变温动物，单个蜜蜂在静止状态下具有和周围环境相近的温度。温度低于13℃蜜蜂便不能飞行，低于7℃会被冻僵。温度高于38℃幼虫开始死亡，高于40℃幼虫全部死亡。气温高于40℃蜜蜂停止采集工作，有的蜜蜂只采水降温。

湿度对蜜蜂也有影响。湿度过低给幼虫体表和王浆保持湿润增加困难，还会使群体水分蒸发加快，导致蜜蜂口渴，使蜂蜜失水结晶。湿度过高，不利酿蜜，并容易引发疾病。

风对蜜蜂的飞行影响较大，风速每小时17.6km，采集减少；每小时33.6km，采集停止。如果连日阴雨或突发暴风雨，会使蜜源中断和大量采集蜂死亡，给蜂群造成损失。

（四）蜜粉源

蜜粉源是蜜蜂种族繁衍的物质基础，蜜蜂的食物虽然可以通过饲喂代用品来解决，但远远达不到自然蜜粉源对蜂群繁殖和生存的作用。蜜蜂从自然蜜粉源中采集的花蜜（图4-33）、花粉（图4-34），不仅是最适合蜜蜂发育和生存的全价营养饲料，而且保持特有的天然质量和活性，任何代用品也代替不了。蜂群的生存离不开蜜粉源，没有蜜粉源，蜂群即失去了重要的生活条件而不能繁殖。

图4-33　蜜源植物（薛运波　摄）

图4-34　粉源植物（薛运波　摄）

二、蜜蜂的信息传递

蜜蜂为了生存，能够内外协调、有条不紊地进行群体所需的各种活动，主要靠信息素和舞蹈语言两种信息传递形式，其在蜂群中起着重要作用。

（一）蜜蜂的信息传递

1. 蜂王物质　指蜂王上颚腺所分泌的信息素。工蜂利用替蜂王清理体表和饲喂的机会得到蜂王物质（图4-35），然后又通过工蜂之间食物传递、饲喂和相互接触（图4-36），在蜂群内得以广泛传播。蜂王物质对工蜂有高度的吸引力，能够抑制工蜂卵巢发育和阻止营造王台培育新蜂王的行为，从而维持蜂群的稳定。蜂王物质在巢外对雄蜂具有强烈的引诱作用，还有促进工蜂聚集结团等作用。

图4-35　蜂王与工蜂的信息传递
（薛运波　摄）

图4-36　工蜂与工蜂的信息传递
（薛运波　摄）

2. 报警信息素　主要是工蜂螫针腔柯氏腺和上颚腺分泌的信息素。当蜂群有外来入侵者时，工蜂用上颚撕咬或刺蜇时，将这种信息素标记在“敌体”上，引导更多的伙伴围攻入侵者。这是蜂群有效抵抗侵袭者危害，进行自我防卫的一种手段。

3. 示踪信息素　是工蜂腹部第6腹节背板上的臭腺分泌的标志性芳香物质。示踪信息素借助工蜂的翅膀扇风而散发，能够招引在蜂巢远处的蜜蜂返巢（图4-37），引导蜜蜂飞向蜜源。能够招引婚飞或离散的蜂王归巢，引导分群飞散的蜜蜂找到蜂王，使无蜂王的蜂团散开向有蜂王的蜂团聚集。并与蜂王物质一起，对分蜂团起稳定作用。

图4-37　工蜂释放示踪信息素
（薛运波　摄）

4. 雄蜂信息素　由雄蜂上颚腺分泌的性信息素。雄蜂性成熟婚飞时，在空中释放信息素，引诱新蜂王前来与之交配。

（二）蜜蜂的舞蹈语言

蜜蜂的舞蹈是指工蜂在巢脾上有规律的运动，是工蜂个体之间传递信息的又一种方式。工蜂以这种特殊语言表达方式，叙述所发现蜜粉源的量、质、距离以及方位。蜜蜂的舞蹈种类很多，现仅叙述与蜜源有关的圆舞和摆尾舞。

1. 圆舞　即侦察蜂在同一位置转圈，一会向左转，一会向右转，并且十分起劲地重复多次（图4-38）。约30s后，又转移到另一位置重复这个动作。蜜蜂跳圆舞只表示离蜂巢100m以内发现了蜜源，但不指示蜜源所处的方位。

2. 摆尾舞　即侦察蜂一边摇摆着腹部，一边绕圈，先是向一侧转半个圆圈，然后反方向在另一侧再转半个圆圈，回到起始点，如此重复同样的动作（图4-38）。蜜蜂跳摆尾舞表示离蜂巢100m以外的地方发现了蜜源，而且指示蜜源的方向。蜜源的方向是以太阳为准，即在垂直的巢脾上，重力线表示太阳与蜂巢间的相对方向，舞圈中轴直线和重力线所形成的交角，表示以太阳为准所发现的蜜源相应方向。如舞蹈蜂头朝上，舞圈中轴处在重力线上，表示蜜源朝着太阳方向。即使在阴天，蜜蜂也能透过云层感知太阳的位置。

a

b

图4-38　蜜蜂发的信息系统（引自苏松坤，2008）
a.圆圈舞　b.8字舞

三、蜜蜂的飞行采集

（一）蜜蜂的采集习性

采集是蜜蜂的本能活动，只要外界有蜜粉源，蜜蜂就会不停地采集（图4-39），直到采完为止。通常，蜜蜂的采集活动在离蜂巢2.5km半径内，利用面积约1 500hm^2。但在附近蜜粉源稀少时，其采集活动的半径会扩展到4km以上。蜜蜂出巢飞行的高度可达1km。

蜜蜂采集飞行是强度较大的劳动，采集飞行1km需要消耗2 ~ 4mg蜜来补充能量，比无负荷飞行时多消耗3 ~ 8倍。一般蜜蜂载重飞行时速为

20 ～ 25km，最高时速能达到40km。在风速每小时20km以上时，蜜蜂不能连续持久飞行。

图4-39　飞行采集（薛运波　摄）

（二）花蜜的采集与酿制

采集蜂发现流蜜的花朵时，围绕花朵飞行几圈之后，便落到花上，将细长的吻插入花朵的蜜腺中，吸吮花蜜贮存于蜜囊中，然后再飞向另一朵花。一只采集蜂要装满一蜜囊花蜜，至少要采几百朵花，甚至上千朵。在主要流蜜期，1d中多数蜂采集飞行10 ～ 20次。

花蜜被采集蜂吸进蜜囊以后，即混入含有转化酶的涎液，花蜜酿制就开始了。当采集蜂回巢后，即将花蜜吐出分给内勤蜂，内勤蜂接受花蜜后，爬到巢脾的适当地方，头部朝上，保持一定位置，开始用吻混入涎液，促进蔗糖转化。与此同时，蜜蜂加大扇风力度，促进水分蒸发，促使蜜汁浓缩。当蜂蜜快成熟时，内勤蜂便寻找巢房，将这些蜜汁贮存起来，并进一步酿制。如果进蜜快，而且花蜜稀薄，内勤蜂不一定立刻进行酿制，而是将蜜汁分成小滴，分别挂在好几个巢房的房顶上或暂时存在卵房、小幼虫房内，以后再收集起来进行酿制。花蜜经内勤蜂不断加入转化酶转化，蒸发水分，渐渐成为成熟的蜂蜜。最后被集中于产卵圈上部或边脾的巢房内用蜡封上盖。

蜜蜂除了采集花蜜外，也采集植物花外蜜腺分泌的蜜露和蚜虫、蚧壳虫等分泌的甘露。

（三）花粉的采集与贮存

蜜蜂采集花粉的动作非常敏捷，有时在花朵上一边吸吮花蜜一边采集花粉，有时在花上专采花粉。

采集蜂飞进花朵中，借助口器、足及身上的绒毛黏附花粉，并不断用足清理、集中身上的花粉粒。把前足收集起来的花粉传送到中足，又从中足传送到后足，最后堆积成团，集中在后足的花粉篮中（图4-40）。为了利于飞行，2个花粉篮必须装载得均衡一致。这种收集花粉的动作常在采集蜂从一朵花飞向另一朵花的瞬间完成。工蜂收集较干的花粉时，要用花蜜湿润花粉粒，以便于集中成为花粉团。因此，在粉源不缺乏的情况下，蜜蜂不喜欢采某些干燥的风媒植物花粉。

图4-40　采集花粉（薛运波　摄）

采集蜂携带花粉归巢后，将后足上的2个花粉团一齐伸入巢房内，用中足把花粉团铲落在巢房内，接着内勤蜂便用上颚咬碎花粉团，搀入蜜和唾液，并用头部顶实，经过发酵后便成为蜂粮。待巢房中的蜂粮贮至七成左右，蜜蜂就在蜂粮上加一层蜂蜜，这样便可长期保存并随时供蜜蜂食用。

采粉工蜂每天采粉次数以及每次采集花粉团大小与粉源种类、开花吐粉时间的长短、外界气温、风速等条件有关。一只采粉蜂一次能载花粉12 ～ 29mg，每天采集花粉10次左右。

（四）蜂胶的采集

蜜蜂能从植物叶芽或茎的破伤部分采集树胶或树脂。采集时先用上颚咬下树胶和树脂，咀嚼混入上颚腺分泌物，然后经前足和中足转入后足的花粉篮内携带。采胶蜂归巢后，由其他工蜂用口器把胶一点一点地咬下来，同时将蜂胶牢固地黏合在需要的地方。卸完1只蜂采回的蜂胶需要一至数小时，所以一只蜂每天采胶的次数有限。一群蜂中只有少数工蜂从事采胶工作，而且不是专一不变的。

（五）水分的采集

蜜蜂除了自身需要水分外，稀释成熟蜜、调制幼虫食料、降低巢温和增加蜂巢的湿度都需要水分。特别是早春哺育蜂儿时期，如果蜂群缺水，蜜蜂不仅不能很好地育虫，而且寿命会大大缩短，甚至干渴而死。一只蜂一次约采水

60mg，需要17 000 ～ 20 000次才能采集1kg水（图4-41、图4-42）。

图4-41　采集河水（薛运波　摄）

图4-42　采集露水（薛运波　摄）

四、蜜蜂群势的消长规律

一年之中随着气候、蜜源的变化，蜂群群势有规律地消长，分为恢复期、增长期、保持期、衰退期和越冬期（图4-43）。

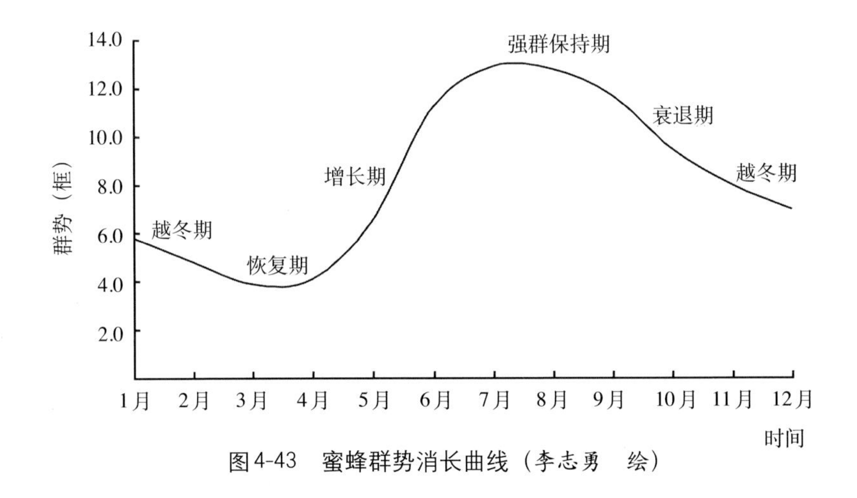

图4-43　蜜蜂群势消长曲线（李志勇　绘）

（一）群势恢复期

经过越冬期的蜂群，在早春排泄飞行之后，开始培育蜂儿，以春季第一批新蜂接替越冬老蜂，此期称为群势恢复期。恢复期长达1个月之久，是全年蜂群最弱的阶段（图4-44、图4-45）。此期蜂群是在早春最低的群势基础上开始繁殖，越冬蜂的哺育力较低，平均1只工蜂能哺育1个多幼虫，加上外界气候多变和蜜源稀少，蜂群繁殖速度较慢，群势增长不明显；但蜂群内部个体质量却发生了很大的变化，新蜂逐渐更换了越冬老蜂，哺育幼虫能力增强，蜂群的势力基本恢复。

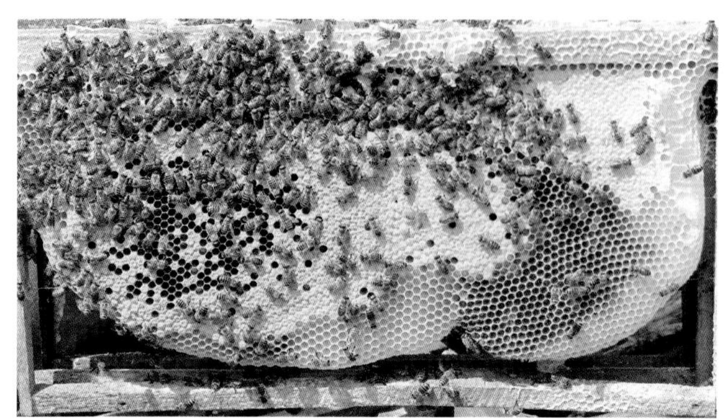

图4-44　恢复期巢脾
（薛运波　摄）

图4-45　恢复期蜂巢
（李杰銮　摄）

（二）群势增长期

蜂群通过恢复期，更新越冬蜂之后，蜂群中个体逐渐增加，群势处于上升趋势（图4-46、图4-47）。在整个增长期，全群为新蜂所接替，新蜂的哺育力明显增强，平均1只工蜂可以哺育近4只幼虫。此期外界气候和蜜源条件也逐渐有利于蜂群的繁殖，繁殖效率日益提高，蜜蜂个体不断增加，蜂群迅速壮大起来。群势增长期所需要的时间，主要取决于蜂群在恢复期时的群势。如果当时的群势较强，发展速度就快，群势增长期就会短些；如果当时的群势较弱，繁殖缓慢，群势增长期就要长些。

图4-46　群势增长期子脾（薛运波　摄）

图4-47　群势增长期蜂巢（薛运波　摄）

（三）强群保持期

蜂群通过群势增长期的个体积累，群势迅速壮大，从而进入最强盛的强群保持期（图4-48、图4-49）。此期蜂群是全年最富有生产力和哺育力的强壮阶段，是群势增长的高峰期，也是蜂蜜、王浆和花粉等蜂产品的主要生产时期。此期维持时间的长短，在很大程度上受蜜粉源、饲养技术等的影响。

图4-48　强群保持期活框蜂巢
（薛运波　摄）

图4-49　强群保持期木桶蜂巢
（薛运波　摄）

（四）群势衰退期

在北方的秋季、南方的夏季，气候向着不利于蜂群繁殖的低温季节或高温季节变化，外界蜜源逐日稀少，对蜂群的繁殖产生了影响，蜂王产卵率下降直至停产，蜂群内工蜂死亡率高于出生率，群势处于下降趋势，直至越冬或越夏前的最低点，此期蜂群衰退期（图4-50）。

图4-50　群势衰退期蜂巢（薛运波　摄）

（五）越冬过渡期

蜂群经过群势衰退期，进入冬季，没有了繁殖的自然条件，为了保存实力，蜜蜂在巢内结成蜂团进入越冬期（南方为越夏期），即群势过渡期——群势消长的起点和终点（图4-51）。

图4-51　越冬过渡期蜂巢（薛运波　摄）

五、自然分群

蜂王产卵和工蜂哺育幼虫，只是使蜂群中的蜜蜂数量增多，而整个蜜蜂群体的繁殖，则是以分群（俗称分蜂）的途径来完成的。自然分群是蜜蜂延续种族生命的一种本能（图4-52、图4-53）。

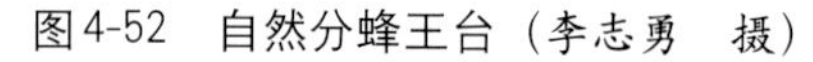

图4-52　自然分蜂王台（李志勇　摄）

图4-53　飞到树上的分蜂团（李志勇　摄）

（一）自然分群的因素

蜂群的自然分群，通常发生在春末夏初时期，秋季有时也发生。在分群季节里，并不是所有的蜂群都会分群，只是那些有了“分蜂热”的蜂群才进行分群。所谓“分蜂热”，就是有分群情绪的蜂群，在准备分群时所出现的一些特殊的表现。不同的蜂种、不同质量的蜂王、不同的饲养条件、不同的工蜂积累数量和不同的蜂儿日龄等，都能表现出不同强度的分群情绪。发生分群的因素主要可以概括为以下3个方面：

1．蜂群状况　蜂群繁殖强壮，蜂王的产卵力满足不了蜂群哺育力的需要，巢内幼蜂积蓄过剩（图4-54），无工作负担，这是促成分群的主要原因。

图4-54　巢内幼蜂积蓄过剩（薛运波　摄）

2.蜂巢环境　巢内窄小，没有修脾扩大蜂巢的余地，缺乏蜜蜂栖息的地方，蜂巢拥挤（图4-55），空气流通不畅，巢内温度高；蜜粉充塞，卵圈受压，缺少供蜂王产卵的巢脾；在大流蜜期，缺乏贮存蜜粉的场所等都会引起分群。

图4-55　蜂巢拥挤（薛运波　摄）

3.气候和蜜源　温暖的气候、丰富的蜜粉源，不仅可以为原蜂群的繁殖和采集提供有利的条件（图4-56），而且能使新分群获得繁殖的时机和采集到生存的食粮，因此，极易促成分群。

图4-56　晴暖天气（薛运波　摄）

（二）自然分群前的表现

蜂群发生分蜂热之初，工蜂积极修造雄蜂房，哺育大批的雄蜂蜂儿（图4-57），并在巢脾下缘筑造多个王台基，然后迫使蜂王在台基内产卵。随着自然王台的增多和发育，工蜂开始减少对蜂王的饲喂和照料，蜂王腹部逐渐缩小，产卵力降低以至完全停止产卵。王台封盖后（图4-58），标志着分蜂准备工作已就绪。工蜂工作情绪低落，外勤蜂减少，采集力明显减退，巢内出现“搭挂”、箱前挂“蜂须”的怠工现象（图4-59）。如果天气晴暖，即将出现分群行动。蜜蜂在新分群出发前，要飞离原巢的工蜂都吸饱蜂蜜，作为飞行途中的饲料和在新巢修筑巢脾之用。

图4-57 蜂群中出现大量雄蜂（薛运波 摄）

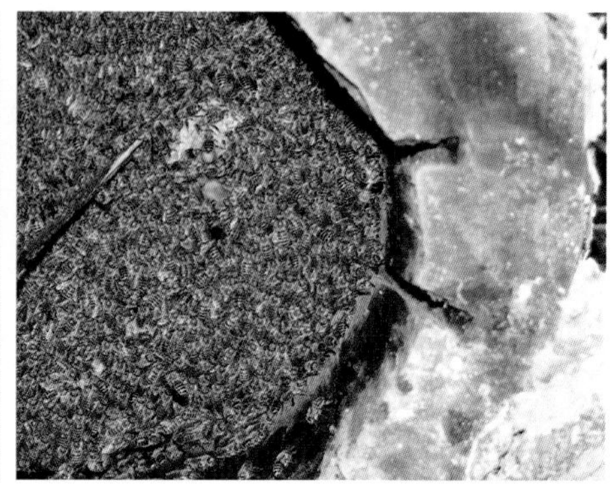
图4-58 蜂群自然王台封盖（薛运波 摄）

图4-59 蜂群怠工现象（李杰銮 摄）

（三）自然分蜂行动

自然分群多数发生在晴暖天气的上午10点至下午3点，特别是长时间阴雨突然转晴的天气条件下，最容易发生分群。在开始分群时，分蜂群巢门口集聚许多工蜂，充满激动情绪，少数工蜂在蜂场上空盘旋，随即蜂量逐渐增多，继而蜂群骚动，大批工蜂从巢门口涌出，老蜂王在工蜂驱逼下一同离巢起飞。蜂群内大约有近半数工蜂随蜂王离开原巢，在蜂场附近上空旋飞，不久便在蜂场周围的树枝、篱笆或其他适合附着的物体上临时结团（图4-60）。分蜂群结团后，通常停留2 ~ 3h，此时少数侦察蜂行动起来，去寻找适合建立新蜂巢的地方。待侦察蜂找到建立新蜂巢的位置后，便回到分蜂团上舞蹈示意，引导蜂团飞往新址。迁入新居的蜜蜂，立即忙碌起来，泌蜡筑脾，认巢飞行，设岗守卫，饲喂照料蜂王。不久蜂王开始产卵，一个新的群体生活从此开始。留在原来蜂巢的工蜂，担负着全巢的工作，等待着新蜂王的出房、交尾、产卵。至此，原来的蜂群分为两群，完成了群体的繁殖，分群活动宣告结束。

图4-60　飞到收蜂器上的分蜂团
（薛运波　摄）

蜂种和群势不同，自然分群的次数也不一样。通常情况只进行1次，但维持不了大群的蜂种以及群势特别强的蜂群，分群可能会接连进行2次、3次……第1次分蜂时，随着分出群飞走的是老蜂王；如果蜂群还继续分群，那么第2次及其以后随分出群飞走的是处女王，并有很多雄蜂随分蜂团飞走，以便飞到新址后与处女王交配。

第五章 蜜蜂的测定

第一节 蜜蜂形态测定

一、蜜蜂的外部形态测定

蜜蜂形态测定是通过测量蜜蜂的某些外部形态特征，将测量结果进行生物学统计分析，借以确定蜂种或鉴别蜂种纯度的方法。蜜蜂形态测定的基本方法是前苏联阿尔帕托夫和德国的格策分别于1929年、1930年提出来的。他们用显微镜对蜜蜂的很多外部器官进行测量，然后进行统计分析，从形态学上有效地将各个蜜蜂品种区分开来。后来的蜂学工作者们对此作了较大的改进，完善了内容和方法。

（一）采样

蜜蜂样本要具有群体的代表性。选取新旧程度一致的巢脾，对蜂王控产，当该巢脾幼蜂出房前，将其抽出，扫落附着的蜜蜂，放在34.5℃的培养箱中培养，出房12h后采样（初生重测定样本在蜜蜂刚出房时采集）。采样后及时在蜜蜂样本瓶外粘贴标签，内容包括样本序号、采集群号、采集时间、采集地点、采集人、样本数量等（图5-1）。

图5-1 蜜蜂样本（李志勇 摄）

（二）形态测量工具

在光学生物显微镜下利用测微尺测量，是一种古老而繁琐的方法，测量准确，但操作复杂、效率低，并且有一定的应用局限性，现已很少使用；读数显微镜是一种很好的测微工具，操作简单、效率较高，但是精度稍低，测量误差较大；随着电子科技的发展，计算机开始被应用于测量工作中，目前，市面上已经出现了多种显微测量软件，在蜜蜂形态测定中显示出了绝对的优势，操作简单、测量精度高、准确快速、效率高，是蜜蜂形态测定工作的首选。但是，测量软件及其附属配置成本偏高（图5-2）。

a
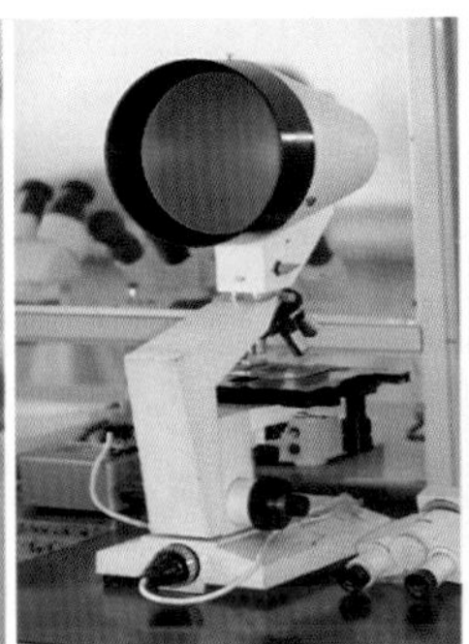
b
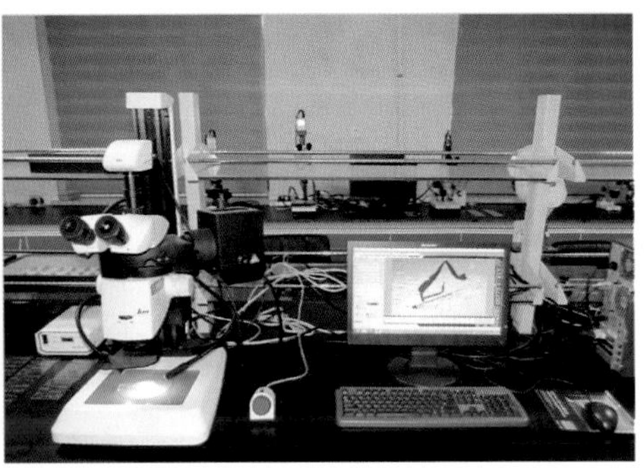
c

图5-2　形态测量器具（李志勇　摄）
a.读数显微镜　b.生物投影显微镜　c.显微分析系统

（三）形态解剖与制片

蜜蜂形态测量要根据确定的形态指标，解剖相应的组织器官。解剖前，首先需要详细了解各器官的组织结构特点，做到有的放矢。解剖时，用镊子将各器官上的附属软组织等杂物剥离干净，使各待测器官组织形态清晰可辨，以利于测定终始点的选取与测量。然后，将各解剖部位规则平整地黏附于玻片上待测。经试验，凡士林是最理想的组织黏附剂，它透明、黏附性好、容易操作、工序简单，可免去加盖玻片，翅膀可用70%～80%酒精或水黏附，便于翅边缘和翅脉形态的观察。

（四）形态测定指标

对于蜜蜂形态特征的研究曾经有多位学者提出过自己的见解，先后提出多达40多个形态指标的形态测定方法。德国的Goetze（1964）和Ruttner（1978）、俄国的Alpatov（1928、1929）、美国的Dupraw（1964）都曾提出蜜蜂形态测定的指标。1988年，Ruttner在其出版的《*Biogeography and Taxonomy of Honey bee*》中总结并提出了38个形态指标的蜜蜂分类系统，该系统得到了蜂业界学者的认同，被广泛用于西方蜜蜂的形态学研究。我国学者在Ruttner的蜜蜂形态测定体系基础上，提出以下蜜蜂形态测定指标（表5-1）。

表5-1 蜜蜂形态测定指标

形态指标	形态指标	形态指标
喙（吻）长（A）	前翅翅脉角（K19）	第三腹板蜡镜长（W_L）
右前翅长（F_L）	前翅翅脉角（N23）	第三腹板蜡镜斜长（W_T）
右前翅宽（F_B）	前翅翅脉角（O26）	第三腹板蜡镜间距（W_D）
肘脉a长	后足胫节长（Ti）	第六腹板长（L6）
肘脉b长	后足股节长（Fe）	第六腹板宽（T6）
前翅翅脉角（A4）	后足基跗节长（ML）	第二背板色度（P2）
前翅翅脉角（B4）	后足基跗节宽（MT）	第三背板色度（P3）
前翅翅脉角（D7）	第三背板长（T3）	第四背板色度（P4）
前翅翅脉角（E9）	第四背板长（T4）	小盾片色度（Sc）
前翅翅脉角（J10）	第四背板绒毛带长（4a）	小盾片色度（B，K）
前翅翅脉角（L13）	第四背板光滑区长（4b）	上唇色度（PL）
前翅翅脉角（J16）	第五背板绒毛长（5h）	唇基色度（PC）
前翅翅脉角（G18）	第三腹板长（S3）	翅钩数（Nh）

1. 吻长 吻长也称喙长，即工蜂后颏基部至中唇舌端部的长度，吻长是与工蜂采蜜密切相关的特征。吻较长的蜜蜂可以采到深花管的花蜜，吻短的蜜蜂则不能采到深花管的花蜜。测定吻长时，将工蜂吻用镊子取下，将其平铺在载玻片上，使后颏、前颏、中唇舌尽量保持在一条直线上，然后在低倍显微镜下测量这三段的长度，三段总和即为吻长（图5-3）。

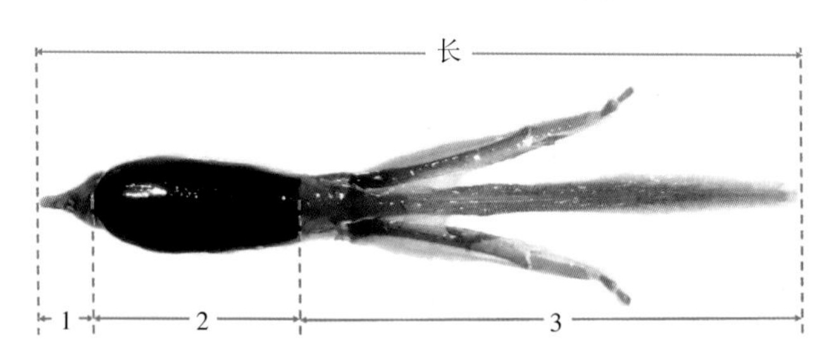

图5-3 吻长（李志勇、王志、常志光 摄）
1.后颏 2.前颏 3.中唇舌

2. 翅 蜜蜂翅膀的特征与蜜蜂采集飞行密切相关，蜜蜂翅脉一直是蜜蜂分类上的重要指标。工蜂前翅某些翅室的形状、角度、翅脉的长短比例，都反映出不同蜜蜂在某一特征上的差异。蜜蜂翅脉和生态环境密切相关，在不同海拔生境中，蜜蜂翅脉会有缺失或增加，测定时需根据实际情况进行处理。

(1) 右前翅长和宽　将工蜂右前翅取下测量其长和宽（图5-4）。

(2) 肘脉指数　工蜂前翅的第二、四脉将第三亚缘室的肘脉部分分为长短不等的a、b两段，这两段的比值a/b即肘脉指数（图5-4）。

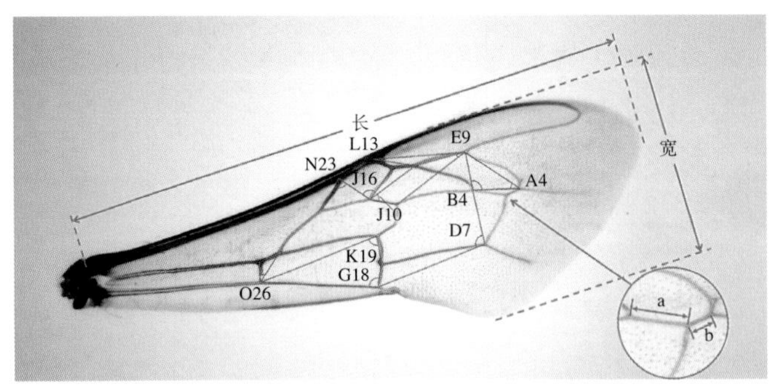

图5-4　蜜蜂前翅（李志勇、王志、常志光　摄）

(3) 翅脉夹角　即工蜂前翅翅脉各交点的连线所组成的角度。测量时将蜜蜂右前翅完整地取下，用70%～80%酒精或水黏附在载玻片上固定，利用显微图像分析系统直接测量角度。目前形态测定中主要测量A4、B4、D7、E9、J10、L13、J16、G18、K19、N23、O26等11个角（图5-4）。

(4) 翅钩　蜜蜂右后翅翅钩的数量（图5-5）。

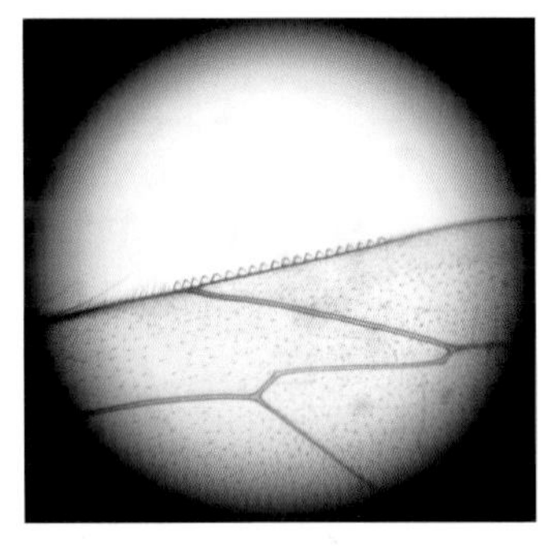

图5-5　翅钩
（李志勇　摄）

3. 足　蜜蜂足除具有爬行等基本功能外，还具有收集花粉等特殊功能，与植物协同进化，右后足具有花粉篮，能盛载蜜蜂采集时积累的花粉团（图5-6）。形态测量时，一般测量腿节长、胫节长、跗节指数等指标，跗节指数是工蜂右后足第一跗节宽度和长度比值的百分率。

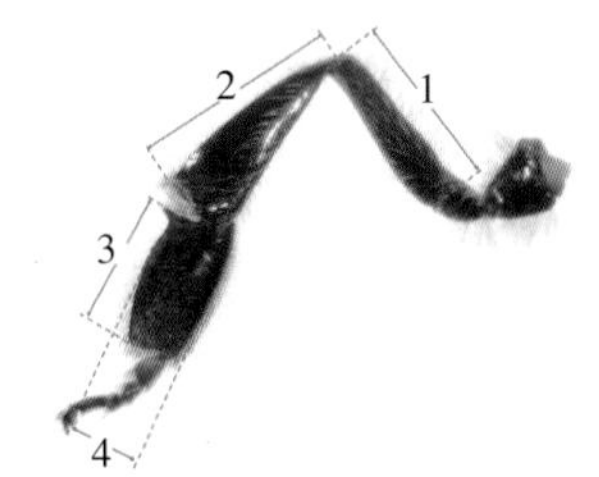

图5-6　蜜蜂后足
（李志勇、王志、常志光　摄）
1.股节长　2.胫节长
3.跗节长　4.跗节宽

4. 背板

(1) 背板长　背板长度是衡量蜜蜂腹部大小的相对标准，通常以工蜂腹部第三和第四背板的长度表示（图5-7）。

(2) 绒毛带和光滑带　指工蜂第四背板绒毛带的宽度与其后部较光滑部分的宽度之间的比值。西蜂在绒毛的特征上有明显的差别，卡尼鄂拉蜂和高加索蜂的绒毛带宽而密，欧洲黑蜂的绒毛带窄而疏，突尼斯蜂的绒毛带几乎看不出（图5-7）。

(3) 绒毛长　工蜂第五背板上的绒毛长度。卡尼鄂拉蜂和高加索蜂的绒毛短，欧洲黑蜂的绒毛长。

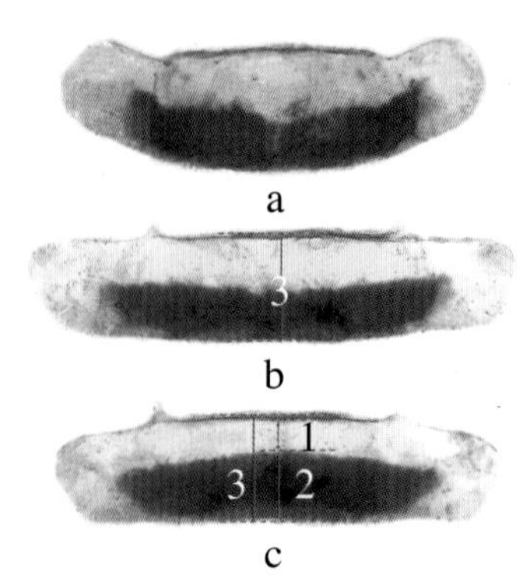

图5-7　蜜蜂背板
（李志勇、王志、常志光　摄）
a.第二背板　b.第三背板
c.第四背板
1.光滑带　2.绒毛带　3.背板长

5. 腹板

(1) 第三腹板　将工蜂的第三腹板取下，平铺在载玻片上，测量其长度（图5-7）。

(2) 蜡镜　蜡镜的大小标志着工蜂泌蜡能力的大小。将工蜂的第三腹板取下，平铺在载玻片上，测量蜡镜的长和宽、蜡镜斜长及蜡镜间距（图5-8）。

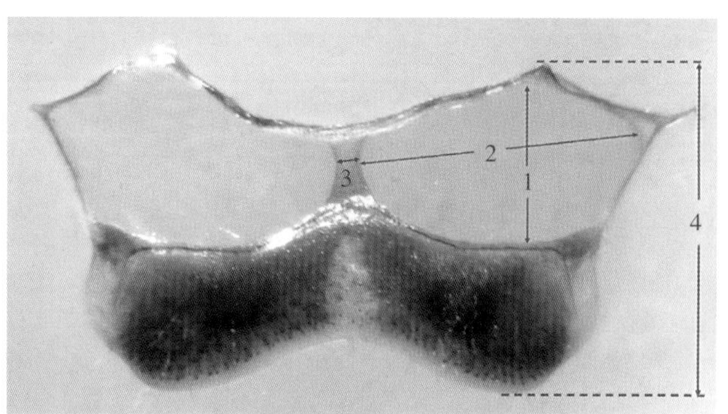

图5-8　蜜蜂第三腹板及蜡镜（李志勇、王志、常志光　摄）
1.蜡镜长　2.蜡镜斜长　3.蜡镜间距　4.腹板长

(3) 第六腹板　将工蜂的第六腹板取下，平铺在载玻片上，测量第六腹板的长度和宽度（图5-9）。

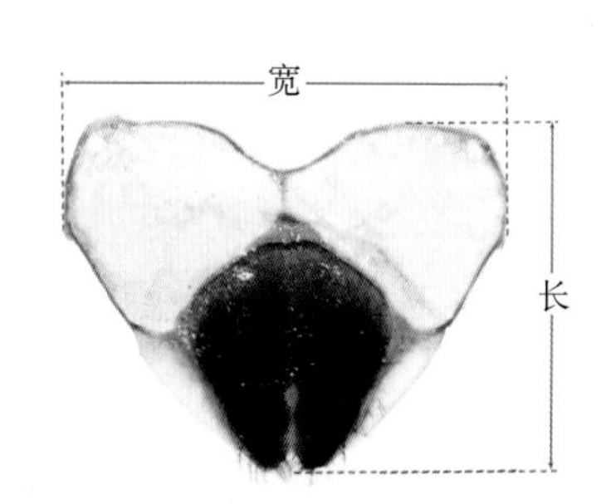

图5-9　蜜蜂第六腹板
（李志勇、王志、常志光　摄）

6. 体色　在西方蜜蜂中，根据体色可分为黄色蜜蜂和黑色蜜蜂。如意大利蜂、塞浦路斯蜂等属于黄色蜜蜂，而欧洲黑蜂、卡尼鄂拉蜂等为黑色蜜蜂。两种体色特征在纯种繁育和杂交育种中具有一定的鉴别意义。近年来，王桂芝等（2006）将东方蜜蜂（*Apis cerana*）体色类型也进行了划分。蜜蜂体色色型不一、色度不同，形态上一般根据各个部位制定色型标准，从0 ～ 10分为10级，0代表90%以上黑色（唇基为100%），数字越大的级别黑色面积依次减少，9级为只有少许黑色或全部黄色，有的级别中又分出一些亚级。

（1）上唇及唇基色度，解剖如图5-10所示，上唇色度测定依据图5-11进行，唇基色度测定依据图5-12进行。

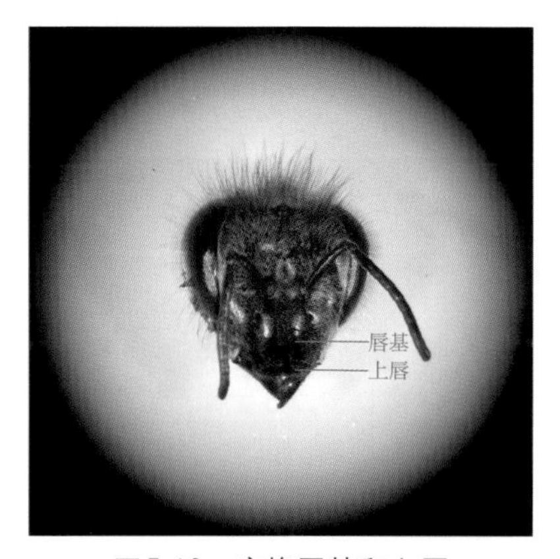

图5-10　蜜蜂唇基和上唇
（李志勇、王志、常志光　摄）

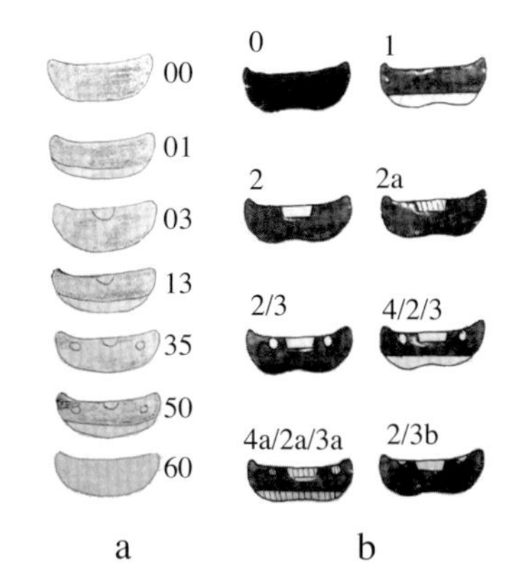

图5-11　蜜蜂上唇色型图谱
（引自王桂芝，2006）
a.西方蜜蜂上唇色型
b.东方蜜蜂上唇色型

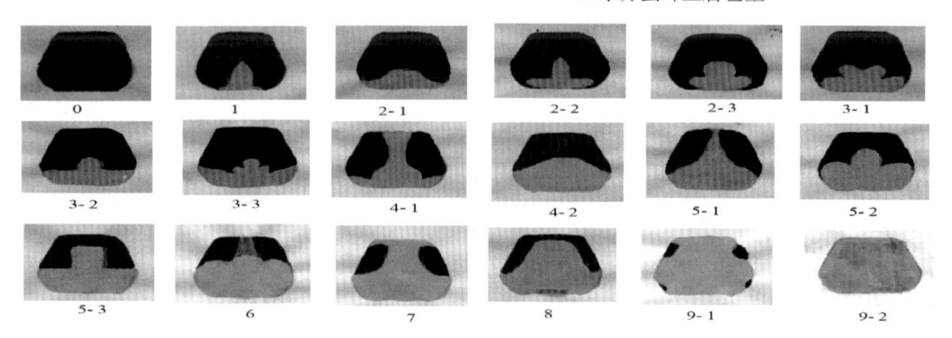

图5-12　东方蜜蜂唇基色型图谱（引自王桂芝，2006）

（2）小盾片色度　分为Sc区、K区和B区（图5-13、图5-14和图5-15）。

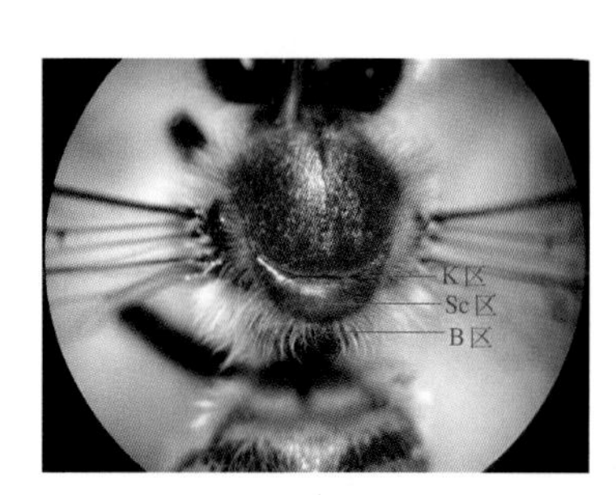

图5-13　蜜蜂小盾片
（李志勇、王志、常志光　摄）

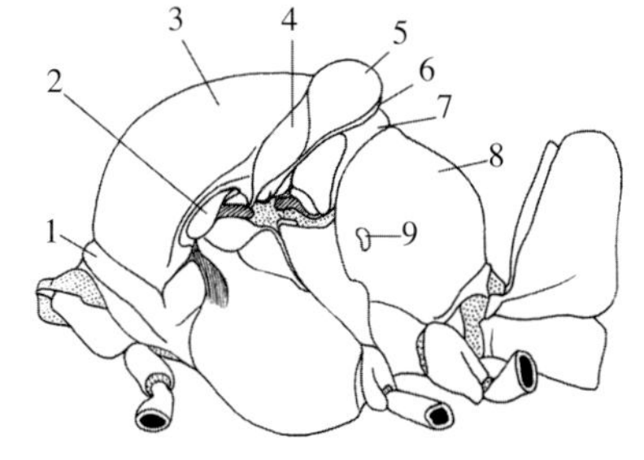

图5-14　蜜蜂小盾片示意图
（引自Goodman，2003）
1.前胸　2.翅基片　3.中胸　4.K区
5.Sc区　6.B区　7.后胸　8.并胸腹节　9.气门

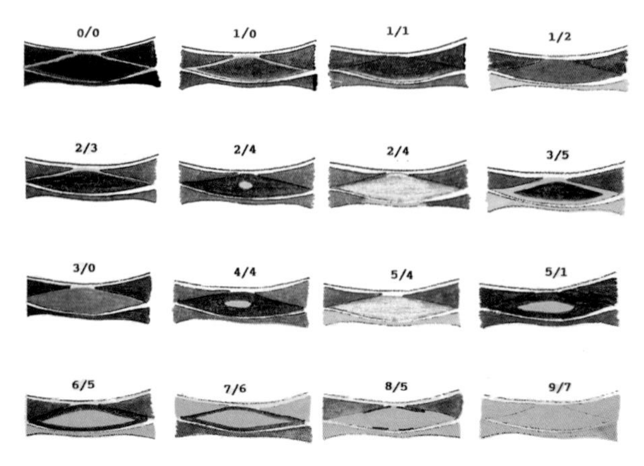

图5-15　西方蜜蜂小盾片色型标准图谱
（刘之光　提供）

（3）背板色度　包括第二背板色度、第三背板色度和第四背板色度，依图5-16、图5-17、图5-18进行测定。

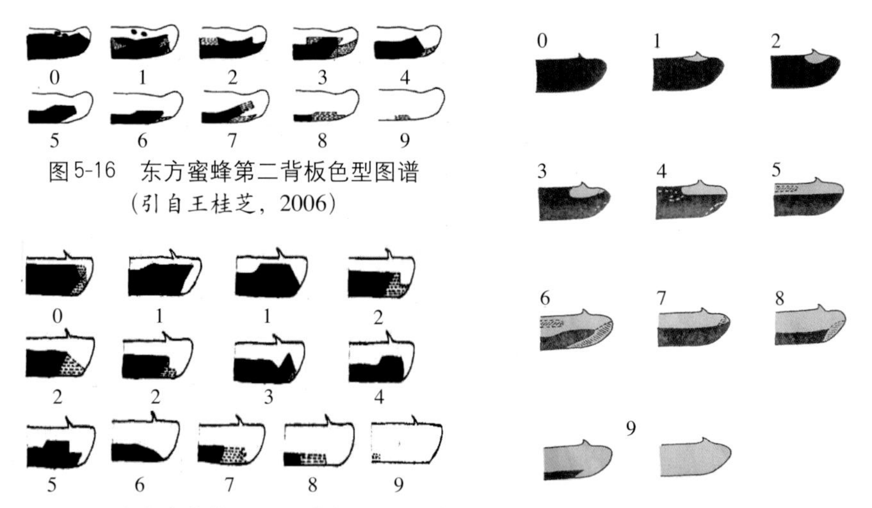

图5-16　东方蜜蜂第二背板色型图谱
（引自王桂芝，2006）

图5-17　东方蜜蜂第三、四背板色型图谱
（引自王桂芝，2006）

图5-18　西方蜜蜂第三、四背板色型图谱
（刘之光　提供）

为了保证蜜蜂形态测量的准确性，要求做到指标测定终始点的选取准确无误，测定方法统一，解剖后玻片标本及时测定，操作人员的岗位固定，等等。

（五）数据处理和分析

在统计分析之前，需要严格检查、核对，检查测量处理蜜蜂形态测定原始数据过程，力争数据的完整、真实与准确，以确保统计分析结果的可靠性。

统计分析是蜜蜂形态测定工作的重要内容，采用适当合理的统计分析方法，能够真实反映形态测定的结果。蜜蜂形态测定的统计分析方法，因各自目的不同而采用均数差异显著性检验、方差分析、因素分析、判别分析和聚类分析等一种或多种方法相结合的统计分析方法进行数据处理。

雄蜂精巢曲精小管数量是衡量雄蜂质量的主要形态指标之一。曲精小管的计数方法有多种，如精巢染色计数法、冷冻切片染色计数法等。这些方法操作较为复杂，需要一定的仪器设备和熟练的实验技能作为支持，不易掌握和应用。笔者团队在实际工作中摸索出一种简便易行的雄蜂精巢曲精小管计数方法。具体操作方法如下：取18 ～ 22日龄雄蜂蛹（褐色复眼），用剪刀将其腹部纵向解剖开，用镊子将消化道摘除，并用生理液滴缓慢冲洗掉杂物组织，取出腹部两侧完整膨大的未成熟精巢放于载玻片上。再用生理液滴缓慢冲散精巢，使之成为5 ～ 8个小部分，在40 ～ 100倍显微镜下分别观察计数每一小部分的精巢曲精小管数量后累加即可。该法测定一只雄蜂精巢曲精小管平均用时6min，效率和准确度高（图5-19、图5-20）。

图5-19　雄蜂蛹（褐色复眼期）
（李志勇　摄）

图5-20　雄蜂精巢曲精小管
（100×，李志勇　摄）

二、蜂王卵巢小管计数

蜂王卵巢小管数量与蜂王的体重呈正相关，卵巢小管数的多少是衡量蜂王质量的主要形态指标之一。蜂王卵巢小管的计数方法也有多种，包括染色计数法、冷冻切片染色计数法等。这些方法操作较为复杂，需要一定的仪器设备和熟练的实验技能。蜂王卵巢小管计数也可以借鉴上述雄蜂精巢曲精小管计数方法，操作简单易行。红复眼期蜂王蛹是测定蜂王卵巢小管最佳时期（图5-21、图5-22）。

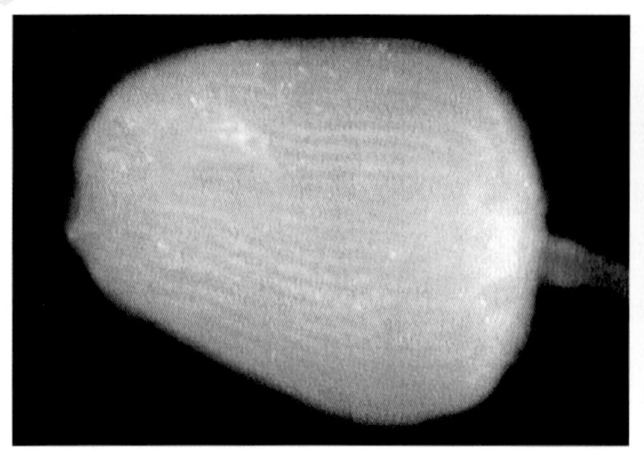

图5-21　蜂王蛹期卵巢
（李志勇　摄）

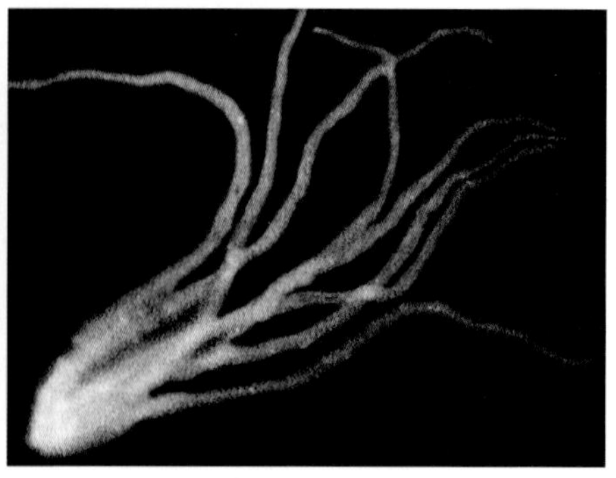

图5-22　蜂王卵巢小管
（100×，李志勇　摄）

三、蜜蜂咽下腺的活性检测

蜜蜂咽下腺的活性是指咽下腺分泌蜂王浆能力的大小。有学者曾提出以咽下腺的重量、咽下腺小囊的大小和数量、咽下腺体外合成蛋白质的速率等作为衡量蜜蜂王浆生产能力的指标（图5-23）。

图5-23　越冬前期工蜂的咽下腺
（200×，李志勇　摄）

第二节　蜜蜂的生物学观测

蜜蜂的生物学特性决定了蜂群的生存与繁殖。蜜蜂的繁殖力、群势增长率、采集力、抗病力、抗逆性和分蜂性等主要生物学特性与蜂群的发展和生产性能密切相关。

一、繁殖力

蜂群繁殖力是蜂王产卵力和工蜂哺育力的总和。一般，用有效产卵量即封盖子数量来表示。测量方法：每个蛹期（中华蜜蜂11d，西方蜜蜂12d）测量一次封盖子数量。中华蜜蜂用4.4cm×4.4cm的方格网进行测量，西方蜜蜂用5.0cm×5.0cm的方格网进行测量，每一方格中约含100个巢房。将测得数据绘制成产育力变化曲线图，统计封盖子总和，则为蜂王的有效产卵量，即繁殖力（图5-24）。

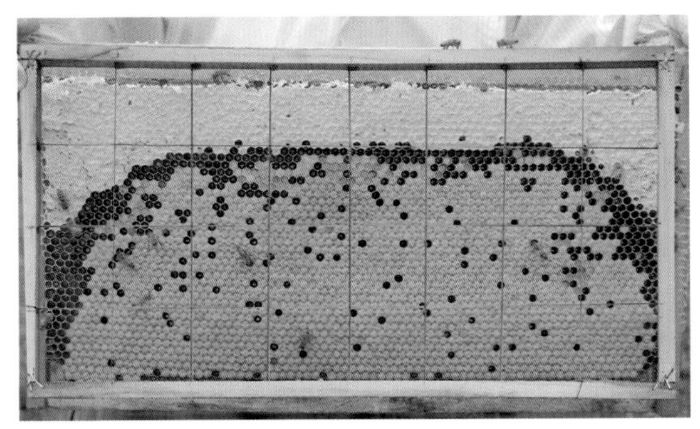

图5-24　用方格网测量蜜蜂的繁殖力
（李志勇、常志光　摄）

二、群势增长率

群势增长率是指试验结束时和试验开始时蜜蜂数量的比率。群势增长率是由繁殖力、工蜂寿命、抗病力、抗逆性、蜜粉源和气候条件等因素决定的。

群势增长率=试验结束时的蜂量/试验开始时的蜂量 ×100%。

每个蜂种在特定的生态条件下，都有其独特的育虫周期和群势增长规律。所以，可在繁殖季节测量一次蜂量，中华蜜蜂20d、西方蜜蜂21d，绘制蜂群群势增长曲线，计算群势增长率，也可以根据实际需要选定测定时间和测量周期（图5-25）。

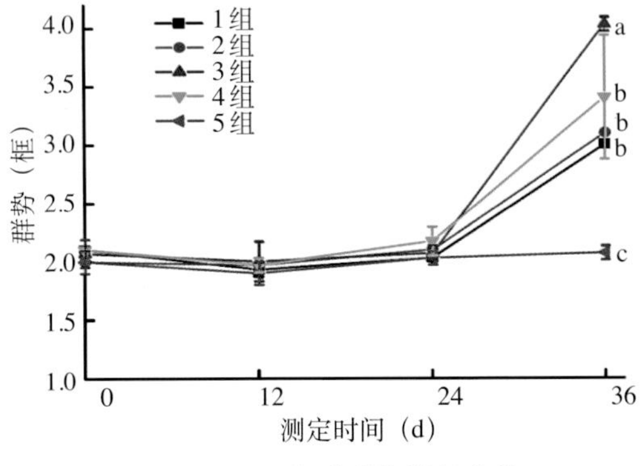

图5-25　蜂群群势增长曲线
（引自冯倩倩，2012）

三、采集力

采集力包括工蜂对大宗蜜源的采集能力和对零星蜜源的利用能力。采集力是决定蜂群生产能力的重要指标，它与工蜂的嗅觉、吻长、飞翔能力、负荷量以及工蜂出勤情况等有关（图5-26）。

图5-26　蜜蜂采集紫丁香
（薛运波　摄）

四、抗病力

蜜蜂病害分为细菌病、真菌病、病毒病和微孢子虫病等（图5-27）。抗病力是指蜂群对各种疾病的易感性和内在的抵抗能力，是蜜蜂在一定生态条件下生活和发展过程中形成的一种有益性状。选育抗病力强的蜂种是未来蜜蜂育种工作的重要发展方向之一。

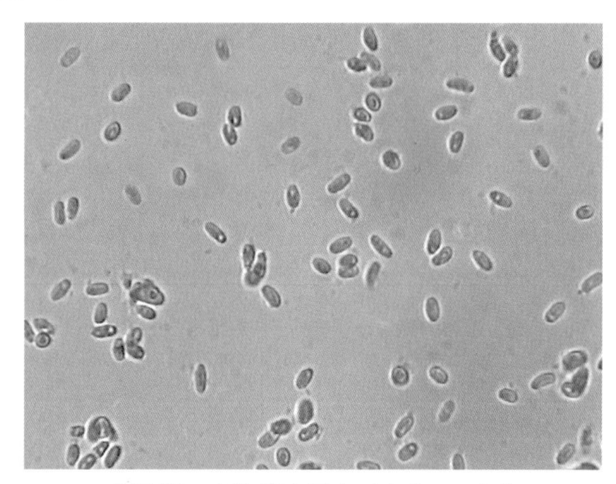

图5-27　蜜蜂微孢子虫（李志勇　摄）

可以通过观察蜂群对各种疾病的感染和抗性的表现程度考察其抗病力。一般多采用接种病原体的方法考察蜂群的抗病能力。蜂群的抗病力可以分为三级：强表示对饲养地区普遍发生的疾病一般不感染或者感染后能自愈；中表示对饲养地区普遍发生的疾病感染后容易治愈；弱表示对饲养地区普遍发生的疾病容易感染，发病严重、不易治愈，或者对非普遍发生的次要疾病感染较重。

五、抗逆性

蜂群的抗逆性主要指蜂群对严冬的寒冷和盛夏的酷热及其他恶劣天气条件

的抵御能力和适应性。一般主要用蜂群的越冬死亡率和越夏死亡率两个指标表示（图5-28、图5-29）。

越冬死亡率=（越冬前蜂量－越冬后蜂量）/越冬前蜂量 ×100%

越夏死亡率=（越夏前蜂量－越夏后蜂量）/越夏前蜂量 ×100%

图5-28　蜂群室外越冬（王志　摄）

图5-29　蜂群室内越冬（李志勇　摄）

六、分蜂性

自然分蜂是蜜蜂重要的生物学特性，是蜂群群体自然繁殖的重要方式。但是，自然分蜂会给蜂群饲养带来许多麻烦，会导致蜂群减产，不利于养蜂生产。因此，有许多养蜂者一旦发现有王台存在，便立即将其破除（图5-30）。但若能够采用科学的养蜂技术，充分地利用蜜蜂的分蜂特性，可以促进蜂群繁殖，扩大养蜂生产。分蜂性采用维持群势的能力来表示：良表示分蜂季节无任何分蜂迹象；中表示10框蜂以上才出现分蜂热；劣表示9框蜂以下出现分蜂热。

图5-30　分蜂性强的蜂群积极修造王台
（李志勇　摄）

七、盗性

图5-31　蜜蜂在驱赶外群蜜蜂
（引自苏松坤，2008）

盗性是指外界蜜粉源较为匮乏的情况下，工蜂进入他群盗取蜂蜜的习性（图5-31）。不同种类的蜜蜂盗性差别很大。蜂群的盗性可以分为三级评价：强表示在外界有蜜源时起盗；中表示在外界蜜源缺乏时起盗；弱表示在外界蜜源断绝时不起盗。

八、温驯性

温驯性是指蜜蜂是否爱蜇人的习性。这是进行正常饲养管理和生产的重要条件之一。考察时可以分为3级评价：温驯表示很少蜇人，检查或轻微震动时，蜂群无骚动；易怒表示检查或轻微震动时，蜂群就骚动或蜇人；极凶表示在不受任何震动的情况下，蜂群便强烈骚动，追逐蜂场内的人畜。

九、其他生物学特性

（一）定向性

定向性是指蜜蜂辨别蜂箱位置的能力。定向性决定了蜂群自身的安全和生产能力。

（二）清巢力

图5-32　蜜蜂清理病蜂
（引自苏松坤，2008）

清巢力是指蜂群对蜂箱内死蜂、死蜂子和异物等的清扫能力。蜂群清巢能力往往与蜂群的抗病力相关（图5-32）。

（三）防卫能力

防卫能力主要指蜂群抵御蚂蚁、胡蜂等天敌和盗蜂的能力。在山区胡蜂等天敌较多以及蜜粉源缺乏时常有盗蜂的情况下，蜂群的防卫能力就显得尤为重要（图5-33、至图5-36）。

图5-33　警戒蜜蜂严格盘查
（引自苏松坤，2008）

图5-34　蚂蚁入侵蜜蜂巢房（李志勇　摄）

图5-35　金环胡蜂入侵蜂箱（李志勇　摄）

图5-36　蜜蜂敌害——蜂狼
（左：♂　右：♀）（李志勇　摄）

第三节　蜜蜂的生产力测定

蜜蜂的生产力是指蜂种或蜂群生产蜂产品的能力，是养蜂者最为关心的一项蜂种指标。一般，蜂群的生产力包括蜂蜜、蜂蜡、蜂王浆、蜂花粉、蜂胶和蜂毒等产品的生产能力。

蜜蜂的生产力测定用试验蜂群的组织方法与蜂群生物学特性测定的组织方法相同。对于蜂产品产量的比较，应通过全年的考察和重复试验来完成。要求单群记录产量，最后综合数据并进行统计分析和判别。在整个试验期间，各个试验群之间的蜂数、子脾及蜜粉脾等都不能互相调整，新分群的产量应算入原群之内。蜜蜂生产力测定用试验群要与对照群在同等条件下、同步饲养管理和生产。

一、产蜜量

在各个流蜜期间，记录单群产蜜量。将各流蜜期的总取蜜量扣除周年的饲料量（包括平时饲喂量和越冬消耗饲料量），即可得到该蜂群周年的商品蜜产量（图5-37）。

图5-37 产蜜量测试
（薛运波 摄）

二、产浆量

不同蜂种蜜蜂在生产蜂王浆的性能上有很大的差别。在条件相同的情况下，观察各个蜂群对王台的接受率和泌浆情况。在产浆季节，分别记录单群蜂群的产浆量，最后进行统计分析和判别该蜂种的产浆量（图5-38）。

图5-38 浙江浆蜂采浆框（金水华 摄）

三、产蜡量

不同蜂种在泌蜡和造脾性能方面有明显的差别。蜂群的产蜡量可以通过蜜蜂修造巢脾的能力来考察，分别记录各个试验蜂群的周年造脾数和赘脾蜡的重量。蜂花粉、蜂胶、蜂毒等产量的考察，亦可参照上述方法进行（图5-39、图5-40、图5-41）。

图5-39 中华蜜蜂修造巢脾（李志勇 摄）

a　b　c

图5-40　蜜蜂生产（引自苏松坤，2008）
a.蜜蜂蜡腺分泌的蜡片　b.蜜蜂采集的蜂胶　c.蜜蜂造脾“生产线”

图5-41　花粉产量测定（李志勇　摄）

第六章　蜂王与雄蜂的培育

第一节　种用雄蜂的培育

一、培育雄蜂的条件

培育优质雄蜂要具备强壮的父群、优质的雄蜂巢脾、充足的蜜粉饲料、适宜的温度和良好的饲养管理技术。

（一）强壮的父群

蜂群是培育雄蜂的基础，强壮蜂群拥有过剩的哺育力，才有培育雄蜂的愿望，蜂王才能在雄蜂巢房内产未受精卵。培育雄蜂的蜂群在春季最低不少于7框蜂，在夏季应10框蜂以上（图6-1）。

图6-1　强壮的父群（薛运波　摄）

（二）优质的雄蜂巢脾

培育雄蜂要具备专用的雄蜂巢脾。春季培育雄蜂选择羽化过2 ～ 3次蜂儿的雄蜂脾加入蜂巢，不宜使用颜色较深或较浅、雄蜂房不规则的雄蜂脾（图6-2）。夏季培育雄蜂利用巢础新修的雄蜂脾为佳。避免因雄蜂房的因素，导致雄蜂个体瘦小，影响雄蜂质量。

图6-2　优质雄蜂脾（薛运波　摄）

（三）充足的蜜粉饲料

培育优质雄蜂必须有充足的蜜粉饲料，特别是花粉饲料，如果花粉饲料不足，即使蜂王在雄蜂巢房里产下未受精卵，当幼虫发育到5～6日龄也会被工蜂拖掉。因此，培育雄蜂的蜂群不仅应有充足的蜂蜜，而且要有充足的花粉。当外界蜜粉源满足不了蜂群的需要时，要及时补喂蜜粉饲料（图6-3）。

图6-3　充足的蜜粉饲料（薛运波　摄）

（四）适宜的温度

雄蜂幼虫发育适宜温度是34～35℃，相对湿度是70%～80%，当外界气温过低或过高都会影响幼虫的正常发育，在气温不正常时，工蜂首先脱掉的是雄蜂幼虫。因此，春季培育雄蜂要紧脾缩巢，加强保温，缩小巢门；炎热季节培育雄蜂要加强遮阴、通风、降温。

二、培育雄蜂时间和数量

（一）培育雄蜂时间

培育雄蜂的时间要根据育王计划确定。一般情况下，在移虫育工前20d左右往父群加雄蜂脾，因为雄蜂从卵至羽化出房24d，从出房到性成熟12d，从卵到性成熟共需要36d。蜂王从移虫到羽化出房12d，从出房到性成熟5～7d，从移虫到蜂王性成熟共需要17～19d。因此，在移虫育王前20d培育雄蜂的性成熟期正好与蜂王的性成熟期相吻合。

（二）培育雄蜂的数量

培育雄蜂数量要根据育王数量制订。正常情况下，一只蜂王在婚飞过程中与8 ～ 10只雄蜂交尾。春、夏季培育雄蜂与蜂王的比例是80 ： 1，也就是说，计划培育成功1只蜂王，首先要计划培育出80只雄蜂，因为通常培育出的雄蜂性成熟率最高只能达到70%～ 80%。秋季培育出的雄蜂，性成熟率更低，通常是在50%以下。因此，秋季培育雄蜂与蜂王的比例为100 ： 1，这样才能保证蜂王的正常交尾和充分受精。

三、培育雄蜂方法

春季培育雄蜂的蜂群要达到7框蜂以上，蜂数达不到标准时从其他群进行调补或合并。7框蜂的蜂群放4张脾，使蜂数密集、拥挤，调动蜜蜂培育雄蜂的积极性。选择优质的雄蜂巢脾加到两个子脾之间供蜂王产未受精卵，雄蜂巢脾的上半部要有蜜粉饲料，不足时人工将花粉灌注到巢房里，这种方法的好处有：一是可以限制蜂王往雄蜂巢脾的上部产未受精卵，使蜂群培育的雄蜂不超量；二是雄蜂巢脾上部蜜粉有利于保温；三是雄蜂巢脾上部有蜜粉饲料减少或避免脱子现象。为了保证在计划时间范围内有足够数量雄蜂满足处女王交尾，在加雄蜂脾时，用控产器把蜂王控制在雄蜂巢脾上强迫产未受精卵。雄蜂巢脾的空巢房产满卵后，撤去控产器，解除对蜂王产卵的控制。雄蜂发育到大幼虫阶段，要扩大雄蜂巢脾两侧的蜂路，便于雄蜂房加高及封盖，雄蜂巢脾封盖以后，逐渐加脾扩大蜂巢。

培育雄蜂的蜂群始终保持饲料充足，在饲料充足的前提下，每天傍晚进行奖励饲喂花粉和蜂蜜饲料。在温度低时注意蜂群保温，温度高时注意蜂群遮阴，以便有雄蜂群维持正常温度，保证雄蜂正常发育。

四、雄蜂性成熟

新羽化出房的雄蜂，几丁质比较柔软，绒毛的颜色较浅，精细胞、储精囊及黏液腺仍然要经过一些生理方面的变化。雄蜂出房8d左右，开始出巢飞翔，12日龄左右达到性成熟（图6-4）。这时精子由精巢转移到储精囊，黏液腺大量分泌黏液。性成熟的雄蜂在20℃以上晴朗天气的情况下，11h左右由工蜂喂饱饲料后，飞出巢外婚飞交配。

图6-4　性成熟雄蜂
（薛运波　摄）

五、提早培育雄蜂的措施

人工培育雄蜂往往是比蜂群自然培育雄蜂提前一段时间，在春季蜂群刚刚进入繁殖期，就需要进行培育雄蜂。

（一）组织强壮父群培育雄蜂

早春是蜂群发展中最弱的时期，而一年中第一批培育雄蜂也是从这时开始。有时原群很难达到培育雄蜂的条件，需要从非父群中抽出蜜蜂和子脾加强父群，使父群在首批培育雄蜂时能达到7框蜂以上，加雄蜂脾时必须紧脾缩巢，密集群势，蜂多于脾，不加隔板，让蜂造赘脾产雄蜂的措施，保证父群饲料充足。

（二）利用老龄蜂王培育雄蜂

正常情况下，蜂群中如果是新蜂王，由于受精充沛，产受精卵能力强，蜂群没有发展到强盛时期，新蜂王很少产未受精卵，即使往新蜂王群中加入雄蜂巢脾，把蜂王用控产器控制在雄蜂巢脾上，新蜂王在雄蜂巢脾上仍然产受精卵，最后发育成工蜂。因此，提早培育雄蜂要利用老龄蜂王。利用老龄蜂王贮精囊内精子数量相对偏少，很容易产未受精卵的特点，有效地进行培育雄蜂。

（三）利用处女蜂王培育雄蜂

处女蜂王出房时幽闭到小核群里，进入性成熟期后，用CO_2气体进行麻醉处理，每次麻醉5min，每日麻醉1次，连续麻醉2d，麻醉后仍然放回小核群里幽闭饲养。经过麻醉处理处女蜂王10d左右开始产卵。早春利用处女蜂王培育雄蜂，需要在上一年越冬前组织处女王群控制在雄蜂脾上产卵，以免处女蜂王在其他巢脾的工蜂房内产未受精卵，发育成个体较小的无利用价值雄蜂（处女蜂王在工蜂房产未受精卵发育成雄蜂后，既损坏了原来规则的工蜂房，又浪费了工蜂的哺育力）。雄蜂脾上产满卵后，放入强壮的蜂群中进行哺育，控产器内加入雄蜂巢脾继续让处女蜂王产未受精卵培育雄蜂。

第二节　蜂王的培育

一、人工育王的准备

自然状态下，蜂群繁殖到一定群势，气候、蜜源等外部条件适合，蜂群有分蜂意念产生时，工蜂会挑选一个或几个合适的工蜂幼虫，把巢房加工改造成王台（图6-5），然后不断地给王台中的幼虫饲喂蜂王浆，直到王台封盖，培育出自然更替的处女蜂王。也有的是工蜂先修筑王台，群体情绪影响下，蜂王在王台内产卵，再由工蜂培育出处女蜂王（图6-6）。人工育王就是模拟这一行为，根据需要随时培育出需要的处女蜂王。

图6-5　自然王台基（柏建民　摄）

图6-6　蜂群自然培育的蜂王（柏建民　摄）

（一）人工育王工具

1. 台基棒　台基棒是用无怪味、质地致密的木料旋制而成的模型棒，也称蜡碗棒。其顶端加工成十分光滑的半圆形。棒的小端直径为8mm，距端部10mm处的直径为10mm。为了提高效率，可将多个台基棒组合到一起，使顶端处在同一水平面上，以保证所蘸制的台基碗深浅一致（图6-7）。

图6-7　用台基棒蘸制王台基（李志勇、葛蓬　摄）

2. 育王框　育王框有普通育王框和保温式育王框两种。普通育王框是用无异味、不易变形、宽13mm的木料制成四框，框内等距离地横向安装四条厚度8mm的台基板。保温式育王框是用普通的巢脾改造而成的，在巢脾的中部切去2/3部分，然后安装3条台基板，台基板的四周是巢脾，有利于王台的保温（图6-8）。

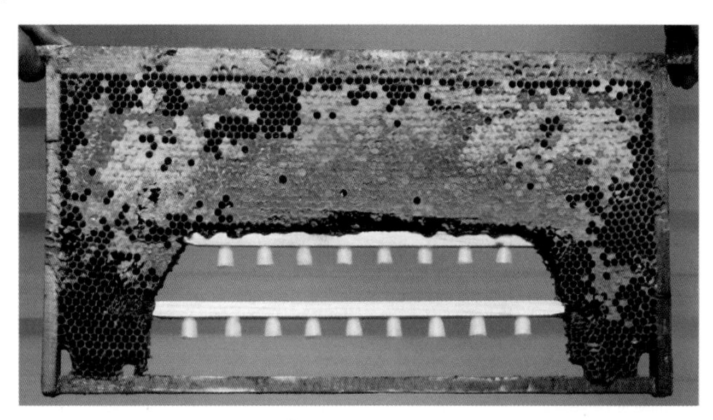

图6-8　保温式育王框（李志勇、葛蓬　摄）

3. 移虫针　移虫针是把工蜂巢房里的小幼虫移植到人工王台基的专用工具，有鹅毛管移虫针、金属丝移虫针、弹力移虫针等。常用的为弹力移虫针，由移虫舌、塑料套管、推虫杆、弹簧推杆帽等组成（图6-9）。

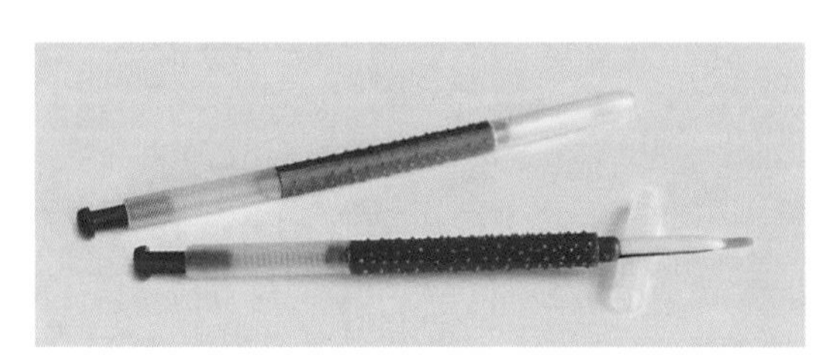

图6-9　移虫针（李志勇　摄）

4. 移卵器　移卵器是把工蜂巢房里的卵转移到人工王台的工具。有移卵管、移卵铲、活动房底移卵器等（图6-10）。移卵管由内外两根金属套管组成，上部装有一个弹簧。外管的管壁较薄，端部磨成锋利的刀刃，内口径5mm。内管的内口径4mm左右，外径略小于5mm，使内管在外管中能够滑动，便于推动外管中的蜡片和卵。移卵铲是由卵铲、套管、推杆、弹簧组成。

图6-10　德国制活动房底育王移卵器（李志勇　摄）

移卵铲是由1～2mm不锈钢丝磨制而成，套管选用塑料或金属材料均可，推杆是由竹子或塑料材料制成。活动房底移卵器是由塑料工蜂房壁、房底、移卵王台、控产器构成。把蜂王控制在具有活动巢房底的特制塑料巢脾上产卵，通过移动巢房底达到移卵育王的目的。

5. 贮王笼　贮存处女蜂王用的王笼有很多种，常用的是利用普通巢框改制的框式贮王笼（图6-11）。做法为：把巢框的底梁换成和上梁一样宽度的薄木板，巢框中间用和上梁宽度相等的薄木板交叉隔成20～40个小间。一面用铁纱封闭，另一面设计成沿每排小间可上下抽拉的门，每个小间固定蘸一个王台，用来盛放饲料，供处女蜂王取食，处女蜂王出房的前一天把王台逐一移入每个小间。

图6-11　框式贮王笼（李志勇　摄）

6. 镊子　在复式移虫时，镊子用来取走第一次移入的幼虫，为避免金属污染，常用竹制镊子。把10cm左右长的竹片，打磨成直径6mm的圆柱形，在一端的2cm处用细铁丝拧紧，由另一端用薄刃把竹棍劈开，劈开的一端制成圆锥形，即成为人工育王用简易镊子。

（二）育王前期准备

1. 种用虫的准备　移虫育王工作中，有计划准备幼虫非常重要。通过组织种用母群产卵不仅可以获得足够数量的幼虫，而且采用控产等有效措施可以提高卵的重量和质量。在移虫前10d，将种用母群蜂王用控产器幽闭在大面积幼虫上，使蜂王无处产卵。在移虫前4d，撤出控产器的子脾，选择1张工蜂正在羽化出房的老子脾或者浅棕色适合产卵的空脾放到控产器内供蜂王产卵。这样通过前一阶段的限制产卵，蜂王再产卵时，可以明显提高卵的重量，使卵的体积增大，利用大卵孵化出的幼虫进行移虫育王是提高蜂王质量的有效措施之一。

2. 育王框的准备

（1）王台基蘸制　王台基又称蜡碗或蜡盏，是培育蜂王的人工台基。蘸制王台基前，首先把台基棒放在冷水中浸泡30min，然后选用优质蜂蜡放入熔蜡锅内，加入少量洁净水，于火炉上文火加热。待蜂蜡完全熔化后，停止加热。蘸制王台时，把台基棒上的附水甩净，棒直立浸入蜡液至10mm深处，取出再次浸入，一次比一次浸入的浅，如此反复的浸入2 ~ 3次，使王台基从上至下逐渐增厚，最后放在冷水中冷却一下，然后用手轻轻旋脱下王台基。蘸制王台基时，台基棒要与蜡液平面垂直，浸入蜡液中时间不宜过长，取出后稍待冷却后再重复浸入，根据蜡液温度情况，决定浸入次数，蜡温太高多浸1 ~ 2次，蜡温低时少浸1 ~ 2次。蘸制下一个王台基时，台基棒需插入冷水中浸润一下，以便顺利从棒上取下王台基。

（2）王台基固定　固定王台基是将其安装到台基条上。首先将台基条向下的一面涂上1.5mm的蜡，然后将王台基套在细于台基棒的木棒上，在台基底部蘸上少许蜡液，使其粘到台基条上，整个育王框粘满王台基后，震动一下台基框，将震动脱落的台基重新补粘牢固（图6-12、图6-13）。

图6-12　粘贴台基（李志勇　摄）

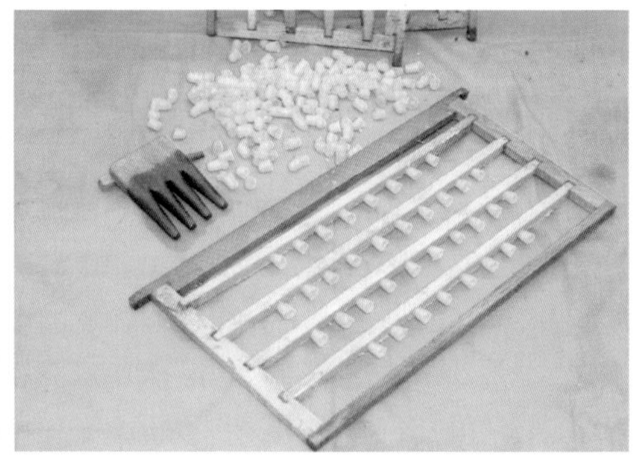

图6-13　粘贴王台基的育王框（李志勇　摄）

（3）王台基预处理　粘好王台基的育王框，放入育王群准备放育王框的位置，让工蜂清理2 ~ 3h，待台基口被工蜂加工成略显收口近似于自然台基时，即可取出育王框进行移虫或移卵育王。

二、移虫育王

人工育王准备就绪以后，如果外界气温稳定，有丰富的蜜粉源植物开花泌蜜，工蜂采集积极，巢内饲料充足，蜂场没有盗蜂，就可以开始移虫育王了。

（一）单次移虫

单次移虫是把粘有王台基的育王框在哺育群中清理后，直接往王台基里移入种用幼虫进行培育蜂王。为了提高接受率，在移虫前先在王台基内点一滴稀王浆，然后把小幼虫再移植到稀王浆上，避免幼虫出现干渴和饥饿现象。

（二）复式移虫

复式移虫是两次移植幼虫进行培育蜂王的方法。第一次把普通蜂群的小幼虫移入清理后的王台基内，放入哺育群经过12 ～ 20h哺育后，将这些幼虫从喂有新鲜王浆的王台中取出，然后再把种用群的适龄幼虫移入带有新鲜王浆的王台中，取而代之。

在蜂群中同时放入单次移虫和复式移虫的王台基让蜜蜂选择，蜜蜂对复式移植幼虫接受率较高。复式移虫的王台较大，蜂王羽化出房时王台里剩余的王浆较多。但是，如果第一次移植1日龄幼虫，24h后复式移虫仍然使用3日龄幼虫，培育出的蜂王往往体重较轻，因此，在复式移虫育王时，第一次移虫日龄要小，第二次移虫与第一次移虫间隔时间要短，一般是傍晚进行第一次移虫，次日上午进行复式移虫，减少虫龄之间的差距。

（三）移虫操作

应选择气温在20 ～ 30℃、湿度适宜、光线充足的室内进行移虫操作。如果外界气温在25℃以上、天气晴朗、风力较小、蜜粉源较好、没有盗蜂的情况下，移虫工作也可在室外进行。

移虫前，首先是从蜂群中提出预先准备好的育王框和幼虫脾，不要直接抖蜂，防止虫脾受震动使幼虫脱位，影响正常移虫。用蜂扫将蜜蜂轻轻扫去，将育王框和幼虫脾运到移虫的地方，然后用移虫针进行移虫。将移虫针轻轻地从幼虫背侧插入虫体下，接着提起移虫针，使幼虫被移虫针尖粘托起来。移虫针放入台基中，针尖抵达台基底部中央时，用手指轻推移虫针的推杆，把幼虫同浆液一同移植到台基里。一次粘托不起来的幼虫，不要重复第二次，应重新移植其他幼虫，使移入台基里的幼虫无损伤，以便提高成活率。

移虫时，选择虫龄要一致，并且要适龄。移完虫的育王框要及时放入哺育群，不要在群外久放，防止幼虫干燥而影响正常发育。进行复式移虫时，用镊子将王台口略加扩大，夹出前日移入的幼虫，然后重新将种用幼虫移入台基内原来幼虫位置上，切勿将幼虫放入王浆里面而降低了成活率。一定要反复检查，保证台基内绝对没有前日移入的幼虫，否则，留下的幼虫将会发育成蜂王提前出房，咬破其他王台，使育王计划落空（图6-14）。

图6-14　遭毁坏的王台和杀死的蜂王蛹
（李志勇　摄）

三、哺育群的组织和管理

哺育群也叫育王群，主要任务是哺育和培养蜂王幼虫和蛹，将其培育成蜂王。实践证明，哺育群的性状对蜂王幼虫的发育及未来蜂王的素质有直接的影响。因此，在培育蜂王工作中，要认真做好哺育群的组织和管理，才能培育出优质高产的蜂王，提高养蜂经济效益。

（一）哺育群的组织条件

外界有丰富的蜜粉源，气温趋于稳定，蜂群度过恢复期，种用父群中已培育出成熟雄蜂蛹，保证在处女蜂王授精时有充足的雄蜂，蜂场内没有盗蜂。正常情况下，哺育群在培育蜂王前3d进行组织完毕。组织哺育群换箱时，借机进行蜂箱消毒，防止育王期间，发生疾病，影响育王计划，给养蜂生产造成损失。

（二）哺育群的选择

哺育群应选择无病高产的健壮蜂群，子脾密实度较高，保证拥有充足的哺育力，哺育群饲料必须充足。有严重分蜂热的蜂群，对幼虫的饲喂情绪低，培育出来的蜂王质量差、分蜂性强，不能作为哺育群。利用有王群哺育出来的蜂王比无王群好，但在蜂群不强大又必须早育王的情况下，也可以利用无王群作哺育群。利用种用母群兼作哺育群，能使其优良性状更好地遗传给下一代。实践证明，哺育群有5%～10%的雄蜂，不仅能提高移虫后的接受率，而且还能培育出优质体大的处女蜂王。因此，在组织哺育群时，发现哺育群内雄蜂较少，应在培育蜂王前从父群调入适量的封盖雄蜂子脾。选用意蜂或杂交种作哺育群，培育出来的蜂王初生重较重。

（三）哺育群的组织形式

在实际的养蜂育王工作中，要根据蜜源、气候、群势选择组织最佳的哺育群，提高育王质量。哺育群的组织形式主要有以下几种：

1.无王哺育群　春季培育蜂王时，蜂群没有进入强壮时期，此时培育蜂王应选择6框蜂以上，2～3张子脾的蜂群，在移虫之前，将蜂王提走，使该群成为无王群。撤走多余的空脾，蜂群内保留3～4张脾，达到蜂多于脾。同时，要补喂足够的饲料，使巢脾的空巢房都贮满蜜。组成无王群的第二天，在蜂多、脾少、蜜足的情况下移虫育王。无王群具有不同于有王群的特殊性，利用无王群组织哺育群，要有相应的饲养管理措施。

2.隔王板哺育群　利用隔王板组织的哺育群，继箱群要求12框蜂以上，7～8张子脾。在移虫前3d进行调整蜂巢，巢箱放卵、虫、蛹脾和1～2张新蛹脾，1～2张蜜粉脾，育王框放入继箱子脾中间，巢箱和继箱之间加隔王板，蜂王控制在巢箱内。平箱育王群要求6框蜂以上，用框式隔王板将蜂箱隔成有王繁殖区和无王哺育区，蜂巢的调整方法相同于继箱哺育群。

（四）平衡蜂脾关系

为了提高哺育群培育的蜂王质量，哺育群加脾扩巢与普通蜂群有所区别。哺育群的蜂脾关系应根据季节和当地的气候条件决定。在春季或昼夜温差大的地区，应蜂略多于脾（图6-15），其他较温暖的季节可保持蜂脾相称（图6-16），外界进蜜粉较好时，也可脾略多于蜂（图6-17），保障蜂王幼虫期营养充足。在哺育群的组织过程中，应检查蜂群并彻底毁弃分蜂王台。

图6-15　蜂多于脾（薛运波　摄）

图6-16　蜂脾相称（薛运波　摄）

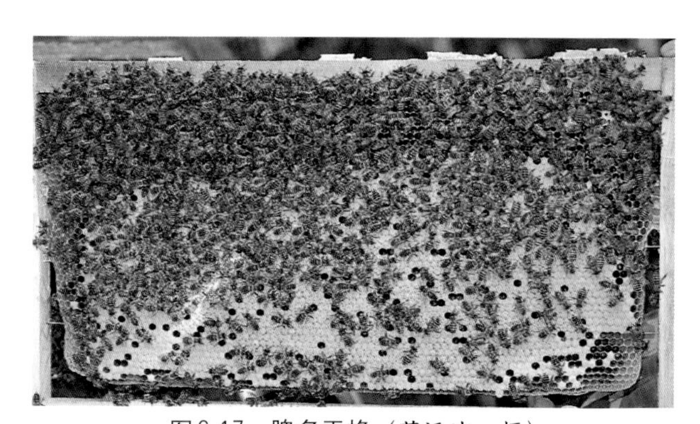

图6-17　脾多于蜂（薛运波　摄）

（五）奖励饲喂蜂群

哺育群组织好以后，在巢内饲料充足的前提下，每晚奖励饲喂0.5kg的蜂蜜或者糖浆，奖励饲喂坚持到王台封盖时方可停止。春季奖励饲喂时，只宜掀开覆布的一角，不可全部揭开，以防巢内温湿度的散失和引起蜜蜂的骚乱，影响正常育王秩序，并保证哺育群的子脾外围充满饲料。在外界蜜粉源不足时，特别注意补喂花粉饲料，以保证哺育群蛋白质饲料充足（图6-18）。

图6-18　巢门奖励饲喂蜂群（李志勇、葛蓬　摄）

（六）哺育群的调整

连续培育蜂王的哺育群，待王台全部封盖后，轻稳提出育王框，放入事先准备好的其他蜂群无王区内进行保存。原哺育群提出育王框后，及时放进第二批新移虫的育王框继续培育蜂王。同时，在组织哺育群后的7 ～ 9d，要密切注视其产生自然王台和哺育力的变化。必要时，应从其他蜂群抽封盖子脾加以补充，以增强哺育力；哺育区随时补充幼虫脾。因为周期地添加幼龄工蜂或成熟封盖子脾，不仅加强了哺育群群势，而且使蜂王幼虫所得到的蜂王浆数量充足、质量优良，才能培育优良的蜂王。哺育群每5d调整一次子脾结构及削除自然王台。

哺育蜂群，要根据季节做好保温或遮阴降温等工作。哺育群培育王台的数量不宜超过30个，使幼虫期发育营养充足。哺育群在放入育王框后除了必要的检查外，应尽量减少开箱检查次数，更不能随意将育王框提出。因为蜂王幼虫对育王区的温湿度变化和机械震动都十分敏感，很容易使蜂王幼虫发育不良出现畸形王台，甚至造成蜂王幼虫的死亡；哺育群已经使用，在10d内不要进行转场，避免出现蜂王幼虫脱离王台现象，哺育群要求摆平放正。

四、优质处女蜂王的培育和筛选

（一）母群的选择

处女蜂王质量的好坏与母群的经济性状有直接关系。生产上用的母群要考虑以下几个方面：采集能力强，在同等条件下历年蜂产品产量高于其他同等群势；繁殖力强，蜂王产卵力旺盛，子脾完整，容易维持大群；分蜂性弱，与其他蜂群相比，很少有分蜂出现；性情温驯，不爱蜇人；不爱作盗，防盗能力强；抗寒性能强，越冬安全，越冬节省饲料；抗病力强，在疾病流行期不易感染疾病。另外，纯种种群的选择要保证种性纯度，生产性能表现突出，体色和形态特征必须完全符合纯种的标准。

（二）利用大卵育王

影响处女蜂王质量的因素很多，而处女蜂王的质量与它以后的产卵能力和寿命息息相关。试验表明，使用大卵培育出的处女蜂王体重相对较重，与初生重小的处女蜂王相比，初生重大的处女蜂王卵小管数量多，有效产卵量高，培育处女蜂王时尽量使用大卵孵化的幼虫。

选定种用母群后，要进行特殊管理，把群内的空脾和即将出房的老蛹脾全部撤出，换入卵虫脾和新蛹脾，减少空巢房数量，达到限制种王产卵的目的，让蜂王休养生息。在确定移虫育王的前5d，挑选一张优质的产卵脾加在种群子脾中间让蜂王产卵。到正式移虫时就能取得优质的种用幼虫。

(三)增加营养培育大体重蜂王

蜂王的质量与它们发育期的营养状况密切相关，培育蜂王时要保证营养供应。

组织育王群时需要蜂多于脾，群内子脾以蛹脾为主，蛹脾不够可以用卵虫脾和其他蛹脾互换。这样可以让工蜂相对多地饲喂蜂王幼虫。

组织育王群时保证群内有一张蜜脾和一张粉脾，每张子脾的边角贮满饲料。达不到标准时育王前一定要补喂充足。开始育王后要对育王群进行奖励饲喂，每个群每天晚上饲喂250g糖浆。

(四)优质王台的选择

筛选优质处女蜂王工作从培育王台时就已经开始。正式移虫第二天检查王台接受情况，根据育王群群势，每个育王群保留20 ~ 30个王台，让每个王台有丰富的蜂王浆并得到工蜂很好的照顾。王台封盖后再检查一次，淘汰早封盖、畸形、瘦小的王台，留下的每个王台外观粗壮，发育正常（图6-19）。

图6-19　选留优质蜂王台（李志勇　摄）

(五)处女蜂王的选择

处女蜂王的选择从羽化出房时就已经开始了。人工授精工作开始前还要对所有处女蜂王进行一次挑选。每个处女蜂王都要体型匀称、活泼。翅、足等各部位发育正常，体色合乎要求。每只处女蜂王的初生重在180mg以上，体长20mm以上（图6-20）。

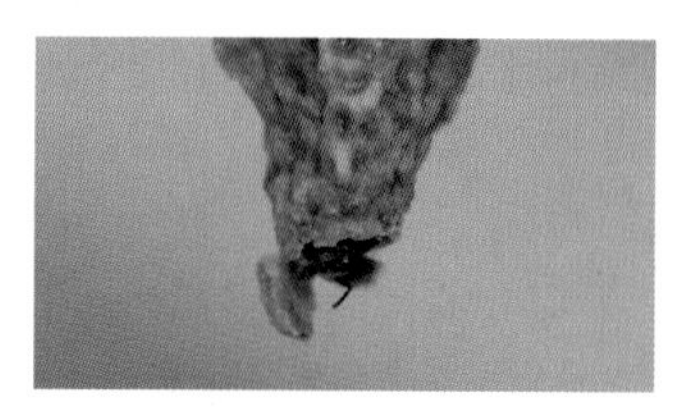

图6-20　蜂王羽化出房（李志勇　摄）

第三节　交尾群的组织与管理

一、交尾群的类型及组织方法

(一)交尾群的类型

1. 朗氏脾四室交尾群　蜂王出房前2d，从原群中提出即将出房的老蛹脾和蜜粉脾带蜂集中放在空箱里，并按每张蛹脾多抖1 ~ 2框蜂，敞开巢门放走外勤蜂，傍晚，脾上只剩幼蜂时，每个交尾群分配给一张爬满幼蜂的蛹脾和一张蜜粉脾组成交尾群。也可以从原群中提出一张老蛹脾、一张蜜粉脾带蜂直接放进交尾箱中，同时再抖入1 ~ 2蜂框，放走外勤蜂即组成一个交尾群，24h后给交尾群诱入王台或处女蜂王。组织交尾群的当天晚上或者第二天早晨复查一次，蜜蜂数量以能护过蛹脾为原则，不足者可再从原群中补充。交尾群的蜜粉饲料要充足，无蜜脾时可将蜜糖喂给原群。再从原群中提出蜜脾给交尾群（图6-21）。

图6-21　朗氏脾四室核群
（李志勇、李杰銮　摄）

2. 1/2朗氏脾四室交尾群　将2个1/2朗氏巢脾组合成朗氏巢脾，移虫育王的同时，加入到蜂群中进行产卵和贮装蜜粉饲料，待2个1/2朗氏巢脾产上子贮上蜜粉后，带幼蜂提出放到空箱里，按每张1/2朗氏巢脾多抖0.5 ~ 1框蜂，敞开巢门放走外勤蜂，次日早晨脾上只剩幼蜂，给每个交尾群分配1 ~ 2张爬满幼蜂的巢脾组成交尾群，诱入王台或处女王，关闭巢门，次日晚打开交尾群巢门。也可以从大群中提出有较多幼蜂的巢脾，将蜂抖到放有巢脾的蜂箱里，敞开巢门，放走外勤蜂，蜂箱里只剩幼蜂，次日清晨，将这些幼蜂分配给各个有蜜粉饲料没有子脾的交尾群，在组织交尾群的同时诱入处女王，每个交尾群的蜂数不少于0.5框蜂。

3. 1/4高窄朗氏脾十室交尾群　将4个1/4朗氏脾组合成1张朗氏巢脾，移虫育王的同时，加入蜂群供蜂王产卵和贮存饲料，外界蜜粉源不佳时，采取补喂饲料方法，使交尾脾上贮上饲料。蜂王出房前2d，从原群中提幼蜂较多的脾，抖到事先准备好的蜂箱里，打开巢门，放走老蜂。蜂王出房前1d将交尾脾提出，放到1/4高窄朗氏脾十室交尾箱里，再将前日提出的幼蜂分配给每个交尾群，使每张1/4交尾脾都爬满蜜蜂。最后诱入王台和处女王。

4. 微型交尾群　微型交尾群具有箱体小、巢脾小（相当于朗氏巢脾1/8左右）的特点。脾数少（一般只放1 ~ 2张巢脾），蜂数少（每群仅有工蜂200只左右）。优点是节省蜜蜂，在不影响原群繁殖的情况下能够交尾数批蜂王；缺点是蜂少无防盗能力，在无蜜源季节不宜使用。因此，只适合在良好的蜜源条件下使用。在组织交尾群15d前，把小脾连成大脾送入蜂群产卵和贮存饲料。组织交尾群时，每个微型交尾群放1张小子脾和1张小蜜脾。在没有小子脾的情况下组织微型交尾群，可以把小蜜脾放入交尾箱，直接从原群隔王板上面的继箱里提蜂，抖入交尾箱，并导入当日能出房的成熟王台或处女王。有处女王存在幼蜂不易飞散，因此没有子脾的微型交尾群不可无王。微型交尾群因蜂数少，易受盗蜂危害，要注意预防盗蜂；在温度较低时需要将交尾箱搬入温室内，外界温度适宜时再放到室外（图6-22）。

图6-22 微型核群蜂箱
（李志勇 摄）

5.朗氏原群隔壁室的组织 利用朗氏蜂箱的一侧，用薄木板隔离出宽60mm左右的与原群互不相通的交尾室，在原群巢门相反方向开一巢门，供交尾室蜜蜂出入。从原群中提出1张有蜜粉饲料的老蛹脾放入交尾室，再抖入一部分幼蜂，使外勤蜂飞回原群后，交尾室内的巢脾仍能爬满蜜蜂护理子脾。次日诱入王台或处女王，蜂王交尾产卵后，更换原群蜂王或作其他使用。

6.泡沫微型交尾箱 交尾箱箱体设计为倒梯形（图6-23），仿生自然巢脾上面大、下面小特点，减少交尾箱内部空间和节省工蜂。梯形箱体上设置完全包围的箱盖；箱体中部有一面20mm的隔墙，将交尾箱均等分为两室，两室的饲料槽靠近中间隔离墙，使饲料槽远离巢门，并且巢门为L形，使得交尾群不易发生盗蜂。箱体材料密度为40kg/m^{3}可发性聚苯乙烯，能够保证交尾箱防寒保温、隔热恒温、坚固耐用等特性。能够使微型交尾群在蜂数较少的情况下交尾群内的蜂王正常交尾、产卵、繁殖、生活；并且交尾群的复用率较高，在不用补蜂的情况下，培育多批蜂王。

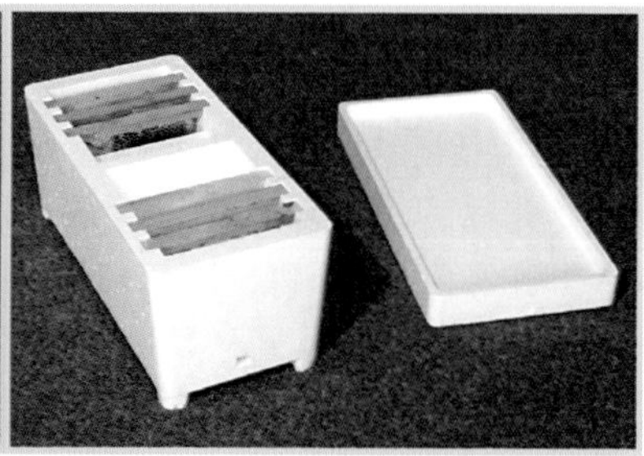
图6-23 梯形泡沫蜂箱（李志勇 摄）

二、交尾群的组织管理

（一）组织交尾群的基本要求

天气良好、外界有蜜粉源，蜂群健康、蜂场内无盗蜂。蜂群进入增殖期后，组织交尾群应在原群蜜蜂大量出巢活动后进行。这样可以减少外勤蜂从交尾群返巢的数量，避免交尾群发生盗蜂。交尾群要保持蜂多于脾，诱入处女蜂王前要全面销毁改造王台。诱入蜂王后发现蜂数不足时，及时提出空巢脾使蜂数密集，需要补蜂应补入幼蜂，以防处女蜂王受惊发生围王；利用外场蜂群组织交尾群时，在诱入蜂王的前天下午，从蜂群中抽取一定数量带蜂的老蛹脾、蜜粉脾集中混合组成无王群、并包装好后运到5km以外的交尾场地。先在巢门和纱盖上喷适量的水使蜜蜂安定后，再逐一分配到事先已排列好的空交尾群的蜂箱中。这样利用外场组织的交尾群各龄蜜蜂比例正常，在工蜂采集较强的刺激下，蜂王产卵较快，也不会因回蜂使交尾群蜂减弱，影响蜂王的产卵。

（二）交尾群摆放

交尾箱的分布及摆放位置与交尾成功率有很大关系，不能按一般蜂群的布置方法去安排。交尾箱要放在蜂场外缘空旷地带，摆成不同形状，巢门附近设置各种标记；并且利用自然环境，如山形、地势、房屋、树木等的特征分别摆放交尾群；或者设置明显的地物标志，如石头、土堆、木堆等，以利于处女王飞行时记忆本巢的位置。为了提高交尾成功率，交尾箱的四面箱壁分别涂上蜜蜂善于分辨的蓝、黄、白等颜色（图6-24）。

图6-24　交尾场（李志勇　摄）

（三）交尾群诱入处女蜂王

1.低温诱入蜂王　新组织的幼蜂核群，在群内无老蜂，清晨温度较低，蜜蜂没有出巢飞翔，蜂群比较安静时，将蜂王从蜂群中取出（图6-25），放在蜂群外10 ～ 20min后，使蜂王在较低的温度条件下，行动变得稳重缓慢，这时将蜂王放在无王核群蜂路里或让蜂王从巢门爬入蜂巢。

图6-25　蜂王笼（薛运波　摄）

2.浸蜜诱入蜂王　将蜂王用稀蜜水浸湿，然后将蜂王放在无王核群的巢框上，关闭巢门，将核群放在比较黑暗凉爽的地方，幽闭12～24h，再将核群陈列到交尾场上，打开巢门。此方法适用于新组织没有子脾的核群。

3.铁纱笼诱入蜂王　用铁纱制作成长75mm、直径15mm的圆筒，一端弯曲封闭，另一端开口放入炼糖饲料和蜂王，然后将开口端捏偏，防止蜂王自由出入。放入核群24h后，将捏偏端打开放出蜂王。市面上也有方形铁纱笼（图6-26）出售，可以作为诱王和贮存蜂王使用。

也可用铁纱制成三面封闭的罩，将蜂王扣在巢脾有蜜房的地方，48h后将铁纱罩取下放出蜂王，简单实用（图6-27）。

4.仿生王台诱入蜂王　薛运波等设计了一种长7cm、宽2cm的塑料扁形诱王器（图6-28）。诱王器一端设有蜂王入口和与自然王台形状、大小相似的开口圆筒。诱王时，先将蜂王装入其中，再将开口圆筒内填充进适量的炼糖饲料，最后将诱王器开口圆筒端向下放置到核群的蜂路里。待工蜂和蜂王把炼糖饲料吃完，蜂王便可通过开口圆筒爬出进入核群了。

图6-26　方形铁纱笼
（李志勇　摄）

图6-27　铁纱罩诱王
（李志勇　摄）

图6-28　塑料王笼
（李志勇　摄）

（四）检查交尾群

检查交尾群要利用早晚处女王不外出飞行的时间进行，不要在其试飞或交尾时间开箱检查。检查时发现处女王残疾应及早淘汰；失王的交尾群要及时导入王台或诱入处女王。在良好的天气条件下，出房15d不产卵的处女王应淘汰，补入虫脾后再重新导入王台或处女王。交尾群缺饲料时，应从原群换入蜜脾，不宜直接饲喂蜜糖，防止引起盗蜂。迫不得已时，可在晚上喂适量的炼糖饲料。

处女王在交尾群中产卵8～9d就可以撤走利用。当交尾群撤走新产卵王1～2d后，子脾上会出现急造王台，这时要削除急造王台，导入成熟王台或诱入处女王。

三、蜂王的邮递运输

蜂王的引进和交换，往往需要长距离运输，通常采用把蜂王装入邮寄王笼里邮寄，用炼糖作为饲料，正常情况下，路程在15d之内是比较安全的。

（一）邮寄王笼的种类和制作

1. 木制邮寄王笼　制作王笼的材料宜选用质地细腻的木材。首先将木料加工成8cm × 3.5cm × 1.8cm的长方形木块，然后在其上钻三个直径2.5cm、深1.5cm相互连通的圆形小室，第1室填装炼糖饲料，第2、3室为蜂王和工蜂活动的空间。王笼2、3室两侧各锯一条宽0.2cm的缝隙，便于通气。王笼的一端钻直径1cm的圆孔，供蜂王和工蜂通行。使用前将饲料室放在熔蜡锅内浸一下，防止木料吸收炼糖中的水分。将炼糖放入饲料室，上面覆盖一层无毒塑料薄膜，防止炼糖吸潮或水分蒸发。最后将铁纱盖到3个小室上，用钉书钉固定（图6-29）。

2. 塑料制邮寄王笼　塑料邮寄王笼尺寸为8cm × 3.5cm × 1.5cm，盒内分为装炼糖的小室和蜂王、工蜂活动室，饲料室与活动室之间有长方形口相通，便于蜜蜂取食饲料。活动室的四面设有通风孔（图6-30）。

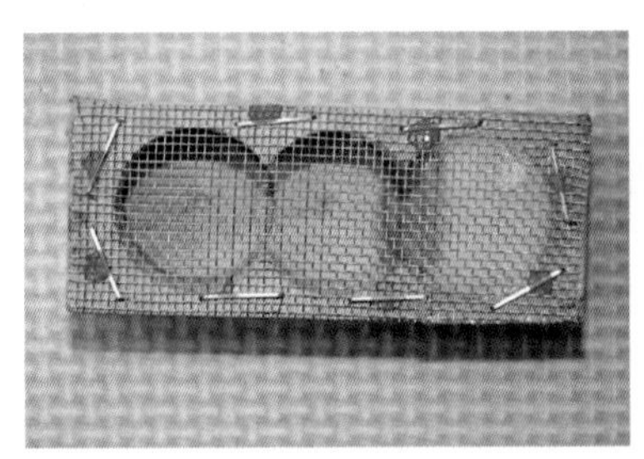

图6-29　木制邮寄王笼
（李志勇　摄）

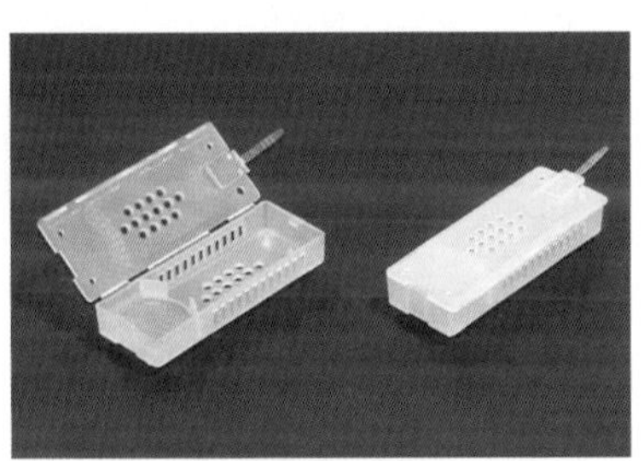

图6-30　塑料制邮寄王笼
（李志勇　摄）

（二）炼糖的制作

炼糖是一种半固体的糖，以优质的蜂蜜和精制白砂糖制作而成。将优质白砂糖研磨成能经过80目筛子的糖粉，取优质蜂蜜250g，用文火加热至40℃左右，然后取糖粉750g，与蜂蜜进行揉和，直至揉和到软硬适中，放置不变形，不粘手，呈乳白色为止（图6-31、图6-32）。

图6-31　炼糖制作过程
（李志勇　摄）

图6-32　制作的炼糖
（李志勇　摄）

（三）蜂王邮寄

1.蜂王和伴随蜂装笼 根据核群的记录寻找产卵蜂王的核群及蜂王，检查蜂王的外观，捉取合格蜂王放入邮寄王笼中，选择10 ~ 18日龄青年工蜂8 ~ 10只放入王笼，伴随饲喂蜂王。随后用蜂蜡封闭王笼出入口，填好蜂王记录卡及合格证，准备邮寄（图6-33）。

2.王笼包装邮寄 王笼包装前，复查王笼里的蜂王及工蜂情况。邮寄蜂王时，将蜂王、记录卡、合格证一并装入纸箱内。若邮寄蜂王数量较多，可将邮寄王笼并排放在一起，王笼与王笼之间留有缝隙，便于空气流通，然后装入打有通气孔的纸箱内进行邮寄。邮寄蜂王的适宜温度为20 ~ 30℃，低于15℃不能邮寄。为了保证蜂王的邮寄安全，宜选用特快专递邮寄（图6-34）。

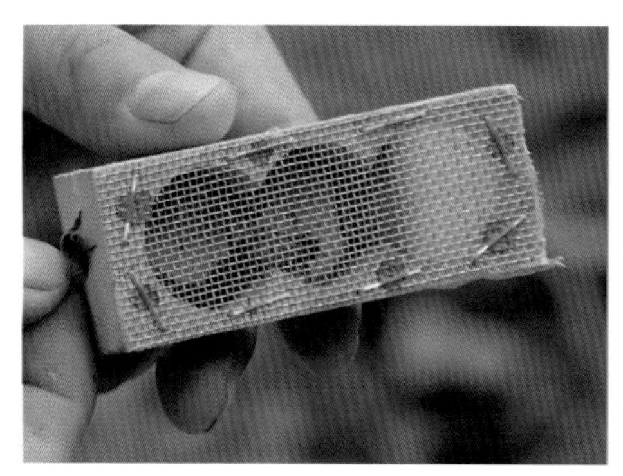

图6-33　蜂王和伴随蜂装笼
（李志勇　摄）

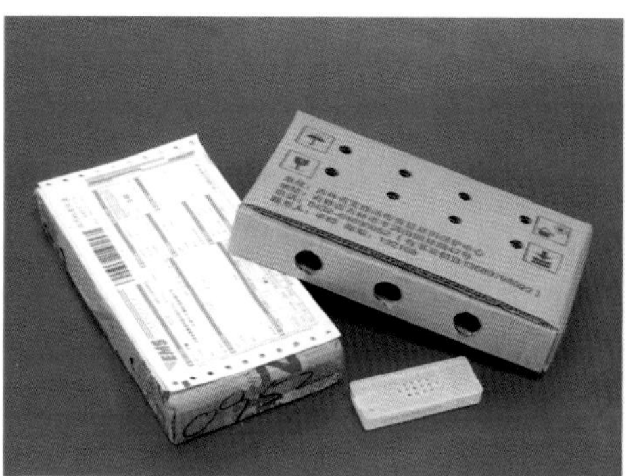

图6-34　王笼包装邮寄
（李志勇　摄）

（四）随身携带蜂王

如果随身携带蜂王，要杜绝与各种农药接触，特别是敌敌畏等杀虫剂，蜜蜂对其非常敏感。因此，要绝对避免进入喷洒过杀虫剂的公共场所。若必须经过施药区，可预先用大塑料袋把王笼封装起来。由于王笼里的蜜蜂数量较少，塑料袋里的空气在1 ~ 2h内可以满足蜜蜂呼吸需要，并无危险。如果携带蜜蜂途中天气炎热，适时适量补喂净水，注意不要将水滴在炼糖上，以免炼糖溶化粘住蜜蜂，对蜂王安全造成威胁。

第七章 蜜蜂育种技术

第一节 蜜蜂育种

蜜蜂育种是应用有关遗传理论和选育技术来控制、改造蜜蜂的遗传特性，进而提高这些蜂群生产性能。育种是控制家养蜜蜂尽快朝着有利于人类需要的方向改变和发展，研究如何改良蜜蜂品种，提高现有品种质量及育成符合时代需要的新品种、新品系或配套系，利用优良品种或杂交种来高效生产量多质优的蜜蜂产品。

一、蜜蜂育种简史

人类开始养蜂，在新石器时期的原始社会，人们对偶然飞来的蜂群予以保护，伺机采取蜂蜜，于是养蜂的雏形便形成了。人们首先选留最适合自己需要的蜜蜂进行饲养和繁殖，从中逐渐积累了选择育种的经验，从16世纪至19世纪初，人类对蜜蜂生物学有了初步认识，逐步掌握了管理蜂群的基本方法。欧洲人开发“新大陆”以后，蜜蜂也被从欧洲带到大洋洲。19世纪50年代，美国的朗斯托罗什发明了活框蜂箱。到1886年这种蜂箱普遍推广，此后又被介绍到欧洲和其他国家（中国采用活框蜂箱养蜂是20世纪初开始的）。1857年德国人梅林发明了蜂蜡巢础，加快了蜂群的造脾速度和蜂群发展。1865年奥地利人赫鲁什卡发明了离心式摇蜜机，从此改变了毁巢取蜜的古老方法；采用分离机取蜜，可反复使用巢脾，并且提高了取蜜速度和蜂蜜质量。与此同时，法国人发明了金属片隔王板，从而使继箱的蜜脾不致混有蜜蜂幼虫。

蜜蜂育种工作，首先得益于蜜蜂生物学和蜂群遗传特性等知识的获得以及一些技术手段的完善，如蜂王的人工培育技术和蜜蜂交配控制技术等。但人类获得这些知识和完善这些手段却经历了漫长的时间。德国人Nickel Jacob发现工蜂能够利用工蜂房里的小幼虫培育出蜂王。西班牙人Luis mendez de torres发现蜂王是一只产卵的雌性蜂。英国人Charles butler在《巾帼王朝》（*Feminine monarchie*）一书中指出蜂王实际上是“蜂后”，能产卵，雄蜂是有些肥大的蜜蜂。英国人Richard remnant在《蜜蜂的论述或生活史》（*Discourse or historic of bees*）书中指出所有的工蜂都是雌性的，它们拥有抚育后代的优越条件。荷兰人Swammerdam通过生理解剖确定了蜂王的性别。Anton Jascha发现蜂王是在蜂巢外交配的。瑞士人Francois Huber在《对蜜蜂的新观察》（*New observation upon bees*）一书中证实了把工蜂小幼虫移入空王台后可以培育出蜂王；把蜂群分成两部分后，无王部分可以培育改造王台。波兰人Daierzon发现雄蜂由未受精卵发育而成，蜜蜂具有孤雌生殖的能力。美国人L. L. Langstroth运用离王法培育王台进行商业化活动。Weygand取得了移虫育王的成功。Reidenbach提出在人工台基内移入蜂卵来培育蜂王。美国人G. M. Doolittle在《科学育王法》（*Scientific Queen Rearing*）一书中提出由蜡蘸棒、蜡杯、移虫针、台基条等组成的大量培育蜂王的方案，为商业性蜂王生产奠定了基础。但是，由于蜜蜂的交配行为发生在空中，养蜂者无法控制其交配，并且一只蜂王常常与多只雄蜂交配，使得蜂群的遗传组成变得复杂，难于对其进行评价，给蜜蜂遗传研究和品种选育带来了困难。因此，人们又开始了如何调控蜂王交配的探索。终于，美国人L. R. Watson于1927年发明了蜜蜂人工授精仪。此后，蜂王人工授精技术获得成功，雄蜂精液贮存技术获得成功，控制蜜蜂交配取得了重大突破，从而使蜜蜂遗传研究和品种选育工作成为可能。从凭经验进行选种、选配，并不断总结，最后达到了较为完善的程度，发展到今天已经形成了完整的蜜蜂育种理论体系和实践方法。

孟德尔对遗传规律的发现，开创了动物育种学的新时代。20世纪20年代，英国统计学家和遗传学家费希尔、美国遗传学家赖特及英国生理学家和遗传学家霍尔丹奠定了数量遗传学的理论基础。1937年美国学者拉什出版了《动物育种方案》（*Animal Breeding Plans*），初步奠定了现代动物育种的理论基础。50年代以来，数量遗传学理论逐渐应用到动物育种实践中，并逐步成为主要的育种手段。

二、我国蜜蜂育种取得的成就

与养蜂发达国家相比，我国蜜蜂遗传育种工作起步较晚，但就研究与发展的速度与规模讲，取得了一定的成绩。一是成功引进大批西方蜂种。1963年在农业部的大力支持下，我国从澳大利亚引进意大利蜂。20世纪70年代农业部又先后从国外引进了意大利蜂、卡尼鄂拉蜂、高加索蜂、喀尔巴阡蜂、塞浦路斯蜂和安纳托利亚蜂等蜂种。这些蜂种的引进，有的可以直接用于生产，有的可作为育种素材，促进了我国蜜蜂遗传育种工作的蓬勃展开。二是建立了完善的蜜蜂良种繁育基地。各地相继建立了蜜蜂原种场、蜜蜂种蜂场、蜜蜂人工授精站以及蜜蜂工程育种联合体等，为养蜂生产提供了大批良种，推动着我国蜜蜂育种工作的进程。三是成功选育了一些优良配套系、新品系和地方品种。在20世纪50年代，虽然有少数养蜂工作者进行过一些蜜蜂的杂交试验，但因种种原因而中断了。到了60年代初，我国才正式开始蜜蜂遗传育种方面的研究工作。之后许多地方利用引进的蜂种作为素材进行杂交试验，培育出了一些优良的配套系、新品系和地方品种。例如，中国农业科学院蜜蜂研究所培育出了蜂蜜高产型“华蜂213”、王浆高产“华蜂414”和“中蜜1号”配套系。吉林省养蜂研究所培育出了“白山5号”“松丹1、2号”配套系、“喀（阡）黑环系”新品系（图7-1）。浙江大学培育的“浙农大1号”新品系（图7-2）。以及各地培育的“东北黑蜂”“新疆黑蜂”“西域黑蜂”“浙江浆蜂”等地方品种。这些配套系、新品系、地方品种蜜蜂，生产性能有了较大的提高，还为进一步培育新品种奠定了良好基础。四是成立区域合作组织或育种专业委员会。在中蜂囊状幼虫病大暴发的年代，南方各省成立中蜂协作组，采用选种、换种等措施成功解决了危机。在蜂螨肆意猖獗危害的年代，各地联合攻关，用药物加换王的方法，将螨害控制在可接受的阈值之内。同样，在白垩病和爬蜂病流行的季节，养蜂工作者自觉展开病原病症以及防治经验的交流，积极寻找能够预防和治疗的措施。特别是自1986年中国养蜂学会成立蜜蜂育种专业委员会以来，积极组织各地蜜蜂育种单位开展技术协作攻关，对我国蜜蜂遗传研究工作的开展和育种效率的提高都起到了良好的作用。五是基本调查清楚我国境内蜜蜂种质资源。从20世纪70年代末开始，有关单位对我国各地的蜂种资源进行了大量的调查研究。后来，又有人对分布在全国境内的中华蜜蜂进行了分类分型的调查研究。近年来，我国对于动物遗传资源调查研究十分重视，专门成立了资源调查机构对我国境内的蜜蜂资源进行调查，目的是充分发挥蜂种资源的潜力并加以研究和利用。结果表明，我国的蜂种资源十分丰富，拥有丰富的蜜蜂遗传资源，各地中蜂生态类型各具特色。

图7-1 喀（阡）黑环系蜜蜂
（薛运波 摄）

图7-2 浙农大1号蜜蜂
（薛运波 摄）

三、蜜蜂遗传育种工作目标

开展蜜蜂育种工作时，首先必须确定育种目标，它是育种的设计蓝图，贯穿于育种工作的全过程，是决定育种成败与效率的关键。具有明确而具体的育种目标，育种工作才会有明确的主攻方向，才能科学合理地制定品种改良的对象和重点；才能有目的地搜集种质资源；才能有计划地选择亲本和配置组合，进行有益基因的重组和聚合，或采用适宜的技术和手段，人工创造变异或引进外源基因；才能确定选择的标准、鉴定的方法和培育条件等。育种目标是育种工作的依据和指南。如果育种目标不尽科学合理、忽高忽低、时左时右，或者不够明确具体，则育种工作必然是盲目进行。育种的人力、物力、财力和新途径、新技术很难发挥应有的作用，难以取得成功和突破。蜜蜂育种目标一般可以分为：高产育种、品质育种、抗螨育种和抗病育种等几大方面。具体要由育种者根据蜜蜂品种及生产需求设定一个或者几个目标，指导育种工作。

（一）高产育种

高产育种是在一定的气候、蜜源、生产条件下，对所要育成品种应具备某一产品高产为主要性状的育种工作。蜂群生产的主要蜂产品有蜂蜜、蜂王浆、蜂花粉、蜂胶等，这些产品的其中一种都可设定为高产育种目标。例如，美国达旦养蜂公司的Cale和Gowen，从普通意大利蜂和意大利蜂的黄金种品系，筛选出26个品系作为种用蜂群，经过两年多的观察鉴定，最后选留4个品系；之后采用人工授精技术，进行16个世代的近亲繁殖育成近交系；将这些近交系进行杂交筛查，得到了优良的双交种蜜蜂——斯塔莱茵蜂。与普通黄金种相比，这个双交种蜜蜂的产蜜量提高了38%，产卵量增加了18%，卵的孵化率达到了99%。在同一时期，利用高加索蜂和意大利蜂黄金种品系杂交培育出了另一个双交种蜜蜂——米德耐特蜂。在国内人工培育成功并通过成果鉴定的蜜蜂有："喀（阡）黑环系"蜜蜂品系、"浙农大1号"意蜂品系、"白山5号"蜜蜂配套系、"国蜂213"配套系、"国蜂414"配套系、"松丹"蜜蜂配套系（图7-3）、"晋蜂3号"配套系和"浙江浆蜂"（图7-4）地方品种等。

图7-3　松丹1号蜜蜂
（薛运波　摄）

图7-4　平湖浆蜂
（薛运波　摄）

（二）品质育种

品质育种是在一定的气候、蜜源、生产条件下，对所要育成品种应具备的提高产品品质为主要性状的育种工作。如提高蜂蜜、蜂王浆、蜂花粉、蜂胶产品等品质的育种等。由于目前蜜蜂产品产量提高较快，而其质量大大降低了。因此，品质育种是今后蜜蜂育种工作优先考虑的目标和方向。例如，苜蓿蜂的育成，由于实行农业集约化和大量使用农药的结果，使许多野生授粉昆虫遭到毒杀，也使它们的巢穴和生活环境受到破坏。在这种情况下，蜜蜂授粉的重要性显著增加。美国农业部农业研究局的Nye和Mackensen，针对蜜蜂在苜蓿花上的采集行为，制定了一个育种方案，以验证蜜蜂的这种特性能否遗传。结果发现这种性状是可遗传的，从而为实际利用这种特性提供了依据。Cale联合加利福尼亚州的种子公司、合作养蜂者和苜蓿种子生产者，尝试培育为苜蓿授粉的蜜蜂。经过几个世代的选育，终于选育出对苜蓿具有高度采集力的蜜蜂——苜蓿蜂，既增加了蜂蜜的产量，又承担了为特定植物的授粉的主要角色，经过苜蓿蜂授粉的苜蓿种子的千粒重和发芽率等品质得到很大提高。但令他们没想到的是，这种苜蓿蜂是寡采性的，在苜蓿未开花的季节，就相当于食物链断了而不能生存，存在较大缺陷。在国内培育并通过成果鉴定的蜜蜂有黄环系蜜浆高产蜜蜂（图7-5）、蜂胶高产蜜蜂等，生产的蜂王浆、蜂胶产品的品质有较大提高。

图7-5 黄环系蜜浆高产蜜蜂（薛运波 摄）

（三）抗螨育种

抗螨育种是在一定的气候、蜜源、生产条件下，对所要育成品种应具备抗螨性状的育种工作。例如，在俄罗斯，培育出了抗瓦螨的蜜蜂新品种普利毛斯基蜂。在美国，育出了带有*SMR*（suppression of mite reproduction，蜂螨繁殖抑制）基因的蜂王，*SMR*是蜜蜂的可遗传性状，也是使蜂群表现高抗螨力的最有效机制。在英国，人们发现清虫反应强度大的西方蜜蜂蜂群，其后代表现出非常显著的清虫行为，且可累加的遗传组分相当大，目前正致力于通过育种途径解决蜜蜂抗螨问题。在国内中国农业科学院蜜蜂研究所石巍研究员及其团队培育的、通过国家审定的“中蜜1号”配套系（图7-6），具有较好的抗螨性能。

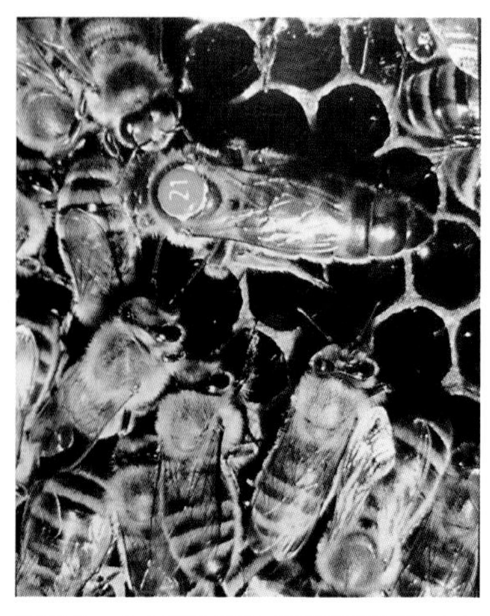

图7-6 “中蜜1号”配套系蜜蜂（中国农业科学院蜜蜂研究所 提供）

（四）抗病育种

抗病育种是在一定的气候、蜜源、生产条件下，对所要育成品种应具备抗病性状的育种工作。蜜蜂的疾病很多，如美洲幼虫腐臭病、欧洲幼虫腐臭病、囊状幼虫病、白垩病等。有些疾病对蜂群的生存和发展影响很大，并且很难用药物治愈，如麻痹病；有些疾病对蜂群甚至是毁灭性的，如中蜂囊状幼虫病。但是，不同品种的蜜蜂，对各种疾病的易感性和抵抗力是不一样的，同一品种的各个蜂群之间，对某一疾病的易感性和抵抗力也存在着一定差异。这使蜜蜂抗病育种成为可能。

1.抗美洲幼虫腐臭病品系的育成 人们发现，在发生美洲幼虫腐臭病（American foulbrood, AFB）的高峰期中，不同的蜂群对该病有不同程度的抵抗能力，并且，这种抗性是可以遗传的。1954年，育种者从美国依阿华州的Edward G. Brown得到疾病暴发后幸存的10只蜂王，将75只患病死亡的幼虫尸体，分别接种这些蜂王所在蜂群的巢箱内，发现10群中的4群有抗性。于是，用它们建立了一个Brown系（实际上是抗性系），并用人工授精技术生产后代。与此同时，用从纽约的Homer Van Scoy得来的一只蜂王建立了一个Van Scoy系（实际上是易感系）。将两系分别连续进行了7代的选择，对Brown系的试验不断增加接种剂量，对Van Scoy系的试验逐渐减少接种剂量。最后，Brown系的大多数蜂群，用含有1 000只病原尸体的整脾接种时，几乎不表现出新的发病；而Van Scoy系的大多数蜂群，只用1 ~ 2只病虫尸体接种时，就达到不可救药的地步。抗病品系育成。

2.抗壁虱病品系的育成 Adam (Brother) 神父和他的合作者Calvert，利用在北爱尔兰的隔离交配站，对从英国西南部带来的抗壁虱病（恙虫病）的蜂群做了选育试验。结果不抗壁虱病的对照群都死了，而对壁虱病有抗性的试验群都生存了下来，从而选育出了抗壁虱病的新品系——布克法斯特蜂。

3.抗囊状幼虫病蜜蜂的选育 囊状幼虫病对东方蜜蜂危害比较大，患病蜂群很难治愈。吉林省养蜂科学研究所经过多年抗囊状幼虫病蜂种的选育，已经培育出对囊状幼虫病有抗性的蜂群（图7-7）。在发病区域选择患病较轻的蜂群培育雄蜂和蜂王，利用人工授精技术进行抗囊状幼虫病定向选育，通过多代选育，目前中国吉林省的东方蜜蜂呈恢复性增长，囊状幼虫病在中国吉林省已经不能构成毁灭的危害。

图7-7　抗囊状幼虫病的中蜂子脾（薛运波　摄）

四、引种和换种

（一）引种的方法

蜜蜂引种工作不仅是种蜂场和蜜蜂育种科研单位的一项非常重要的工作，也是一般生产蜂场每年都要进行的工作。它包括从国外专业育王场引进蜜蜂品种或品系的蜂王，也包括从国内种蜂场和蜜蜂育种科研单位购入所需的蜜蜂品种。从国外引种必须首先向农业农村部、海关等相关部门提出申请，待批准后方可进行；引进的蜂种一般只作为育种素材。从国内种蜂场和蜜蜂育种科研单位引种，一般是引进种蜂王作母本，用其卵虫进行蜂王培育，与当地的雄蜂进行交配然后投入生产使用。

1.引进种蜂群　这是一种最直接的引种方法，即引入所需蜂种的蜂群（图7-8）。其优点是可立即对其进行观察、鉴定，了解其经济性状，掌握其优点，以便更好地进行利用。但采用此法代价比较高，而且也比较麻烦，需动用交通运输工具。因此，除特殊情况外，例如，需引种的单位没有蜂群或需增加蜂群数量，一般不采用此法。

图7-8　引进种蜂群（薛运波　摄）

2. 引进种蜂王 这是国际普遍采用的引种方法，即引入所需蜂种的蜂王。其优点是简便、快捷、安全，引种者只需从微信、邮局向供种单位汇款，并说明所需蜂种名称，供种单位便会将引种者所需蜂种的蜂王装入备有炼糖和饲喂蜂的邮寄王笼中（图7-9），用当前最快捷的快递方式，快递给引种者，并保证种蜂王成活。

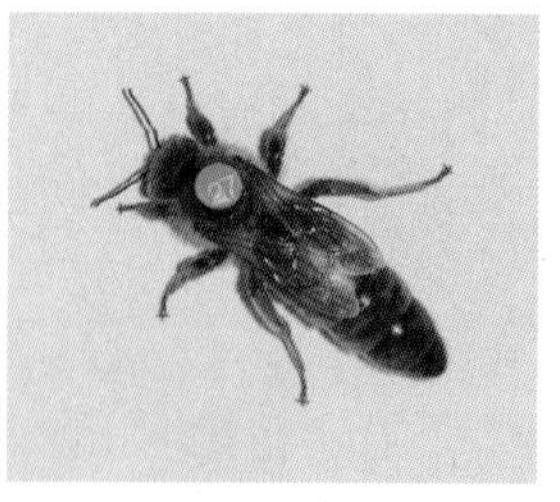

图7-9 引进蜂王
（薛运波 摄）

3. 引进卵脾 生产蜂场常用相互交换卵脾的引种方法（图7-10）。如果引种蜂场距离较近，在1d之内能够回到蜂场，可将卵脾用报纸、覆布等包裹好带回蜂场；如果引种蜂场距离较远，途中需要2 ~ 3d时间，则需将卵脾放在卵脾携带箱中，箱中备有蜜粉（脾）和适量的青幼年工蜂，固定好巢脾，捆绑好箱盖，打开通气纱窗，随身带回蜂场。此方法仅适合路途较近，途中时间不超过3d，气温在20 ~ 30℃的条件下进行。

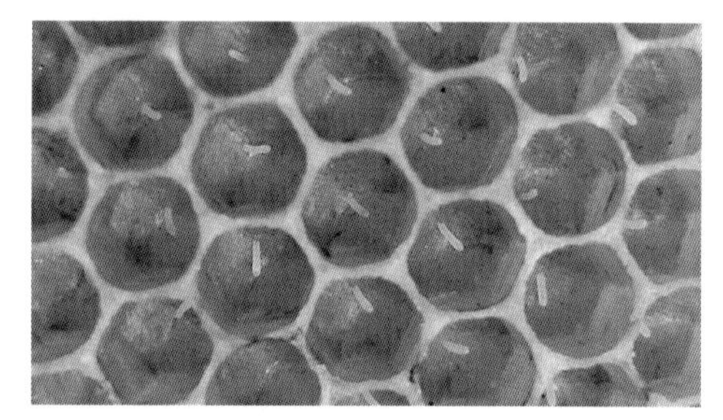

图7-10 引进卵脾（薛运波 摄）

（二）生产蜂场引种和换种

1. 根据本地蜜蜂血统结构引进蜂种

（1）本地雄蜂的复杂性和随机性 西方蜜蜂引进我国已有上百年的历史，但都存在着品种混杂现象，这种混杂现象是随着引种、换种和转地放蜂形成的，是长期以来人们控制不了的趋势。就我国现在蜂种血统结构来看，有意大利蜂、美国意蜂、澳大利亚意蜂（黄体色雄蜂见图7-11）、卡尼鄂拉蜂（黑体色雄蜂见图7-12）、喀尔巴阡蜂、东北黑蜂、新疆黑蜂、高加索蜂、安纳托利亚蜂、塞浦路斯蜂、乌克兰蜂；还有黑环系、白山5号、松丹双交种等。除了极少数偏僻地区和蜂种保护区之外，蜂种血统混杂现象是普遍存在的，生产中利用的蜂种多数为不同血统的杂交种，尽管养蜂者经常引种换种，旨在改良蜂种，但是，多数蜂群依然处在随机性利用杂种优势的过程中。这些杂种的组配是在引种后再育王与当地雄蜂随机交尾形成的，杂种优势情况是随机性的。造成这种现象的原因有两点：其一是引种时只考虑母本的生产性能，注重母本的更换，而在很大程度上忽视了父本的选择和利用；其二是在引种时虽然考虑了气候、蜜源条件和蜜、浆等生产目的，也考虑了自己蜂群的血统，但却忽略了周围蜂场的蜂种血统（也就是在育王期本地空中雄蜂的血统结构）。因此，引种后再育王，由于受到当地空中雄蜂的制约，其生产性能是随机性的。

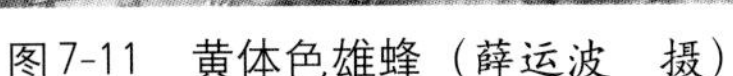

图7-11 黄体色雄蜂（薛运波 摄）

图7-12 黑体色雄蜂（薛运波 摄）

（2）要着眼于生产性制种的全过程 养蜂制种不能只停留在移虫育王环节，而要着眼于生产性制种的全过程。要根据本地蜂种血统考虑未来育成蜂种的血统，从而确定组配形式、母本的选择和引进、父本雄蜂的培育和利用、制种的最佳时间等，以便有计划地配制具有生产优势的蜂种。因此，生产性制种关系着一个蜂场的生产前景，在养蜂生产中为事半功倍的大计，应引起高度的重视。

（3）利用时间差、地域差培育雄蜂 生产性制种千万不要忽视父本雄蜂的培育，因为父本和母本对子代的遗传影响是并重的，如果只注重母本的选择和处女王的培育，实际制种工作只进行了一半。所以，不仅在制定方案时要考虑到父本雄蜂的品种及其组合后的血统，而且更重要的是要有计划高质量地培育父本雄蜂，使其在本地空中占优势地位，以便在“时间差”或“地域差”的交尾期里，尽量提高种用雄蜂参与交尾的比例，达到按计划制种的目的。

根据本地具体情况和自己的需要进行选择。如本地空中意蜂雄蜂占优势，那么，引进美国意蜂、澳大利亚意蜂、浆蜂，育成的后代仍为意蜂不同品系的杂交种；若引进喀尔巴阡蜂育成后代则为“喀（阡）×意”单交种；若引进双喀单交种，育成的后代则可能为“卡·喀（阡）×意”三交种。如果本地空中卡×意单交种雄蜂占优势，那么引进喀尔巴阡蜂或美国意蜂育成的后代则为“喀（阡）×卡·意”三交种或“意×卡·意”三交种。但在生产实际中空中的雄蜂血统不是固定的，每年每个时期都在发生着变化，养蜂者要经常调查、掌握变化情况，根据变化情况分析当地空中占优势地位的雄蜂血统结构，确定引进的母本蜂种。

2. 要根据本地气候和蜜源条件引进蜂种 在相同的气候和蜜源条件下，不同的蜂种具有不同的适应性。有的蜂种较耐热，有的则较抗寒；有的蜂种能采集大宗蜜源，有的则能较好利用零星蜜源；有的越冬或越夏群势削弱率较低，有的则较高。为此，引进蜂种不仅要考虑当地蜂种的血统结构和生产目的，还要兼顾考虑当地的气候、蜜源条件。只有引进的蜂种适应当地的气候和蜜源条件，养蜂者才能获得高产稳产，达到生产目的。

（1）气候条件　我国幅员辽阔　南北方气候相差悬殊，南方无霜期长，有些地方四季如春，蜂群没有越冬期；北方无霜期较短，有些高寒地区无霜期不到100d，蜂群越冬期和半越冬期长达150 ~ 200d。因此，在南方，蜂群的越冬不是关键问题，而耐热和越夏性能才是重要指标，养蜂需要选用繁殖力较强、采集力较强、耐热、越夏安全的蜂种；在北方蜂群的抗寒和越冬性能是衡量蜂种的一项重要指标，养蜂多选用繁殖力较强、采集力较强、抗寒、越冬安全的蜂种。

（2）蜜源条件　我国蜜源植物种类多，各地差异较大。有野生的、种植的；有木本的、草本的；有的在较低温度条件下流蜜，有的在较高温度条件下流蜜；有的生长在山区，有的生长在平原；有的花期较长，有的花期较短；有的面积较大而集中（图7-13），有的面积较小而分散（图7-14）。各地蜜源类型不同，生态、生长环境不同，流蜜习性不同，了解当地蜜源的特点也是养蜂生产中进行引种换种的依据。

图7-13　椴树蜜源（薛运波　摄）

图7-14　零散蜜源（薛运波　摄）

在选择利用蜂种时，以采集大宗蜜源为主的蜂场与以采集零星蜜源为主的蜂场应各有侧重，以采集冬春季蜜源为主的蜂场和以采集夏秋季蜜源为主的蜂场要有所区别，以定地饲养采集本地蜜源为主的蜂场和以转地放蜂采集各地蜜源为主的蜂场应不相同。要根据蜜源类型和蜜源特点选择适合自己所处地区蜜源条件的蜂种，充分利用蜜蜂生物学特性中的某些差异，扬长避短，发挥蜂种的优势。比如，向日葵、柳兰、薄荷等深花冠蜜源植物，蜜腺位于花冠深处，适合长吻蜂种采集，其采蜜效率高于短吻蜂种。在国外采集向日葵蜜源，提倡利用具有长吻特点的高加索蜂。再如，城市蜜源植物较为分散、零星，养蜂者适合饲养善于利用零星蜜源、节省饲料的喀尔巴阡蜂及其杂交种。

(3) 蜂种特性　一般认为，黑色蜂种，如卡尼鄂拉蜂、喀尔巴阡蜂、东北黑蜂等较抗寒，越冬死亡率低，节省饲料，采集力较强，能利用零星蜜源和较低温度下流蜜的蜜源；黄色蜂种，如美国意蜂、澳大利亚意蜂、原意蜂、本意蜂等意蜂品系较黑色蜂耐热，适应越夏，能利用大宗蜜源和较高温度下流蜜的蜜源，泌浆量比黑色蜂高。但是，受饲养环境限制和影响，在生产中很少有机会饲养纯种蜜蜂，且饲养纯种蜜蜂不能取得较高的生产效益。因此，在养蜂生产中使用的多数为杂交种蜜蜂。杂交种蜜蜂的性状在倾向于母本或倾向于父本的情况下可能出现不同程度的互补，有的可产生超过父母双亲的杂种优势。如喀 × 意或卡 · 喀 × 意杂交种蜜蜂就兼顾了父母本对气候和蜜源的适应特性，并超过了亲本的采集力，表现出较强的杂种优势。

不同的蜂种对气候和蜜源的敏感程度不同，如在北方，同样是黑色蜂种，喀尔巴阡蜂晚秋断子早，工蜂出巢飞行率低，善于保存实力；而高加索蜂断子晚，工蜂出巢飞行率高，越冬群势削弱较快；在南方，同样是黄色蜂，美国意蜂和澳大利亚意蜂对气候敏感性不同。再如，在越冬期长、蜜源花期短的东北地区饲养的蜂群，由于具有适应本地气候和蜜源的特性，突然运到南方饲养，蜜蜂勤奋，采集力强于南方当地蜂群。20世纪70年代以前，有些养蜂者就利用这种气候差别对蜂群的影响夺取高产；饲养浆蜂产浆量较高，但在东北气候和蜜源条件下，浆蜂越冬死亡率较高，产蜜量较低，当以浆蜂为母本与本地其他蜂种杂交后，越冬性能和产蜜量提高，适应性明显改善。

在引种过程中要选择既适应本地气候和蜜源条件又能达到生产目的的杂交种，按杂交种的血统结构引进母本，培育父本，配制出所需要的杂交种蜜蜂，或者直接引进所需要的杂交种蜜蜂。杂交一代蜜蜂多倾向于母本，如喀 × 意杂交种抗寒越冬性能优于意蜂，耐热越夏性能优于喀蜂，而采集力优于喀蜂和意蜂，采集大宗蜜源的能力较意蜂强。因此，根据当地气候和蜜源选用杂交种必须首先了解杂交种的适应性和生产能力，不要偏向极端，在北方不应只注重抗寒、越冬，在南方也不能只注重耐热、越夏，而忽视了蜂种的生产力。更不能抛开本地气候和蜜源条件选择高产蜂种，要根据气候、蜜源条件综合考虑，全面分析，突出主要指标，兼顾辅助指标，选择适应本地气候和蜜源条件的杂交种，以此作为根据进行引种、换种。

3. 要根据饲养目的引进蜂种　饲养蜂群的目的，主要是通过生产蜂蜜、蜂王浆、蜂花粉、蜂蜡、蜂胶等产品和扩繁蜂群、蜂种以及利用蜜蜂为农作物授粉等途径，获得经济效益、生态效益、社会效益。要想达到饲养目的，必须选择优良蜂种，利用其有利于达到饲养目的的经济性状，提高蜂群的繁殖和生产能力。

在养蜂生产中，由于受蜜粉源和蜂产品市场以及其他因素的影响，各地蜂场饲养蜂群的目的有所不同，有的蜂群以生产蜂蜜为主，有的以生产蜂王浆为主，有的以生产花粉等其他蜂产品为主，有的进行蜂产品综合性生产，有的以繁殖蜂群销售为主，有的以出租蜂群为农作物授粉为主，还有的以试验观测为主（如科研试验、蜂疗、地震预测、业余爱好等）。因此，要根据各自的饲养目的，结合当地的蜂种血统结构和气候、蜜源条件进行引种换种。

不同蜂种对于生产不同的蜂产品有不同的表现。如喀蜂采蜜量较意蜂高，而泌浆量较意蜂低；喀蜂泌蜡量较意蜂高，意蜂采胶量较喀蜂高；意蜂的某些品系蜂王浆产量不仅高于黑蜂、喀蜂，而且高于其他意蜂品系。在生产中多数蜂场利用的蜂种都是杂交种，虽然经过杂交已使某些差异明显缩小，但其生产效率依然存在着不同程度的差别，为此，要根据生产目的进行杂交种的选配。

（1）生产蜂蜜为主的蜂场（图7-15） 应选择利用繁殖较快、采集力较强的杂交组合，根据当地气候和蜜源条件引进母本或父本，或者利用当地蜂群作父、母本。选配产蜜量较高的杂交种，如喀 × 意、喀 × 黑、卡·喀 × 意、黑 × 意等单交种、三交种以及双交种都是蜂蜜高产杂交种。

（2）生产王浆为主的蜂场（图7-16） 应选择利用繁殖力较强、泌浆量较高的生产种或杂交组合，引进母本或父本，选配适应本地气候和蜜源条件、产浆量较高的杂交种（品系间或品种间杂交），如浆蜂 × 本意、浆蜂 × 美意、浆蜂 × 喀蜂、浆蜂 × 黑蜂等。越冬期较长的地方，可以配制本意 × 浆蜂、美意 × 浆蜂、喀蜂 × 浆蜂、黑蜂 × 浆蜂等杂交（正反交）种。

图7-15 生产蜂蜜（薛运波 摄）

图7-16 生产王浆（薛运波 摄）

（3）生产蜂花粉为主的蜂场（图7-17） 根据本地气候选择利用繁殖力较强、采集力较强的杂交组合，如喀蜂 × 意蜂、黑蜂 × 意蜂、意蜂品系之间的（正反交）单交种、三交种、双交种蜜蜂等。

（4）综合生产蜂蜜、蜂王浆等蜂产品的蜂场　应选择利用适应本地气候和蜜源条件、繁殖力强、易维持大群、善于利用大宗蜜源和零星蜜源的杂交组合，如喀蜂×意蜂、浆蜂或其他西方蜜蜂的单交种、三交种、双交种（根据本地气候、蜜源条件分别利用正交或反交）。

（5）繁殖蜂群为主的蜂场（图7-18）　应根据本地气候条件选择适应性强、繁殖速度快、维持大群、抗病力强的杂交组合（北方蜂场要考虑越冬性能），如西方蜜蜂品种或品系间杂交的单交种、三交种、双交种，以繁殖强群，有利于多分蜂。

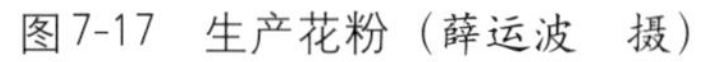
图7-17　生产花粉（薛运波　摄）

图7-18　繁殖蜂群（薛运波　摄）

（6）利用蜜蜂为农作物授粉的蜂场（图7-19）　应选择适应当地气候条件、采集力较强的蜂种，特别是为设施农业（塑料大棚、温室等）作物授粉时，宜选择利用定向力强、善于采集零星蜜粉源、节省饲料的蜂种，如喀尔巴阡蜂、卡尼鄂拉蜂、东北黑蜂、美国意蜂等及其杂交种。

图7-19　蜜蜂授粉（薛运波　摄）

选择利用适合饲养目的的蜂种要抓住主要有利的经济性状，兼顾其他经济性状，但不能过于求全。因为任何一个蜂种、任何一个杂交组合都不可能十全十美，所以，只要在主要指标上达到目的，其他指标达到一般程度就可以了，如果有不足之处只要不影响主要指标也可以利用。同时，可以利用蜂种的其他潜在优点和间接优点来弥补其不足，如“节省饲料”的优点实际就是降低蜂群的消耗，等于增加产蜜量；“抗病”“抗螨”的优点可以提高蜂群的内在质量，增强蜂群的繁殖效率和生产能力，同样也等于增加蜂产品产量；“越冬蜂削弱率低”“善于保存实力”的优点，可以降低养蜂生产成本，实际是提高了蜂群生产的经济效益；所有这些都是非主要经济性状，甚至有些未列入选用蜂种的指标，但是在制定引种、换种方案时不能忽视，应将其作为主要指标的组成部分考虑进去，以便对蜂种进行全面分析、综合平衡。在突出主要指标的前提下取长补短，进一步达到正确选择利用蜂种的目的。

4. 换种　换种是在引种的基础上进行的，由于引种者多数受经济条件和蜂群饲养管理方式所限，一般一次只引进1～2只种蜂王，然后自己移虫育王，再把蜂场的其他蜂种换下来。

（1）初步换种　当新品种引进本地或本场时，首先要大量培育处女蜂王，处女蜂王同本地的雄蜂进行交配；然后利用这些新蜂王更换本场原品种蜂王，这种换王形式称为“顶交”。顶交以后，原品种的血统逐渐减少，引进的新品种逐渐代替原品种。但往往因受本地区空中雄蜂混杂的影响，换种只能靠引进的品种作母本进行生产性杂交。

（2）两步换种法　第一步（初步）换种时，用引进优良蜂种的卵虫培育处女蜂王，与当地的雄蜂杂交，成为生产性杂交种后，换掉所有的异种蜂王；第二步再用原引进优良蜂种的卵虫培育处女蜂王，与第一步换好的蜂王产生的雄蜂交尾，这样培育的产卵蜂王为纯种蜂王。两步换种法可用于改良由于混杂引起的种性退化。

五、蜜蜂新品种、品系、配套系审定和遗传资源鉴定条件

（一）新品种、品系、配套系审定基本条件

育种素材来源及血统构成基本清楚，有明确的育种方案，种蜂王档案、系谱、育王记录、生产性能记录等技术资料齐全。

（二）蜜蜂新品种、品系和配套系选育条件

1. 新品种选育　由2个或2个以上地理亚种作育种素材，杂交、横交固定后，至少经过15个世代的连续选育，育出的某些经济性状不同于育种素材，工蜂形态特征相对一致，遗传性比较一致和稳定，主要经济性状无明显差异的新类型。

2. 蜜蜂新品系选育　由1个地理亚种作育种素材，至少经过10个世代的连续选育，育出的某些经济性状不同于该育种素材的新类型，能够稳定遗传。

3.蜜蜂配套系选育　至少有2个近交系组成，近交系数在0.5以上，每个近交系应保持10群以上；并经配合力测定筛选出固定杂交模式，有固定的杂交组合以及相应的商品名称。

（三）蜜蜂品种、品系、配套系选育要求

1.交配隔离　种蜂王交配应采用人工授精方法或者在隔离交尾区内进行自然交尾，其隔离半径：山区至少12km，平原区至少16km。

2.形态、遗传和性状　工蜂主要形态特征相对一致，遗传比较一致和稳定，主要经济性状无明显差异。

3.突出性状表现　经中间试验，增产效果明显或者品质、繁殖力、抗病力等有一项或者多项比较突出。

4.检测报告　提供具有法定资质的蜜蜂及其产品质量检测机构最近2年内出具的检测结果。

5.健康水平　健康水平符合有关规定。

6.形态特征指标描述　体色、初生重、吻长、前翅长宽、第三腹节背板长度、肘脉指数等作为本品种、品系、配套系特殊标志的特征。

7.性能指标　春繁和秋繁期群均有效日产卵量及最高有效日产卵量、育虫节律、维持最大群势、不同流蜜期群均产蜜量、王浆生产旺季和淡季群均72h产浆量、群均周年饲料消耗情况、越冬越夏性能、温驯性、盗性、抗病性能以及其他特殊性能。

8.数量条件　种蜂群要有100群以上，中试种蜂王3 000只以上。

（四）遗传资源（地方品种）鉴定条件

1.基本条件　初始蜂种来源及血统构成基本清楚，分布于某一特定的生态条件下，分布区域相对连续，与所在地自然生态环境、文化及历史渊源有较密切的联系。

2.交配、形态和主要经济性状　未与其他品种、品系杂交，形态特征相对一致，主要经济性状稳定。

3.分布区域生态环境条件　提供遗传资源分布区域示意图，分布区域的经纬度、地形特征、海拔、气候特点、蜜源植物及其花期、主要敌害等生态环境条件。

4.数量条件　种蜂群数量5 000群以上。

第二节　蜜蜂育种的特殊性

蜜蜂是营群体生存的社会性昆虫，其生产力是以蜂群（蜂王+工蜂+雄蜂）为单位表现出来的。在蜂群中既有亲代（蜂王），又有子代（工蜂和雄蜂）；既有孤雌生殖的后代（雄蜂），又有有性生殖的后代（工蜂）；既有有遗传能力的个体（蜂王和雄蜂），又有无遗传能力的个体（工蜂）；其生产的产品有蜂蜜、蜂王浆、蜂花粉、蜂胶、蜂蜡等多样。以上这些特点使得蜜蜂育种工作在很多方面都不同于一般动植物的育种工作。

一、性状遗传力的复杂性

在育种工作中，测定蜜蜂各个特征或特性的遗传力，是育种工作者普遍进行的一种统计工作。在制定品种选育方案之前，测定出各个有关性状的遗传力，就能预见选育工作成效的趋势，这对育种指标的确定是十分重要的。蜜蜂是单倍二倍性生物，蜂群中个体成员间存在着级型差异，蜂王和工蜂同属于二倍体个体，它们的遗传特性取决于父母双亲，但它们的级型不同，并且一只蜂王在婚飞中与多只雄蜂交配（图7-20），使一群蜂中有许多个小家系。雄蜂是单倍体，其遗传特性只取决于母本。蜜蜂的卵细胞是通过减数分裂产生的，因此，一只杂种蜂王在其卵子形成过程中，就可能形成两种基因型的卵子（假设在减数分裂过程中，染色体不发生交换等行为）；而在雄蜂的精子形成过程中，减数分裂发生了“流产”（Snodgrass，1925），这样，同一只雄蜂产生了大量的遗传学上一致的精子，从而导致由单只雄蜂精液授精的蜂王，所产生的工蜂个体间相关系数为0.75；与一只蜂王产生的若干只雄蜂交配的蜂王，所产生的工蜂家系间的相关系数为0.75和0.5的混合；与不同蜂王产生的多只雄蜂交配的蜂王，所产生的工蜂家系间的相关系数为0.75和0.25的混合。蜜蜂的这种单倍二倍性改变了群体成员间的亲缘关系。因此，在测定蜜蜂性状的遗传力时，不能将由二倍体—二倍体生物中推导出来的公式直接在蜜蜂的某一级中使用，需要将理论基数加以修改。

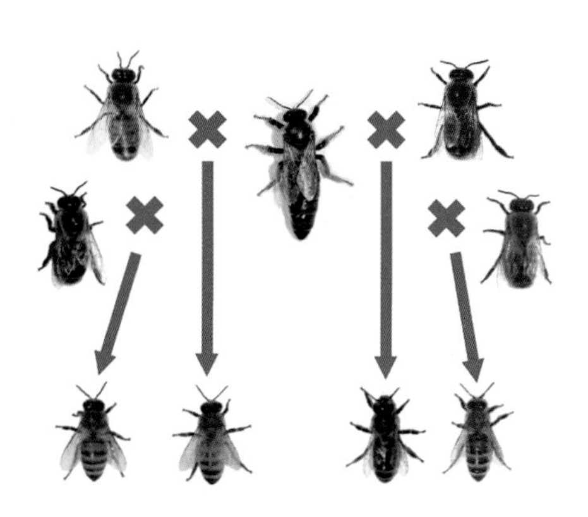

图7-20　蜂王与多只雄蜂交配
（薛运波、常志光　摄制）

二、选种工作的困难性

由于蜜蜂组配方式的特殊性，对蜜蜂的制种方法需要进行相应的改变。如果要使某种雄蜂含有两个亲本的血统，则应该先培育出含有两个亲本血统的蜂王，由该蜂王产生的雄蜂才具有这两个亲本的血统（图7-21）。比如要使雄蜂含有卡尼鄂拉蜂和意大利蜂两个亲本的血统，就要先用卡尼鄂拉蜂与意大利蜂进行杂交，然后用该单交蜂王产下的受精卵（或工蜂幼虫）培育处女王，最后用这种含有卡尼鄂拉蜂和意大利蜂两种血统的杂种蜂王产生的未受精卵培育雄蜂，这样的雄蜂才含有卡尼鄂拉蜂和意大利蜂的血统。

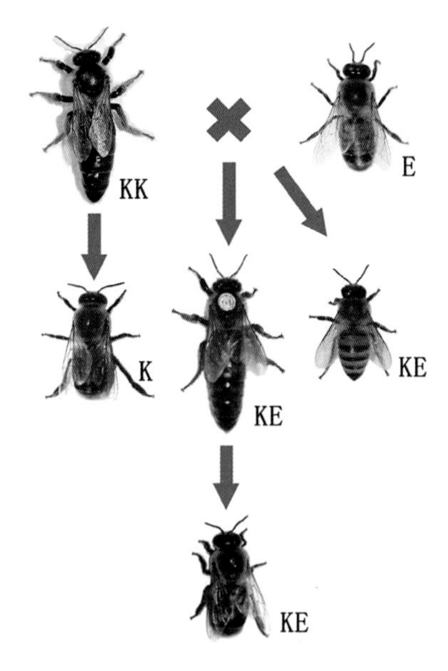

图7-21　杂种雄蜂的特殊性
（薛运波、常志光　摄制）

三、控制交尾的困难性

处女蜂王的交尾是在空中进行的，其婚飞范围十分广阔，这是蜜蜂生殖生理上的一大特点。相距12km远的处女蜂王与雄蜂仍然可以相遇交尾。在如此大的空间范围内做到没有其他种用雄蜂参与交尾几乎是不可能的。蜜蜂在生殖生理上的另一特点是处女蜂王喜欢和外品种、品系的雄蜂交尾。因此，采用自然交尾来配种，就必须严格控制广阔的空间内不得有其他种的雄蜂出现，而在大规模长途转地饲养的情况下，要做到这一点非常困难。最有效的方法是进行蜂王人工授精，但是，蜂王人工授精要比其他家畜人工授精困难得多，在短期不易掌握，一般蜂场不具备这方面的技术条件。

四、配种的不可重复性

处女蜂王在其性成熟后的连续几次婚飞中，通常要和7 ～ 15只雄蜂交尾；与蜂王交尾后的雄蜂随即死亡（图7-22），其精子贮存在蜂王的受精囊中，供蜂王终身产受精卵使用；蜂王与雄蜂交尾后，不久便开始产卵，从此不再进行婚飞交尾。这一特点给蜜蜂的选配工作造成了很大困难。已经交尾的雄蜂即使被证明其种性非常好，因其在交尾后随即死亡，无法继续选用；已经交尾产卵的蜂王即使被证明其本身的种性非常好，与其交尾的雄蜂种性非常差，也因其不再交尾而无法重新选择配偶。蜜蜂在生殖生理上的这一特点，使得在自然交尾情况下，不可能有回交发生，而回交是一般动植物育种中经常采用的一种方法。

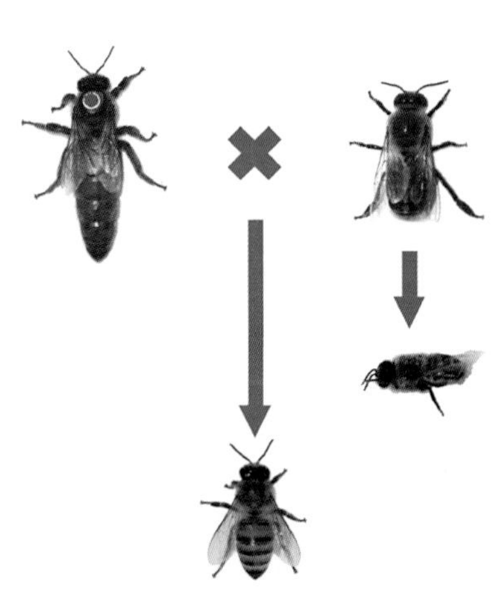
图7-22　雄蜂交配后死亡
（薛运波、常志光　摄制）

五、组配方法的特殊性

在蜂群中，雌性蜜蜂是由受精卵发育而成的，具有二倍体数的染色体（2n=32）。雄蜂是从未受精卵发育面成的，它只有来自母本的一组染色体(n=16)。在蜂群中能体现生产性能的是工蜂，在蜂群失王的情况下，它们虽然具有单性生殖能力，但不能正常地传宗接代（除了个别蜂种外）。从遗传学角度看，雄蜂实际上是蜂王的一个配子，其染色体全部来自母本（蜂王）。因此，蜜蜂的组配方式与其他二倍体生物不同，不能沿用畜牧业上的育种方式进行组配。并且由于蜜蜂具有单倍二倍性生殖特点，以及雄蜂交配的一次性，从而导致蜜蜂组配方式的特殊性。

六、杂种蜂群血统的不一致性

蜂王有与多只雄蜂交配的习性，每次交配后都有不同雄蜂的精液进入蜂王体内的受精囊。来自于不同雄蜂的精子，与卵子结合产生的后代工蜂之间，在亲缘关系上存在着不同的亚家系。每个亚家系是由一只雄蜂决定。亚家系的数量取决于与蜂王交配的雄蜂数量。每个亚家系的大小则取决于父本雄蜂的精子数在蜂王受精囊里全部精子数中占有的比率。由于亚家系的存在，致使由同一只蜂王产生的后代工蜂性状分离较大，不同亚家系工蜂特征随父本而异。因此，在自然交配多雄受精的情况下，给人们对蜜蜂后代性状的固定工作增加了困难。一个正常的蜂群是由蜂王、雄蜂和工蜂两代个体所组成的，在自然情况下，在一个蜂群里不可能获得遗传物质相一致的杂种有机体。在纯种蜂群里，蜂王、雄蜂和工蜂的血统是基本一致的。但在杂种蜂群里情况则不同，在单交种蜂群里，蜂王和雄蜂可以是纯种，而工蜂却为单交一代（图7-23）；在母本为单交一代的三交种蜂群里，蜂王为单交一代，雄蜂虽然也是单交一代，但其遗传物质与蜂王不同，工蜂则为三交一代。

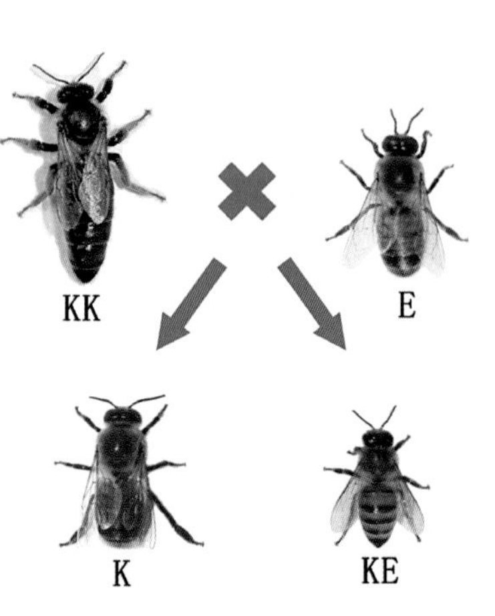

图7-23　杂种蜂群的不一致
（薛运波、常志光　摄制）

七、选种效果的不显著性

蜂王的多雄交尾，使蜂群出现了多家族现象；蜂王与几只雄蜂交了尾，由该蜂王发展起来的蜂群就由几个小家庭组成。蜂王为这些小家庭成员共同的母亲，而与该蜂王交尾的雄蜂已死（其精子贮存在蜂王的受精囊中），分别为各个小家庭的父亲。同一小家庭的工蜂是超同胞姐妹。不同小家庭的工蜂为全同胞姐妹或半同胞姐妹。由于每只雄蜂的精子在蜂王的受精囊中不是均匀分布的，因此，在同一时间里，各小家庭的工蜂数量不是相同的；同一小家庭的工蜂在某段时间内可能占该群工蜂总数的大部分，而另一段时间里又可能只占该群工蜂总数的一小部分。这不仅导致了在遗传学上对整个蜂群分析的困难，而且造成了同只蜂王后代性状的多样性，致使蜜蜂性状固定工作非常困难。

综上所述，在制定育种或选育方案时，要根据蜜蜂生殖生理的特殊性，进行认真、科学而缜密的考虑，否则，往往花费了很长时间，消耗很多人力、物力而收不到预期的选育效果。

第三节　蜜蜂纯种选育

纯种选育又称系统选育或本品种选育。是在某一蜂种之内，累代朝着某一确定的目标选种，同时采用适当的方式繁育，这样经过若干世代以后，被选择的某一优良性状就可以稳定遗传下去，从而达到改良蜂种的目的（图7-24、图7-25）。也就是在蜜蜂品种（亚种）内，通过选种、选配和培育，不断提高生产性能和提高产品品质的方法。本品种选育的内涵，不仅包括育成品种的纯繁，而且也包括某些优良地方品种与种群的改进和提高，但本品种选育不能过分强调保纯，因为在整个繁育过程中，如遇到仅靠品种内选育不能纠正该品种缺点时，可采取引入外血等措施，以尽快达到提高品质的目的。

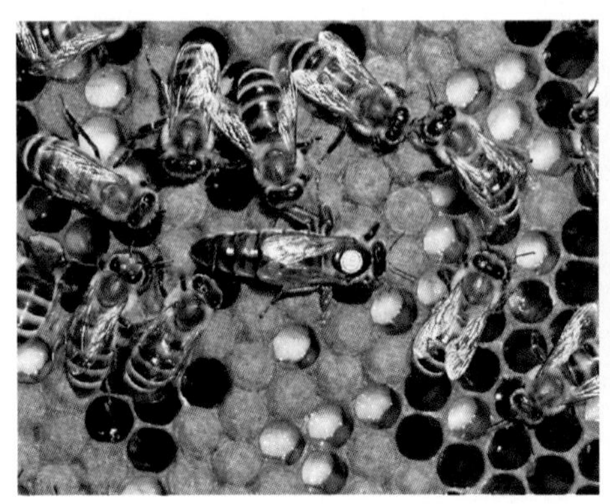

图7-24　选育前子脾密实度（薛运波　摄）

图7-25　选育后子脾密实度（薛运波　摄）

本品种选育从其繁育方式看，应属于纯种繁育之列，但两者之间有不同之处；习惯上人们把优良的人工培育品种的繁育，称之为纯种繁育，其目的是获得纯种。而把地方品种（遗传资源）的纯种繁育称之为本品种选育；同时从上述两者的概念上，所包含的选择对象方法和目的也存在着差异。

本品种选育的基础在于品种内存在着差异，其理论基础是生物的遗传、变异和选择的创造性作用。即将合意的现状和变异通过选择来扩大，积累和加强变异以及决定变异的方向，从而不仅使具有合意性状个体的遗传性得以巩固，也可创造出具有新性状的个体，甚至能根本改变种群性状。在优良的地方品种中，虽然控制优良性状的基因频率较高，但如不经常开展选育工作，可能由于遗传漂变、突变、自然选择等因素的作用，使其优良基因丢失、品种退化，可见本品种选育还有保种的作用。

一、确定选育目标

在开展蜜蜂选育之前，必须要有明确的选育目标，计划选育成一个什么样的蜂种。如计划育成的蜂种主要特点是蜂蜜产量高，则可将选育目标确定为蜂蜜高产良种。

二、制定选育指标

有了选育目标还不够，还要制定出选育指标，即制定一个衡量是否达到选育目标的标准；如育成蜂种的子脾密实度比本地意蜂提高5%以上（图7-26、图7-27）。

图7-26　本地意蜂子脾
（薛运波　摄）

图7-27　选育后要达到的目标
（薛运波　摄）

三、搜集选育素材

选育素材至关重要，因为它在很大程度上关系到选育工作的成败。假设国内外已有的资料表明，高加索蜂采集蜂胶的能力强于其他任何蜂种，我们就可在高加索蜂中搜集育种素材1 000群以上，进行采集蜂胶能力的测试，并将蜂群中蜂胶产量比对照组提高40%以上的蜂群带回育种试验蜂场，诱入事先准备好的无王群，组成育种试验蜂群，以便进行选育。

四、素材的加工

选育素材只是育种材料，要想把选育素材变成性状相对稳定的新品种（新品系），还要对选育素材进行加工，加工的方法有两种：一种是集团繁育，单群选择；另一种是闭锁繁育，择优选留。

五、中间试验

刚选育成的新蜂种，在大规模推广和审定前，还需要中间试验，即在少部分蜂场内进行试用，并以各蜂场未经改良的蜂种作对照，只有在中试结果和育种蜂场试验结果一样时，才能提交审定。

六、提交审定

经过选育中试后的蜂种，扩繁到一定群体规模，按照新品种（新品系）审定要求，向上级主管部门提交申请报告，准备进行审定。

第四节　蜜蜂杂交育种

杂交育种是应用杂交技术，以两个或两个以上品种，通过不同基因型配子间结合，获得新的变异型的杂种，并通过育种手段，对杂种进行选育和性状固定，以获得新的品种类型而进行的一种新品种培育工作。蜜蜂品种间或品系间，只要组配得当，杂交种都可呈现出明显的杂种优势。因此，国内外养蜂生产都有一种趋势，即越来越普遍地使用杂交种蜜蜂进行生产，有的利用品种间的杂交种，有的利用同一品种内不同品系之间的杂交种。选用优良的蜜蜂杂交种进行生产，是大幅度提高蜂产品产量的有效措施。杂交育种可分为四个阶段。

一、制定育种目标和素材加工阶段

（一）确定育种目标

在开展蜜蜂育种之前，必须要有明确的育种目标，计划育成一个什么样的蜂种。育种目标是育种的方向、尺度。制定目标时应分清主次、突出重点，既考虑当前又应照顾长远需要，目标不能一下定的很高。根据蜂种的主要特点，可分为蜂产品高产型、抗病型、抗螨型、授粉型（图7-28、图7-29）等。

图7-28　蜜蜂采集花粉情况
（薛运波　摄）

图7-29　授粉蜜蜂选育
（薛运波　摄）

（二）制定育种指标

确定育种目标后，还必须制定出具体的育种指标，它是衡量是否达到育种目标的标准。以抗螨育种为例，蜂群的抗螨机制有3种：其一是工蜂发育周期，当工蜂蛹期短于11.5d时，抗螨性强；其二是工蜂的卫生行为，卫生行为强（能打开被蜂螨寄生的蛹房盖，能拖出被蜂螨寄生的蜂蛹）的蜂群，抗螨性能强；其三是工蜂咬杀蜂螨能力强的蜂群，抗螨能力强。假设预试验结果是：一般蜂群的落螨伤残率为8%～20%，其螨害较重；少数蜂群的落螨伤残率达30%，其螨害稍轻于前者；极少数蜂群落螨伤残率达到40%以上，其螨害显著减轻；其中个别蜂群的落螨伤残率达到50%～60%，全年不治螨也不出现螨害。根据这一预试验结果，可以用落螨伤残率作指标，来衡量蜂群的抗螨性。要求育成的蜂种具有很强的咬杀蜂螨能力，其落螨伤残率达到50%以上，比一般蜂群高2倍。

（三）搜集育种素材

培育杂交种蜜蜂需要两个或两个以上的蜂种作为育种素材。应根据育种目标和育种指标的要求，从各种种性已知的蜂群进行素材搜集。

1.简单杂交育种的素材要求　通过两个品种杂交（图7-30、图7-31）培育新品种的方法，叫简单杂交育种。这种杂交育种方法使用品种素材少，杂种的遗传基础比较简单。获得理想型后稳定其遗传性能较容易，因而培育的速度快、时间短、成本低。但一定要选择好、应用好用于育种的杂交品种素材，选用既具有育种目标的全部性状，还要优点较多、缺点较少，优缺点能够互补的两个品种素材进行杂交；同时要注意父母本选用方式和培育条件，才能有助于育种目标的较好实现。

2.复杂杂交育种的素材要求　通过三个以上（图7-32、图7-33、图7-34）品种、既多个品种杂交培育新品种的方式，称之为复杂杂交育种。当两个品种杂交达不到育种要求时，才考虑多品种杂交培育新品种。由于用的品种素材较

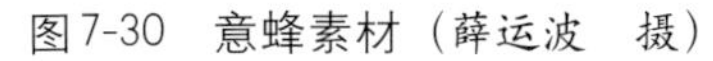

图7-30　意蜂素材（薛运波　摄）

图7-31　卡蜂素材（薛运波　摄）

多，后代的遗传基础比较复杂，杂种后代的变异范围较大，需要培育的时间相对较长。多品种杂交不仅应根据每个品种的性状和特点，很好地确定父本和母本进行优良个体素材的严格选择，还要认真推敲先用哪两个品种，后用哪一个或几个品种，后用的品种对新品种的影响和作用相对较大，更应慎重选择。

图7-32　卡蜂素材（薛运波　摄）

7-33　高蜂素材（薛运波　摄）

图7-34　意蜂素材（薛运波　摄）

3. 素材选择注意事项 要慎重选择杂交用的品种素材，严格选择杂交用的父母本蜂群。杂交为了创造新的类型，而新的类型的性状取决于所用的品种和种蜂群，这是杂交育种成败的关键。所选用的品种素材必须具有较强的、稳定的遗传性，必须具有新类型所需要的全部主要性状，同时注意所选品种的杂交效果和生产性能。对选用的种群要严格考察，因为我们用的不是整个品种，而是品种中的优秀种群。所以要求各个素材种群必须具备其品种特征和特性，具有突出的几个性状。同时选择的素材种蜂群要有一定的数量，避免以后产生不必要的近交。

（四）育种素材的加工纯化（近交系的选育）

搜集的育种素材一般纯度不是很高，纯度不高的杂交亲本，若组配得当，也可以表现出杂种优势，但其优势不太理想，且杂种优势效果在不同世代亲本的组配中重现率不高。为克服这种缺点，要对育种素材进行纯化。纯化的方法是近交系选育，如连续进行2代兄妹交配后，再连续进行几代表兄妹交配，建立几个高纯度的近交系（图7-35）。素材纯度越高，若组配得当，其杂种优势越明显，并且蜂群优势效果在不同世代亲本的组配中重现率就越高。

图7-35 近交系数50%以上（薛运波 摄）

二、杂交组配创新及定向选育阶段

采用杂交的方法，运用两个或两个以上品种的优良特性，通过基因重组和培育，以改变原有的蜜蜂类型，并创造新的理想类型。

在杂交阶段中，要明确理想类型的要求；要在选种、配种和培育上下工夫，确定哪个品种作母本，哪个品种作父本。杂交进行几代为宜，杂交后每个品种血统占多大比例即可停止杂交，并根据育种目标和育种指标进行定向选育。在定向选育时并不是杂交的代数越多越好，达到育种目标标准即可。杂种的品质可能高低不一、性状参差不齐，各自具有某种突出的优良性状，要努力选出优秀的个体蜂群。优秀的个体蜂群，在新品种培育中往往具有极其重要的作用，它们可以带动理想型的固定和提高，也可用来建立新品系。因此，要善于发现典型蜂群，善于使用典型蜂群。

三、横交固定

对通过杂交和培育创造成功的理想型蜂群停止杂交，改用杂种群内理想型的蜂群，进行自群繁育，稳定后代的遗传基础，并对其所产生的后代进行培育，从而获得固定了的理想蜂群。理想型蜂群，不一定属于同一世代，表现也不一定完全相同，只要他们合乎理想型要求即可进行自群繁育，称为横交固定。杂种二代可以与杂种二代交配，杂种二代也可以与杂种三代交配，一代杂种中的优秀蜂群，符合理想型要求也可进入横交。未达到理想型指标的杂种，不宜参与横交固定，应进行淘汰。近交成度要灵活、慎重，要有目的地进行近交。定向选育获得理想的同一类蜂群，同时作父母本培育雄蜂和蜂王进行繁育。同一类蜂群数量要求50群以上，以免近亲交配导致退化。当近交后代出现衰退迹象时，立即停止近交。发现后代有相当突出的蜂群，应考虑建立品系。

四、中间试验和提交审定

将横交固定后的杂交种蜜蜂在部分蜂场进行试用，并以当地蜂场原有的蜂种作为对照，以验证其可靠性，若中试结果与育种试验蜂场的小试验结果基本一致，应扩繁到一定群体规模，根据新品种审定要求，向上级主管部门提交申请报告，准备进行审定。

第五节　诱变育种

用物理因素或化学因素可人为地使基因产生突变，称为人工诱变，它可大大提高突变率。辐射诱变育种是利用各种射线（如X射线、γ射线、中子等）照射农作物的种子、植株或某些器官和组织，促使它们产生各种变异，再从中选择需要的可遗传优良变异，培育成新的优良品种。经过这样的育种，一个青椒重量可以达到500g，黄瓜可以长到0.5m。美丽的花卉也都神话般地发生变异，“一串红”本是一串串地开花，新品种可以满株开花，如同一座小塔；“万寿菊”本是单层的四瓣花，新品种开出的花却变成了多层的六瓣花；“矮牵牛”也会由原本开红色的小花，培育后花朵变大，而且一株可以开出红、白、粉等多种颜色的花朵；在家蚕、蓖麻蚕、抗生菌等育种方面，也已采用了此项技术。实践证明，X射线、γ射线和中子等都能使植物、动物和微生物的基因产生突变，其中极少数突变是对人类有利的突变，用这些突变类型便可培育出自然界中所没有的经济价值很高的新品种。

一、辐射对蜜蜂的影响

前苏联学者阿维蒂萨因（1969）报道了蜜蜂个发育阶段的生活力和寿命与γ射线的剂量成反比，卵的半数致死剂量是1 239R*，幼虫的半数致死剂量是2 630R，工蜂的半致死剂量是3 736R，受精蜂王的半数致死剂量为1 618 ~ 1 875R。用γ射线辐照蜂王，可显著增加其子代工蜂形态特征的变异。例如，以500R的剂量辐照时，第三背板长度可增加0.032 ~ 0.067mm，第三腹板长度增加0.063 ~ 0.093mm，蜡镜长度增加0.057 ~ 0.080mm；以1 500R的剂量照射时，第三腹板长度增加0.058 ~ 0.084mm，蜡镜长度增加0.059 ~ 0.097mm；以2 500R的剂量辐照时，第三腹板长度增加0.062 ~ 0.074mm，蜡镜长度增加0.053 ~ 0.080mm。上述情况表明，经过γ射线辐射后，蜜蜂不同的发育阶段辐照结果不同，不同的剂量辐照的结果不同，不同的特征变异的幅度不同。阿维蒂萨因根据进一步遗传分析指出，辐射诱变的方法可用于蜜蜂育种工作，可以增加蜜蜂某些特征的变异性。

中国农业科学院蜜蜂研究所（1977）也曾用γ射线对蜜蜂进行过辐射，结果表明受精卵的半数致死剂量在100R之内，2 ~ 3日龄幼虫的半数致死剂量为900 ~ 1 000R。可以看出，这一结果与阿维蒂萨因的结果是不同的，这很可能是由于在这两个试验中，辐照时间的长短不同造成的。

二、辐射诱变育种的难度

用放射性元素钴辐照蜜蜂，可使其基因发生突变，导致其基因型发生变异。因此，从理论上说，可将人工诱变方法用于蜜蜂育种工作中。然而，在实践中却远比农作物育种或家蚕育种难度大。一个蜂群的优劣，主要是由其经济性状决定的，即主要是由蜂群的生产力决定的；而蜂群的生产力，又是由蜂王和工蜂共同决定的。蜂王和雄蜂具有生殖能力，因此，它们的原始生殖细胞里的基因若发生了突变，是可遗传下去的；但蜂王却不直接体现蜂群的生产力，雄蜂更不体现蜂群的生产力，因此，无法判断其是否发生了突变；工蜂直接体现蜂群的生产力，虽可从其表现型判断其是否发生了基因突变，但工蜂不具生殖能力，因此，无法将突变了的基因遗传下去，这是蜜蜂的特殊性。

只有当辐射所诱发的基因突变发生在蜂王和雄蜂的原始生殖细胞的时候，

*R为伦琴，属非许用计量单位，1R=2.58×10^{-4}C/kg。

其变异才能遗传下去。而一般说来在辐射所诱发出的基因突变中，对人类有利的突变率是极低的，最多只有0.1%～0.3%，假设辐照1 000粒卵，最多只有1～3粒卵，可能会产生对人类有利的基因突变。而为了将这1～3粒已经产生了对人类有利基因突变的卵找出来，就必须将这1 000粒卵孵化出的幼虫全部培育成处女王（假设接受率为100%）；而为了观察这1 000只处女王，又必须使它们全部交尾；假设全部交尾成功，则又必须组成1 000个受试蜂群，并对其进行饲养、考察和筛选。可见仅工作量就大得惊人。而工作量还不是问题的全部，因为将突变型的蜂王找出后，还需要为该蜂王设计适当的后代交配方案，以便将这种有利的突变一代一代地遗传下去。这还只是假设诱发出的基因突变是显性突变，若是隐性突变情况则更加复杂，因为隐性突变在该蜂王发展起来的蜂群中，是观察不出来的。而对农作物、家蚕等进行辐射诱变育种，则比对蜜蜂容易得多，因为成熟的农作物和家蚕茧本身就可直接体现其经济性状。由于技术上的困难和工作量的巨大，迄今为止，国内外都没有利用辐射诱变育种技术培育出蜜蜂新品种的报道。

第六节　蜜蜂工程育种

蜜蜂工程育种中的“工程”二字是指准确的工程设计与施工，这和一般所说的遗传工程在概念上不尽相同，也不像基因工程那样可以越出种间、属间、科间、甚至纲目之间的相互关系去实行遗传性的变革。蜜蜂工程育种技术只能对可以确知的、并且可以通过正常交配或人工授精的手段实行交换、调理的遗传因素进行支配，所以蜜蜂工程育种技术的能动范畴只限于一个蜂种的内部，即只限于各个亚种之间而不能超越蜂种之间的关系。即或如此，蜜蜂工程育种技术作为一个完整的新技术体系，将能完善地解决过去应用常规育种技术实际上难以解决的大量技术问题，其中包括蜜蜂高级优种和高级杂交种的培育问题。

“蜜蜂工程育种”这一提法首次出现在《蜜蜂工程育种概论》（周崧，1985）一文中，其主要涵义是在蜜蜂育种科技领域中引入DBMS（数据库管理系统）概念。周崧在1964年的《蜜蜂的育种和杂交》一文中，阐明了在纯种培育基础上组配杂种优势组合的原则，之后在纯种培育方面做了大量试验。70年代末他试图利用“无父蜂王”的方法取得高纯度蜂种，但在探明其机理后，于1984年撰文否定了“无父蜂王”法在纯种培育方面的应用价值。在蜜蜂遗传育种方面的研究中发现——蜜蜂地理亚种一级分类研究的结果，已经不符合现代蜜蜂育种技术的精度要求；常规育种方法对于蜜蜂育种来说是低效能的，等等。到80年代“蜜蜂工程育种”渐趋完善，主要反映在蜜蜂工程育种（即蜜蜂育种数据库管理）系统原理和配套技术的提出，1985年在《蜜蜂工程育种概论》和《蜜蜂工程育种》（北京科学技术出版社，1989）中都扼要地反映了这一成就。

蜜蜂工程育种体系是一项工程技术体系，当然这个体系的整体和各个施工环节都可以用结构图来表明，包括这个工程体系的总体概念也可以很清楚地从结构图上表现出来（图7-36）。

在蜜蜂工程育种体系的结构图中，资源蜂种处在发源点，处在锥形射束的端部A（图7-37），射束到达的靶面B是地理亚种（包括用地理亚种配制的杂种或育成的新蜂种，也包括初级工程原种在内的分布面，因为实际上资源群还不存在，在当今的构图上只是一个虚像，如果要使之成为实体，其工程设计反映在工程育种体系结构图上，是由靶面发出的射束的反馈。

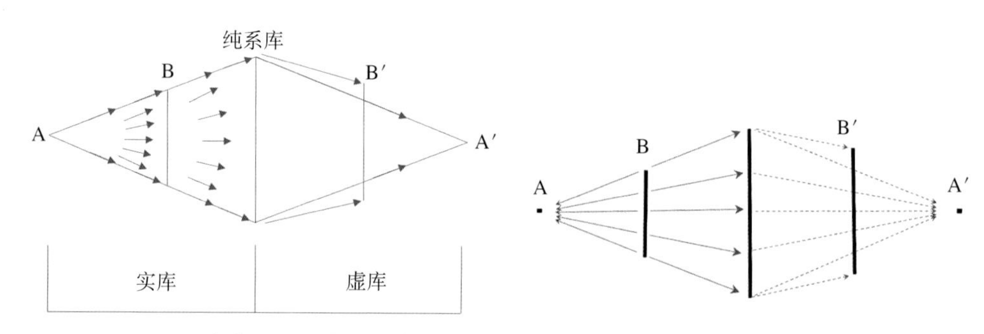

图7-36　实库、纯系库、虚库
（引自周崧，1989；常志光　仿绘）

图7-37　工程育种体系的结构图
（引自周崧，1989；常志光　仿绘）

蜜蜂工程育种体系结构图的中部是纯系库的位置，纯系库是整个育种体系的中心，纯系是反映准确的遗传性表现的种质单元，人们拥有各种不同特性的种质单元因素之后，才可能较为自由地配制各类蜂种。所以，当纯系库的建立已经达到一定水平之后，蜜蜂育种工作将进入一个新的境界，这个境界反映在结构图中心面（即纯系面）的另一侧，如果我们设想在结构图的中心面上放着一个凸透镜，这样由源点A发出的光束将可以在凸镜另一侧的一定位置聚合成一点A′，而在这个对称的源点和（纯系）中心面的中间也可以构成一个对称于地理亚种位置的光束分布面B′，这就是在蜜蜂工程育种体系中各种高级蜂种所分布的界面。所谓高级蜂种都是工程组配的产物，其中包括高效能优势杂种、高级工程原种（也可称作新蜂种），还有一种曾被称作“奇异蜂种”的特殊的纯种等。在这一个侧面（由中心面到源点A′之间）内已标明其存在的蜂种（包括源点A′代表的另一种资源群在内）实际上都只存在着组配程序而无实体，只有在需要某个种形成实体的时候才由程序化为实体。所以如果把工程育种体系结构图直接看成是一幅蜜蜂种质库和数据处理结构概念图，那么从中心面到源点A的一侧是实的（可称为实库），而由中心面到源点A′的一侧是虚的（可称为虚库）。预计在不久的将来，使蜜蜂育种工作面貌大变的基础将是虚库的发展。有趣的是到今天才被我们发现的虚库一侧，在B′面上早已有人涉足了，这就是美国的两个高效能杂种Starline和Midnight，育种者先登上了中心界面（纯系库），然后把两个有效程序推进了虚库，这就是早在好几十年以前就育成的这两个杂种至今常用不衰的缘故，他们保存的是配种元素和配种程序。

一、实库内容

实库，也可称为资源库。在实库中包含资源种群、地理亚种和初级工程原种等实体。

（一）资源种群及其培育

在蜜蜂工程育种体系结构图中，资源种群处在发源点，即处在锥形射束的端部，资源种群在自然界是不存在的。这里所说的资源种群是一种用人工维持的超小型的蜜蜂种质库，资源种群的每群群势限制在1框左右，用小群分箱饲养，由辅助群补给工蜂，并限制蜂王产卵。每只蜂王应具有两个不同的系姓。资源种群的蜂王每1 ～ 2年更换一次，更换时由每只蜂王为自己培育后代处女王，处女王通过人工授精取得，其精液按设计采自指定的地区、指定的蜂场、指定的蜂群。对采精和混精技术要求十分严格，这是为了保证各类种质都能以等量分配到各资源种群中去。资源种群是各类种质混合存在的实体，所以它本身没有种群遗传特征特性的数据档案，但其资源蜂群应有保持方法档案记录。资源种群不能称之为是什么种，只能称之为某某种的资源群。

（二）地理亚种

地理亚种是自然界蜜蜂经过长期自然选择形成的蜂种资源。地理亚种库中所有种质向聚合方向行进，则聚合于源点A，就产生了资源种群（所以资源种群是人工压缩成的微型种质库或资源库）；如果反过来向解析方向行进，投射在纯系分布面上则产生了纯系，并可建立起有实体贮存的纯系库。从地理亚种取材的聚合效果和解析效果，取决于亚种库中各种异质的种质的质和量，特别是优良的种质类型是否丰富。

蜜蜂地理亚种一直是人们用于养蜂生产的天然蜂种，但是，以这种遗传特性表达不准确的蜂种为原种，用于繁育后代或配制杂交组合，都得不到准确的杂交效果。

（三）初级工程原种及其培育

在蜜蜂工程育种体系未建成之前，应当努力防止地理亚种的基因丢失问题，并且要使亚种基因混杂，就是要在地理亚种分布面的位置上，安置类似于地理亚种的原种——初级工程原种。所谓“初级”是“准”的意思，初级工程原种就是“准工程原种”。它不能取材于纯系库，而是从一般蜂群中就地取材，进行粗糙的组配，将这些优良种性资源组合在一起所产生的蜂种，即可称为初级工程原种。如国内培育的“金星”（图7-38）和“金环”（图7-39）等蜜蜂。由于取材来源所能提供的相似综合性状有限，这种初级原种不容易表现出和常见的各个知名蜂种的各自性状有明显不同的新特点。但是，初级工程原种的组配措施，能够在规定的种性范围内大量集中优良种质，使表达特定性状的基因和异质性等位基因都得到增补。采用这一措施，也就使亚种原来的种性得到更新和复壮的效果。这也是培育初级工程原种的最主要目的。

图7-38　金星蜜蜂（薛运波　摄）

图7-39　金环蜜蜂（薛运波　摄）

初级工程原种的培育，应从培育“全息型”蜂王入手，通过混精授精来完成种质基因的聚集，使每只蜂王都携带一个初级原种的全部种质基因，集各种良才于一身，这种蜂王又称为A型蜂王。和资源种群一样，初级工程原种的A型蜂王也要每年更新一次，在更新时要引入更多的具有相似遗传性能的异质基因进行增强，并且要使老蜂王受精囊中保存的精子集中起来注射和转移到新蜂王的受精囊里。对推广出去的蜂王后代都要作为追踪采精对象，这可以使收集起来的种质基因不易丢失。

二、纯系和纯系库

在蜜蜂工程育种体系中，“纯系”是指除了有一对染色体必须处在异质结合状态之外，其他15对染色体基本上都处于同质结合（纯合）状态。所以，蜜蜂的纯系具有接近极限的最高纯度。纯系是人工育成的，一个地理亚种再纯也不能称作纯系。在蜜蜂工程育种体系中，一个纯系有一个“系名”和两个“系姓”。“系名”代表常染色体部分，蜜蜂有15对常染色体。“系姓”代表性染色体部分，蜜蜂性染色体异质数量是有限的。纯系是配种的元素，是实库中具有最精确遗传表型数据、但也最脆弱的实体部分。当有了大量纯系之后，工程育种就有了丰富的种质数据的库存，这就是纯系库。所以，纯系库的建设是工程育种体系中育种程序化发展的基本建设，也是蜜蜂工程育种体系的核心。在纯系库建成之前，虚库里编制的组配育种程序无法进行。

（一）纯系的培育

蜜蜂纯系可以通过近交使其纯度累积来培育，常用的近交形式可采用母子交配和女父回交（详见相关条目）。

（二）纯系的保持和鉴定

对纯系的保持问题，周崧提出采用“三群制”纯系保持法，“三群制”由辅助群、产卵群和鉴定群组成。辅助群专为纯系保持提供哺育蜂。产卵群中的纯系蜂王在一个大箱中分别处在4个小区内，每个小区可容纳2个巢脾，经常保持2框蜂（4个小区共8框蜂）的群势；产卵群中的哺育工蜂由辅助群补给；卵虫脾从产卵群中提交给鉴定群中，完成哺育直到新蜂羽化。一个纯系的遗传性状可以在鉴定群中进行鉴定，鉴定群中有1只纯系蜂王，工蜂完全是本纯系的。

（三）系姓的测定

在纯系库建设中，测定系姓是一项重要工作。随着新纯系的增多，系姓有重复的可能，所以每个纯系的实际系姓必须查清楚。一是查明某纯系应当在哪一对双姓系列上；二是查明某纯系是否具有独家姓氏。检查的惟一办法是测交，在测交中可把大量的库存纯系分成数量上基本相等的几个集团，先测知新纯系的姓氏与哪一个集团内的姓氏有相重的现象，如有，则可以只与这个集团内的各个纯系分别测试；如果没有，说明新纯系的两个姓都是独有的，这样可使系姓的检测工作大大简化。

三、虚库内容

（一）资源种群

与实库中的资源种群A不同，虚库中的资源种群A′是一个全息型组合程序，其组配元素是取自于纯系库的全部信息。因为纯系的建立和库存，一般要经过选留，所以用纯系库材料组合成的资源种群A′，比实库中的资源种群A具有更优越的意义。在平时，资源种群A′不必以实体形式存在，所以在整个蜜蜂工程育种体系中，资源种群A′处在虚库的端点位置，虽无实体，但它所包含的全部种质特性都是可以确知的。资源种群A′在库存中是一个精细的程序。这个程序是关于选材、组配及其在各种使用条件下的特性表现的预测内容，还包括有关生产应用方法的指导等。

在纯系库存达到一定水平之后，蜜蜂育种就可以进入一个工程组配的高级阶段，即能根据生产需要，从纯系库中将具有相同功能（常染色体是同质或异质同效，而性染色体又各不相同）的纯系提取出来，组配成高级蜂种。

（二）杂种组配

包括单交种、顶交式三交种和双交种的组配。

1.单交种的组配原理 蜜蜂工程育种理论认为，蜜蜂单交种不但可直接用于生产，而且更适合用作配制三交种或双交种的亲本。若直接用于生产的单交种，在组配选材时需要考虑强弱基因互补效应，即对某些重要的遗传特性不一定要亲本双方都是优良的，只要亲本之一的性能很好，杂交后即能掩盖另一亲本在同一性状上的表现。如果把单交种作为一个杂种的亲本之一，等位基因的互补效应将由第三个亲本的等位基因的情况来决定。原来的单交配对的状况完全重新分开，原来的单交互补效应（表现为杂种优势）也就随之解除了，和第三个亲本交配后，再度出现的等位基因互补效应是来自两个单交亲本的等位基因组与来自第三个亲本的等位基因组配对后产生的联合效应。所以，若用作配制三交种或双交种亲本的单交种，在组配选材时，应先用在主要性能上相似又非互补的两个纯系来组配。

2.顶交式三交种组配原理 用作配制顶交式三交种的单交种亲本，就是前面所说的用作配制三交种或双交种亲本的单交种，可以用两个纯系经人工授精组配而成。这个单交种与第三个亲本（可用一个地理亚种）的交配，采用在第三个亲本（地理亚种）的控制区内进行自然交配的方式，所产生的三交种用于生产可以表现出良好的效果。

3.双交种组配原理 用两个单交种相交配可以获得一个双交种。与培育三交种的单交亲本的选择一样，每一对纯系之间应注意性能上的相似性，而不应当强调强弱互补。但每一组单交种的每个纯系和另一组单交种的每一个纯系之间都应注意能达到最理想的互补效应。两对纯系组成的双交种应含有8种异质性等位基因，这在纯系库数据中是可以预先查明的。在组配过程中，以单交种作亲本可以大大降低配种成本。如果用纯系作亲本在控制区进行自然交配，控制成本很高。而组织单交种蜂群在大面积的控制区内进行自然交配是不难做到的。因此，在组配两个单交种时，可用人工授精技术；在两个单交种之间的交配时，可在单交种的大面积的控制区内进行自然交配。

（三）纯种组配

这里介绍的两种高级纯种都必须由人工组配才能培育出来，一种是模仿地理亚种的“纯种”遗传结构模式，在纯系库库存种质数据达到一定丰富程度的时候才能组配的蜂种，称之为“高级工程原种”。另一种是纯度极高的蜂种，但其性染色体又是高度杂合的，是用常规方法不易选育出来的蜂种，可称作“高级蜂种”。

1.高级工程原种的组配原理 高级工程原种是遵循“同效”的原则组配起来的，类似于自然亚种的蜂种，其遗传性能稳定、后代表型整齐一致，是用准确的纯系种质数据组配成的。在应用上比一般地理亚种或初级工程原种的表现更为稳定可靠。因为高级工程原种完全是从单因素遗传数据的组合效应来确定组配方案的，是以数据库中那些遗传表达稳定的单元因素（即每个纯系只表达一个突出特性）为基础。组成高级工程原种要有多种同效的系名和大量异质的系姓，具体地说要有15对在常染色体遗传表现同效而性基因系列全异的纯系来构成一个高级工程原种，所以高级工程原种的培育是高水平、高效能的优种组配技术。高级工程原种是为了直接在生产中多代应用，也可用于建立闭锁繁育区的人工优种。

2.高级纯种的组配原理 高级纯种是以纯系为基础，高级纯种的常染色体部分和纯系的常染色体一样，都是全部同质结合的。因为高级纯种的遗传性十分稳定，表现为特性数据的测定是精确的。但是，高级纯种在性染色体部分却是杂合的。从理论上讲，这种杂合程度比自然地理亚种或任何杂种更为无度。高级纯种的组配，实际上是一种系名的转嫁，在对每个纯系进行综合考察的基础上，挑选最优秀的纯系作为标准的样板纯系，因为样板纯系的性能决定着高级纯种的性能。系名的转嫁方法是采用父女回交作为定向转嫁的媒介，用样板纯系的雄蜂作为父本的供给者，连续给它的六代女儿蜂王授精。但是，因为随着回交世代数的增加，从母本蜂王受精囊中回收的父本雄蜂精子量会大幅度减少，再往后进行回交就相当困难了。

3.高级纯种的用途 在高级纯种的组配过程中，最重要的步骤就是纯合常染色体与异质性染色体之间的转嫁。因此，在应用价值上使高级纯种远远超过了纯系。高级纯种是由结合力较强的优秀纯系组配成的，它包含有大量异质性等位基因，所以无论将高级纯种与什么纯系组配，都不易产生低效能的组合和较高的幼虫死亡率。每个高级纯种都具有优良的性状，若与其他纯种杂交时，性状间的互补和基因的杂合效应会充分地表现出来。因此，在高级纯种之间的杂交组配，将会产生出高效的杂种优势。由于高级纯种具有许多优点和很高的使用价值，所以高级纯种具有育种价值高、应用范围广、经济价值高等优点，而且高级纯种可以采用闭锁繁育的方法加以保存，保种的成本也较低。

第七节 蜜蜂的近亲交配

蜜蜂近亲交配（近交）是指血缘或亲缘关系相近的雌雄个体之间的交配。在遗传育种工作中，在选择某一性状表现最优良的个体时，希望使该优良性状的特性稳固遗传下来，往往采用近交的方式，通过增加基因的纯合率来实现。但是，近交是把双刃剑，一方面可以使某一优良性状稳定遗传下来；另一方面由于近交造成性等位基因纯合而产生二倍体雄蜂，二倍体雄蜂在幼虫阶段往往会被工蜂弃掉，使蜂群出现“插花子”现象（图7-40），同时又会带来生活力下降和生理机能减弱等不良后果。蜜蜂在长期进化过程中形成了两种生殖方式：孤雌生殖和有性生殖。雄蜂由未受精卵发育而来，属于单倍体，只具有母亲的一套染色体；工蜂和蜂王属于雌性蜂，由受精卵发育而来，具备了双亲的染色体组型，属于正常二倍体生物。因此，雌性蜂的产生是有性生殖，而雄性蜂的产生是孤雌生殖。自然条件下，蜂王有性生殖是通过一雌多雄的方式，在空中飞翔完成。蜂群由此获得丰富的遗传物质，以适应复杂多变的自然环境。也就是说蜜蜂的生存天生就是要保持自身蜂群的高度杂合状态。然而，这一特性却给蜜蜂的保种和育种工作带来了极大困难。在生产实践中，我们往往希望蜂群的某些优良性状可以保存下来，即稳定遗传给后代，而不发生性状分离。根据孟德尔自由组合与分离定律，只有进行纯种间的同质交配，性状才可以一代代遗传下去而不发生分离。

图7-40　近亲导致的插花子脾
（薛运波　摄）

一、蜜蜂近交

蜜蜂具有空中交尾和多雄授精的特点，近亲交配只有通过人工授精技术或严格控制自然交尾才有可能实现。随着蜂王人工授精技术的发展和完善，1950年，美国M. S. 波尔希默斯、J. L. 勒什和W.C.罗森布勒提出了蜜蜂的可能的交配系统；同年，美国F. J. 科罗和W. C. 罗伯茨提出了蜜蜂的近交系统和纯度的计算方法；1951年，美国O. 麦肯森进行了蜜蜂自体授精（母子回交）试验；1964年，美国G. H. 凯尔和J. W. 高恩进行了蜜蜂配子回交（父女回交）试验。中国在20世纪80年代，已经将自体授精技术和配子回交技术应用于蜜蜂育种研究中。

二、蜜蜂近交系统

包括父女交配、母子交配、兄妹同胞交配、表兄妹交配、姨甥交配、舅甥女交配和连续回交等多种。蜜蜂育种工作者可以根据需要和可能选用一种或几种。

（一）兄妹交配

同一只蜂王产的处女蜂王和雄蜂之间的交配（图7-41）。在遗传学上相当于母女同交。蜜蜂在自然交尾的情况下，可以发生兄妹交配，但须严格控制交尾场地，一般可将交尾场设在无蜂的海岛上或设在深山区，其隔离半径至少为12 ～ 15km；最好应用人工授精技术。兄妹交配杂合率递减的速度低于女父回交和母女回交杂合度递减的速度；与女父回交和母女回交相比，建成遗传性状高度稳定的近交系所需的世代多。在最初的几个世代中，可进行系内选择。经过连续两个世代兄妹交配后，便出现50%的二倍体雄蜂卵。

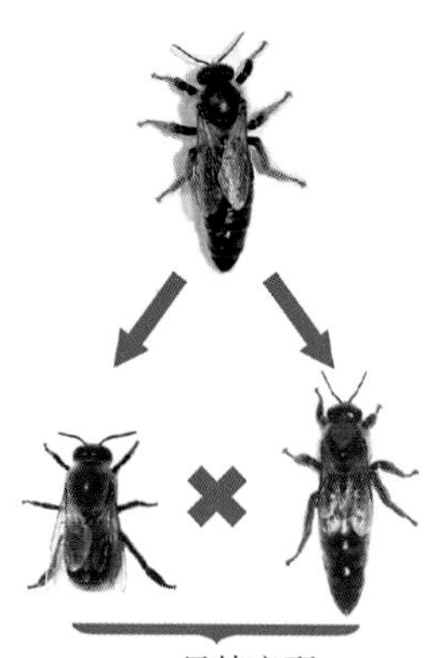

图7-41　兄妹之间交配
（薛运波、常志光　摄制）

（二）表兄妹交配

姐妹蜂王产的处女蜂王和雄蜂之间的交配（图7-42）。在遗传学上相当于姨甥女回交。在自然交尾的情况下，可以发生表兄妹之间的交配，但须严格控制交尾场地，也可以应用人工授精方法进行。但是，超同胞姐妹蜂王产的处女王和雄蜂之间的交配，只能采用单雄人工授精的方法进行。表兄妹交配杂合率递减的速度低于兄妹交配，建成遗传性状高度稳定的近交系所需的世代多于兄妹交配。近交衰退速度低于兄妹交配。

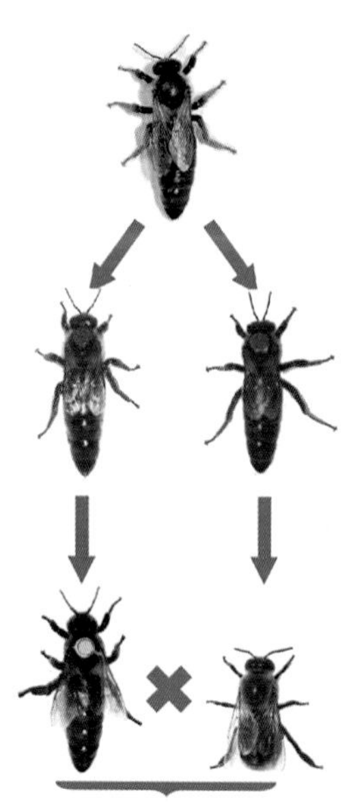

图7-42　表兄妹之间交配
（薛运波、常志光　摄制）

三、近交系

累代近亲交配形成的纯度很高、遗传性状稳定的蜜蜂群体。通过亲代与子代或者半同胞、全同胞等方式进行近亲交配，使具有不同性状的个体产生分离，获得遗传型相对纯合的个体，其性状会逐步趋于稳定一致。由于其后代性状将不再发生分离，因此，近交系是动植物育种研究中的重要材料。在蜜蜂育种中，新品种（品系）培育、良种保存与杂种优势利用等都涉及不同程度近交和不同近交系的选择。可见，近交系的建立在蜜蜂遗传研究与育种工作中具有重要地位。因此，采用人工干预蜜蜂交尾的方式定向培育蜜蜂近交系是蜜蜂育种工作中不可或缺的手段。蜜蜂近交系的生活力较低，不能直接用于生产。但是，不同近交系的蜜蜂杂交形成的杂交种，由于其亲本纯度较高，可表现出很强的杂种优势，这种优势性能在每一代亲本杂交时都会重复出现，用于生产可以连年收到同样的增产效果。此外，鉴于蜜蜂具有有性生殖和孤雌生殖的生殖方式，其近交系的建立、发展速度、纯度必然与普通有性生殖的二倍体生物不同。

四、近交系数

一个蜂群由于近交而导致相同等位基因的比率，是衡量蜜蜂系谱中某个蜂群近交程度的指标（图7-43）。育种工作中，通常采用近交系数（*F*, coefficient of inbreeding）来评价近交系的近交程度。近交系数最初由Wtight（1921）提出，用来描述相结合的雌雄配子之间的遗传性相关。1948年，Malcot正式提出了近交系数的概念，认为近交系数是用于描述近亲交配个体中基因纯合程度的数量指标，是指近交个体的等位基因来自于共同祖先的概率，即同质基因或纯合子所占的比例。在蜜蜂育种工作中，也经常把“近交系”称之为“纯系”，用纯度来描述“纯系”的近交程度。纯度的概念与近交系数相近，是指每个合子中“纯合染色体对”的数量占合子本身染色体总对数的比例。

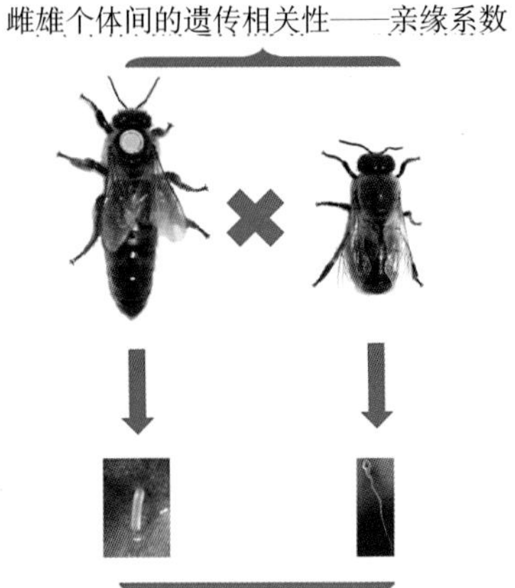

图7-43　近交系数、亲缘系数
（薛运波、常志光　摄制）

五、亲缘系数

亲缘系数又称血缘系数或亲属间遗传相关系数（图7-43），是将群体中个体之间基因组成的相似程度用数值来表示。其意义是拥有共同祖先的两个蜜蜂，在某一位点上具有同一基因的概率。它与近交系数不同，近交系数是两个个体本身是什么程度的近交产生的，而亲缘系数反映两个个体间的遗传相关（亲缘）程度。在一个蜂群中，各蜜蜂个体之间存在着母女、母子、兄弟、兄妹（或姐弟）、超同胞姐妹、全同胞姐妹和半同胞姐妹等亲缘关系。母女关系——蜂王和其所产生的雌性蜜蜂（工蜂和处女王）之间的关系。母子关系——蜂王和其产生的雄蜂之间的关系。雄蜂是由未受精卵发育而来的，在遗传学上相当于蜂王的一个配子。兄弟关系——同一只蜂王所产生的雄蜂之间的关系，在遗传学上相当于蜂王的不同配子。兄妹关系——同一只蜂王所产生的雌蜂和雄蜂之间的关系，在遗传学上相当于母女关系（雄蜂相当于母，雌蜂相当于女）。超同胞姐妹关系——同母同父所产生的各雌性蜜蜂之间的关系。雄蜂是单倍体，其精子发生过程不经过减数分裂，同一只雄蜂产生的所有精子，其基因型与该雄蜂的基因型完全相同。蜜蜂细胞学上和遗传学上这一特点，造成了比畜牧业中同父同母的姐妹关系更亲近的超同胞姐妹关系。全同胞姐妹关系——同母异父，但父本之间为兄弟的所产生的雌性蜜蜂之间的关系，在遗传学上相当于畜牧业中的同母同父的姐妹关系。半同胞姐妹关系——同母异父，但父本之间不为兄弟所产生后代的雌性蜜蜂之间的关系，在遗传学上相当于畜牧业中的同母异父或异母同父所产生的姐妹关系。

六、蜜蜂回交

两个品种进行杂交所得到的子一代和两个亲本的任一个进行交配的方法。在动植物育种工作中，常利用回交的方法来加强杂种个体的性状表现，特别是与隐性亲本回交，是检验子一代基因型的重要方法（实为测交），用回交方法所产生的后代称为回交杂种。而蜜蜂回交是近交的极端方法，可以较快提高近交系数。蜜蜂回交包括父女回交（见相关条目）、母子回交（见相关条目）、姨甥回交、舅甥女回交和连续回交。回交的优点是较有把握获得所期望改良的特性，同时又保留轮回亲本的大部分优点，能稳定、快速达到改良的目的，缩短育种年限。但是，蜜蜂的性别是由一对“性等位基因”决定的，回交会导致性等位基因纯合，而出现二倍体雄蜂，在幼虫阶段会被工蜂清除，出现“插花子脾”，使群势下降。

七、蜜蜂母子回交

用处女王产生的未受精卵发育成的雄蜂，再与这只处女王交配（图7-44）。在自然交尾的情况下，永远不可能发生母子回交，因为蜂王产卵之后终生不再交尾。只有应用蜂王人工授精技术才可能实现蜜蜂的母子回交，用处女王本身所产雄蜂的精液，给该处女王进行人工授精。由于雄蜂是由未受精卵发育而来，因此，雄蜂仅包含了产生它的蜂王的一半遗传物质，即该蜂王一个配子的遗传物质，所以蜜蜂的母子交配在遗传学上相当于自交。所谓自交是指结合的雌雄配子来自于同一亲本。自交能快速提高近交系的纯度，在普通有性生殖的二倍体畜禽动物中是不可能发生的，而蜜蜂育种中却可以利用其独特的孤雌生雄的生殖方式，通过自交（即母子交配）快速建立纯系，采用这种近交方式建立的近交系，每一世代递减达50%。依据通径分析原理计算

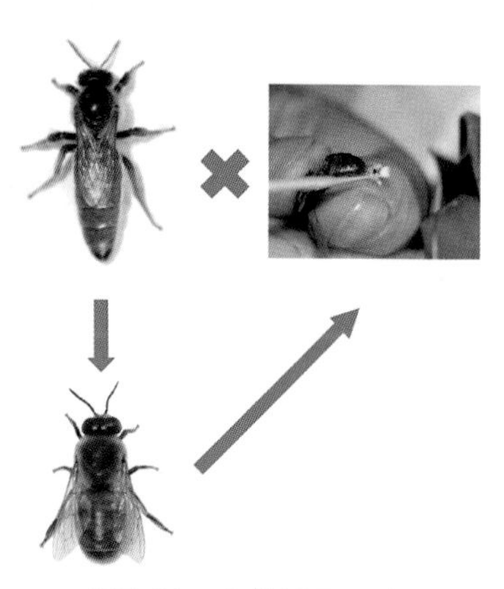

图7-44　蜜蜂母子回交
（薛运波、常志光　摄制）

得出，通过母子交配的近交方式，后代近交系数为0.96时，约需要5代；经过19代的近交则会达到近交终点，近交系数约为0.999 998 092 7。这一方法的缺点是因遗传性很快趋于一致，故系内选择的意义不大；只需回交一代，便出现二倍体雄蜂，基因频率变化速度快，近亲衰退现象十分严重。

方法如下：处女王性成熟后，不让它交尾，用二氧化碳连续处理2d，每天处理10min，促使其产未受精卵；待该处女王产的雄蜂即将性成熟时，将处女王用纱罩扣在巢脾上，不让它再产未受精卵；3～5d后，用人工授精的方法将该处女王所产的雄蜂的精液给该处女王授精。母子回交可迅速建成高纯度蜜蜂近交系。其缺点是近交衰退速度很快，并且只进行一代母子回交，二倍体雄性卵的比率就高达50%，因此插花子脾现象十分严重。

八、蜜蜂女父回交

亲子交配的另一种方式，是指雄蜂与其后代蜂王交配（图7-45）。处女王和其父本雄蜂之间的交配，在遗传学上相当于和同一个配子之间的回交。蜜蜂在自然交尾情况下，永远不可能发生父女回交，因为雄蜂交尾后随即死亡，而将其精液贮存在与其交配蜂王的受精囊中，不可能再与其他任何处女王交尾，当然也就不可能有父女回交的现象存在。只有应用蜂王人工授精技术才可能实现蜜蜂的父女回交。用一只雄蜂的精液给每一世代的处女王进行人工授精，该近交方式的操作具有一定难度，必须熟练掌握单雄人工授精技术和微量人工授精技术。采用此种近交方式建立的近交系，每一世代递减达50%，近交系数达0.96，同样需要5代左右，完全纯合需要17代。

方法如下：亲代处女王必须采用单只亲代雄蜂的精液进行单雄人工授精，待亲代蜂王的受精卵发育成子代处女王后，将亲代蜂王杀死，取其受精囊内的精液，给子代处女王进行人工授精，反复重复上述过程，直至达到理想近交系数。

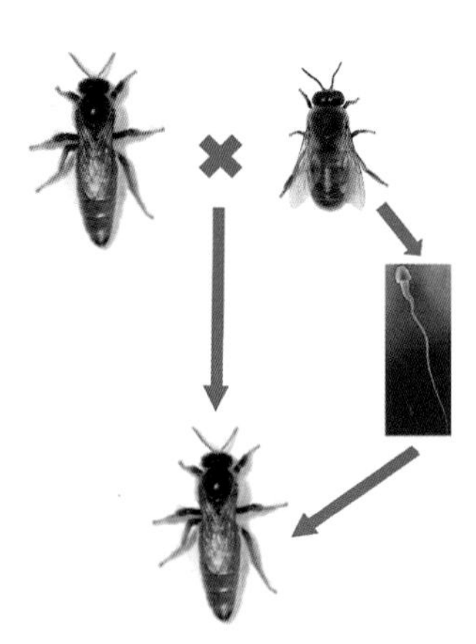

图7-45 父女回交
（薛运波、常志光 摄制）

九、其他回交

（一）姨甥回交

处女蜂王与其姐妹蜂王所产的雄蜂之间的交配（图7-46）。在遗传学上相当于姐妹交配。可以严格控制自然交尾的方法，也可以应用人工授精的方法进行；但是，处女蜂王与超同胞姐妹蜂王所产的雄蜂之间的交配，只能采用单雄人工授精的方法进行。姨甥回交杂合率递减的速度高于表兄妹交配，建成遗传性状高度稳定的近交系所需的世代少于表兄妹交配，但近交衰退速度较兄妹交配快。

（二）舅甥女回交

处女蜂王与其舅父之间的交配（图7-47）。在遗传学上相当于外祖母与外孙女回交。可以严格控制自然交尾的方法，也可以应用人工授精的方法进行。舅甥女回交杂合率递减的速度低于表兄妹交配，建成遗传性状高度稳定的近交系所需的世代多于表兄妹交配；近交衰退速度比较缓慢，可以在较多的世代中进行系内选择。

（三）连续回交

每一世代的处女蜂王与同一只老蜂王所产的雄蜂之间的交配（图7-48）。在遗传学上相当于与系祖回交。可以严格控制自然交尾的方法，也可以应用人工授精的方法进行。连续回交不能形成遗传性状高度稳定的近交系，近交衰退速度较缓慢。

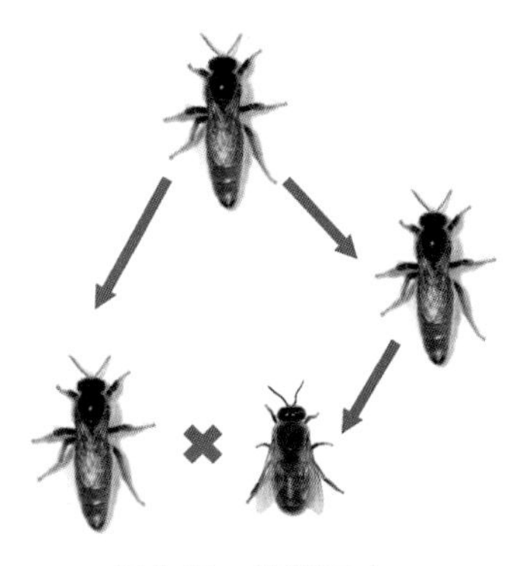

图7-46　姨甥回交
（薛运波、常志光　摄制）

图7-47　舅甥女回交
（薛运波、常志光　摄制）

十、蜜蜂近交遗传效应

蜜蜂在长期进化过程中形成了孤雌生殖和有性生殖两种方式。其中有性生殖交配方式一般情况下是一雌多雄授精，在空中完成。蜂王可以获得丰富的遗传物质，以便适应错综复杂的自然环境。但是在现代蜜蜂育种中，根据市场对单一蜂产品需求的不断增加，渴望培育出某一性状非常突出的品种。因此常常采用近交方式，进行定向选育。

（一）蜜蜂近交的益处

1. 固定优良性状　近交的基本效应是使基因纯合，用近交的方式来固定优良性状，使其能够比较切实地遗传给后代，很少发生分化。一般在培育新品种过程中，当出现了符合理想的优良性状后，就采用适当的近交方式来固定优良性状，使其稳定遗传下去。

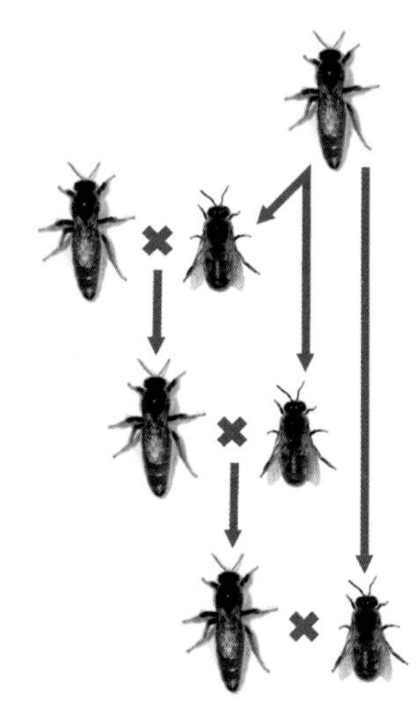

图7-48　连续回交
（薛运波、常志光　摄制）

2. 揭露有害基因 由于有害性状多数是隐性基因控制的，在非近交情况下很少出现，而近交时，由于基因型趋于纯合，隐性的有害基因暴露的机会增多。因此，可将携带有害基因的个体淘汰。

3. 提高蜂群的同质性 近交使基因纯合的另一结果是造成群体的分化，但是经过选择，即可以得到比较同质的蜂群，达到提纯的目的。这种遗传结构比较一致的蜂群，在与其他品种杂交时，杂种优势比较显著，且杂种表现比较一致。

（二）近交衰退现象

近交除了具有上述积极作用外，也有不利作用，那就是近交衰退现象。近交衰退是指由于近交蜂群的繁殖能力、生理活动以及与适应性有关的性状都较近交前有所减弱，具体表现为繁殖力减退，生活力下降，适应性、抗逆性变差，体质转弱，生产力降低等。

（三）近交衰退的原因

近交衰退的原因目前有生活力学说和基因学说。前者认为，近交时由于两性细胞差异较小，从而使后代的生活力降低；后者认为近交使基因纯合，基因的显性与上位效应减少，且平时被显性基因所掩盖起来的隐性有害基因得到表现；再之，蜜蜂的基因完全纯合后会发育成二倍体雄蜂，这些雄蜂在幼虫阶段会被工蜂吃掉，使蜂群的有效产卵量下降，因而产生衰退现象。此外从生理生化角度看，由于某种生理发育不足或者内分泌系统的激素不平衡，或者是未能产生所需要的酶等都会导致近交退化。

（四）应用近交注意的问题

1. 必须有明确的近交目的 近交只能在育种工作需要的情况下使用，生产中一般不用，近交只宜在培育新品种和建立新品系或纯系中，为了固定优良性状和提高纯度时使用。选择近交的蜂群通过实际观测确认其性状是优良的，方可进行定向近交。

2. 灵活运用各种近交形式 如兄妹交配、母子交配（自交）、父女交配等。应根据要选择的性状及蜜蜂遗传学、生物学特性灵活运用各种近交方式。

3. 控制近交速度和时间 母子交配和父女交配运用得当，见效快，但风险大。兄妹交配，基因纯合速度稍慢些，但风险小。近交尤如用药，剂量太小不起作用，剂量太大会有风险。一般来说，近交速度慢些，可使种群的隐性有害基因充分暴露出来。而采用累代高度近交，让所有基因全面急速纯合会造成蜂群近交衰退，很难进行生物学特性观察。许多试验证明，采用先慢后快的方法，先用兄妹交配的形式进行探索，发现效果良好时，再加快近交速度为宜。

4.严格选择　近交必须与选择密切配合，才能达到预期效果。首先必须选择优秀强壮的蜂群进行近交，对于近交的后代，应进行严格的选择。因为近交本身并不能改变群体的基因频率，只有辅之以严格的选择，才能使有害的不良基因的频率不断下降，直到消失。近交的不良影响是逐代累积的，特别是体质、生活力和适应性等方面的衰退，往往在近交一代中表现不十分明显，随着近交代数的增加，衰退表现会累积加深，要及早将那些带有细微的不良变异，坚决予以淘汰。

十一、近交系保存

蜜蜂育种工作中，建立近交系的目的之一就是利用不同近交系组配多种杂交组合，生产杂交种，然后用于生产。这是因为杂种一代往往会表现出明显的杂种优势，在生产中容易获得高产。但是该杂交种并不是一个新品种，因为杂交种的优良性状并不能稳定遗传给下一代，在杂种二代中往往会出现性状分离。因此，为了来年能继续利用杂种优势进行高效生产，每年都需要对相关的近交系进行保存。但高纯度近交系由于近交衰退导致其生存能力很差，插花子脾现象严重，空房率可高达50%，很难独立生存和发展。因此，要采用适当的方法进行近交系保存。

（一）普通蜂群封盖子脾补入法

可不定期地从普通蜂群中抽出封盖子脾补入近交系蜂群，来抵消近交系的高度纯合状态，维持近交系的生存，从而达到保存近交系的目的。

（二）蜜蜂嵌合近交法

嵌合法是用来保存近交系的一种育种方案。具体操作方法为：将主题父本精液与背景父本精液按照1∶2混合均匀，然后给近交系处女王进行人工授精，由此发展起来的蜂群在任何时候都是主题工蜂占20%，背景工蜂占80%的嵌合蜂群。所谓主题父本指作为父本的近交系蜂群；背景父本指作为父本的与近交系无亲缘关系的其他蜂群，要求背景蜂群的体色与近交系有明显区别；主题工蜂指主题父本与近交系蜂王交配产生的工蜂；背景工蜂指背景父本与近交系蜂王交配产生的工蜂，在体色上与主题工蜂也有明显区别。嵌合蜂群一方面可以利用杂种优势抵消因高度纯合而产生的衰退现象，达到保存近交系的目的；另一方面可以用嵌合蜂群进行生产、扩繁子代嵌合群。

子代嵌合蜂群的培育程序如下：用嵌合蜂群培育主题父本雄蜂，用背景蜂群培育背景父本雄蜂。待雄蜂将要羽化出房时，用嵌合蜂群的卵虫脾育王，处女王羽化出房后，选择体色与近交系蜂王一致的处女王进行嵌合精液人工授精，使其独立发展成群。如此一代代繁育，不仅可达到保存近交系的目的，而且可以使近交系得到扩展、壮大。

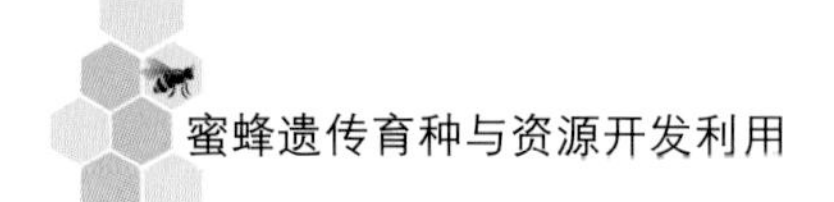

第八节　杂种优势利用

一、蜜蜂杂交

两个或两个以上不同品种或品系蜜蜂之间的交配称为杂交。同一蜜蜂品种或品系的不同近交系之间的交配，称为品系间杂交。高纯度蜜蜂近交系杂交组配而成的杂交种蜜蜂，往往表现明显的杂种优势，用于生产可大幅度提高蜂蜜、蜂王浆等蜂产品产量。例如，国际著名的斯塔莱茵蜂就是意蜂品种之内的4个近交系之间杂交的配套系、米德耐特蜂就是意蜂和高加索蜂4个近交系之间杂交的配套系。国内蜂蜜高产型的国蜂213、白山5号就是卡蜂和意蜂3个近交系之间杂交的配套系，还有松丹双交种蜜蜂是卡蜂和意蜂4个近交系之间杂交的配套系。

二、杂交血统的构成

一个正常的蜂群是由蜂王、雄蜂和工蜂两代个体所组成的，在自然情况下，在一个蜂群里不可能获得遗传物质相一致的杂种有机体。在纯种蜂群里，蜂王、雄蜂和工蜂的血统是基本一致的。但在杂种蜂群里情况则不同，在单交种蜂群里，蜂王和雄蜂可以是纯种，而工蜂为单交一代；在母本为单交一代的三交种蜂群里，蜂王为单交一代，雄蜂虽然也是单交一代，但其遗传物质与蜂王不同，工蜂则为三交一代。

目前国内外的杂交种蜜蜂基本上都是西方蜜蜂品种或品系之间杂交而成，多数是以著名的意大利蜂、高加索蜂、卡尼鄂拉蜂、欧洲黑蜂四大经济蜂种为素材或以其近交系为素材进行杂交产生的。单交种是由2个不同的蜜蜂血统进行杂交产生的，三交种是由3个不同的蜜蜂血统进行杂交产生的，双交种是由4个不同的蜜蜂血统进行杂交产生的，混交种是由多个不同的蜜蜂血统进行杂交产生的。

在养蜂业中的所谓杂种雄蜂，其含义与遗传学上的杂种完全不同。遗传学上的纯种或杂种，是指等位基因而言的，等位基因处于纯合状态，则为纯种；等位基因处于杂合状态，则为杂种。由于雄蜂是单倍体，只有一套染色体，不可能存在等位基因，因此，也就不可能存在等位基因纯合和杂合的问题，所以，也就不可能有遗传学上所说的杂种雄蜂的存在。养蜂业中所说的杂种雄蜂，是指该雄蜂的16条染色体来源而言的，16条染色体分别来自于不同蜂种的雄蜂称为杂种雄蜂。例如，卡意杂交种雄蜂，是指在该雄蜂的16条染色体中，有一部分来源于卡蜂，其余部分来源于意蜂。

雄蜂是由蜂王产的未受精卵发育而成的，其种性的纯杂完全是由其母亲蜂王决定的。只要蜂王是纯种，无论其是否交尾，也无论其与什么品种的雄蜂交尾，她所产生的雄蜂都为该品种的雄蜂。杂交种蜂王产生的雄蜂，才是杂交种雄蜂。例如，蜂王本身是卡意单交种，则其所产生的雄蜂也为卡意单交种雄蜂。

三、杂交组配形式

蜜蜂杂交组配的形式主要有单交、三交、双交、回交和混交。

（一）单交

一个纯种处女王和另一个纯种雄蜂之间的交配。交配成功后的蜂王称为单交王（图7-49），由其发展起来的蜂群称为单交种蜂群。在单交种蜂群中，蜂王本身仍为纯种，只不过与外种雄蜂进行了交配；雄蜂也为纯种，因为它是由纯种蜂王的未受精卵发育而成的，只含有母本的血统，即只有母本的一套染色体；只有工蜂是单交种，它既有母本的血统，又有父本的血统，既有母本的一套染色体，又有父本的一套染色体。例如，卡蜂处女王和意蜂雄蜂之间的交配即为单交；由该蜂王发展起来的蜂群称为“卡意”单交种蜂群。在该单交种蜂群中，蜂王是纯种卡蜂，只不过与意蜂雄蜂进行了交配；雄蜂也是纯种卡蜂，因为它是由卡蜂王的未受精卵发育而成的，只有卡蜂的血统，即只有卡蜂的一套染色体；只有工蜂才是单交种，它既含有卡蜂血统，又含有意蜂血统，既有卡蜂的一套染色体，又有意蜂的一套染色体。

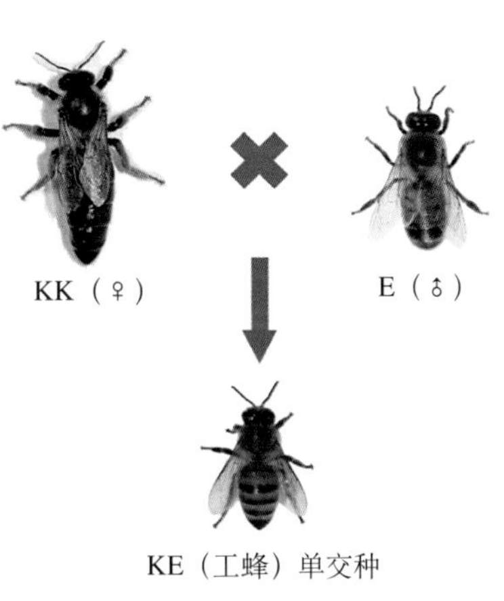

图7-49　单交种
（薛运波、常志光　摄制）

（二）三交

三个品种或品系之间的杂交称之为三杂交，所产生的杂交种为三交种（图7-50、图7-51）。三交种蜂群的蜂王本身是单交种（或纯种），仅为三交王，工蜂是三交种，雄蜂是单交种（或纯种）。当三交的蜂王是单交种时，蜂王和工蜂都具有优势。

（三）双交种

两个单交种之间的杂交称为双杂交，所产生的杂交种为双交种（图7-52）。双交种蜂群的蜂王本身是单交种；仅为双交王，工蜂是双杂交种，雄蜂是单交种。由于含有多种血统，若配合得当，蜂王和工蜂都具有很强的杂交优势。

KK（♀）
E（♂）
KE（♀）
G（♂）
KE · G（工蜂）三交种

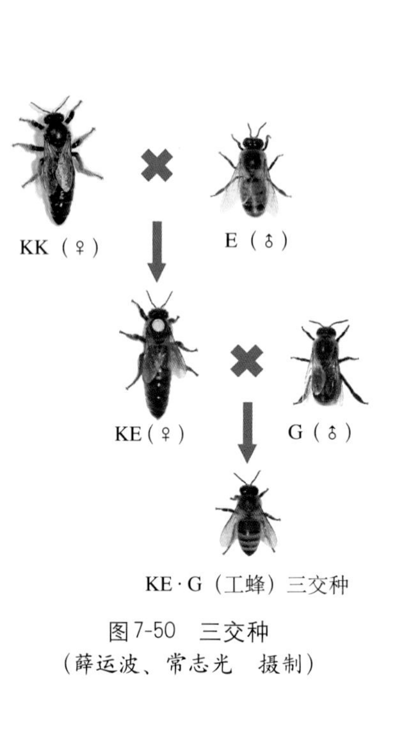

图7-50　三交种
（薛运波、常志光　摄制）

KK
E
KE
GG
G · KE（工蜂）三交种

图7-51　三交种另一种交配方式
（薛运波、常志光　摄制）

KK（♀）
E（♂）
GG（♀）
H（♂）
GH（♀）
产未受精卵
KE（♀）
GH（♂）
KE · GH（工蜂）双交种

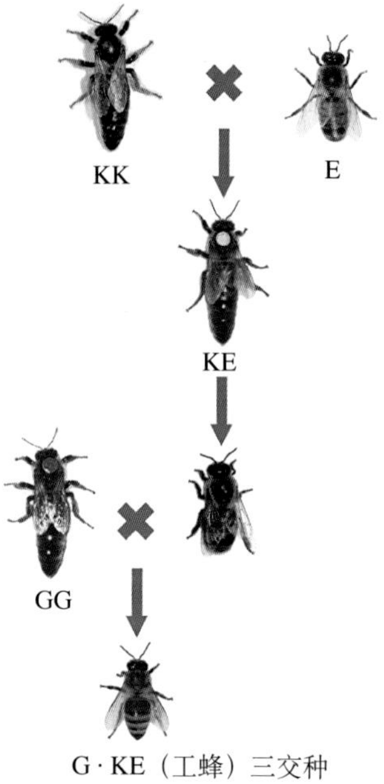

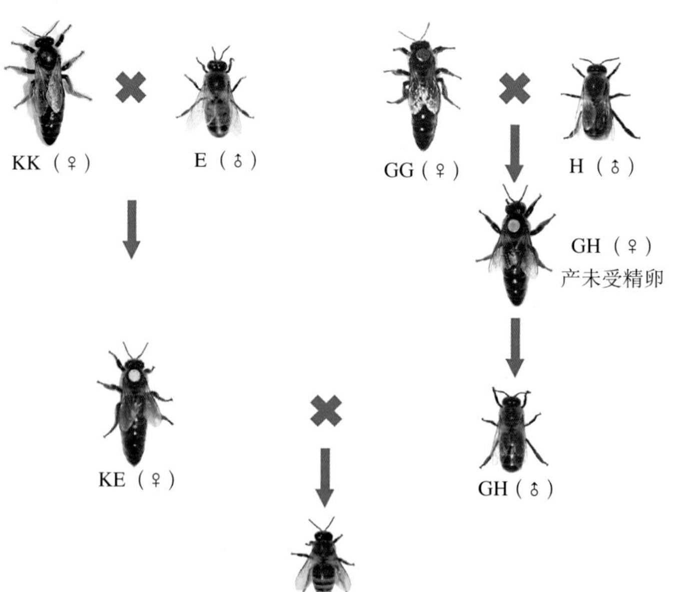

图7-52　双交种（薛运波、常志光　摄制）

四、杂种优势利用

（一）杂种优势的概念

两个遗传性状不同的亲本杂交后的杂种一代在繁殖力、生活力、群势、抗病性、抗逆性、产量和品质等方面优于亲本的表现称为杂种优势。它与以培育品种为目的的杂交育种的不同之处，在于选用亲本、配置组合时特别强调杂种一代的优势表现。杂种优势强弱是针对所观察的性状而言，通常畜禽以杂种一代某一性状超越双亲相应性状平均值的百分率即平均优势，或超过较好亲本值的百分率即超亲优势，或超过对照品种值的百分率即超标优势来表示。杂种优势以杂种一代最大，杂种二代大为减退，以后逐代下降至一定程度。所以这种方法主要是利用第一代杂种。蜜蜂杂交种如果选配得当，优势显著，产蜜量比当地品种可增产20%～30%，某些优良杂交组合的蜂群，产蜜量甚至可以提高1倍以上。我国20世纪60年代开始进行意大利蜂和东北黑蜂的杂交试验，杂交后的蜜蜂产蜜量比本地意蜂提高20%～30%；80年代培育的白山5号三交种蜜蜂，产蜜量比本地意蜂提高30%以上；90年代培育的国蜂213三交种蜜蜂，产蜜量比本地意蜂提高70%；松丹1号双交种蜜蜂，产蜜量比本地意蜂提高70.8%。

（二）杂种优势的特点

1. 优势在许多性状中体现 杂种优势不是一两个性状表现突出，而是许多性状综合的表现突出。这是由于双亲的基因异质结合而产生综合作用的结果。

2. 双亲差异越大优势越强 杂种优势的大小多数取决于双亲性状间的相对差异和互相补充。大量的试验证明，在一定范围内，双亲间的亲缘关系、生态类型和生理特征等方面的差异越大，双亲的优缺点就越能彼此补充，其杂种优势也就越强。显然子代基因型的高度杂合是形成杂种优势的重要条件和根源。

3. 优势大小与双亲基因型高度纯合相关 杂种优势大小同双亲个体基因型的高度重合是紧密相关的。要获得具有明显优势的杂种，首先要纯化亲本。因为只有双亲的基因型纯合程度都很高时，杂种一代蜂群的基因型才能具有整齐一致的异质性。

4. 优势大小与环境条件密切相关 杂种优势大小与环境条件也有密切的关系，因为性状是基因与环境综合作用的结果，所以，不同的环境条件对于杂种优势表现的强度有很大影响。尽管杂种与其双亲比较，对于环境的改变表现出较高的稳定性，但也常常可以看到同一个杂交种在某一地区表现出显著优势，而在另一地区却表现不明显。

5. 蜜蜂杂种优势与其他畜禽杂种优势表现不同 在其他畜禽杂种优势现象往往是表现在一代。由于F_2群体内的基因（或性状）的分离和重组，只有少部分个体仍然保持与F_1代相同的杂合基因型，而大部分个体则出现基因型不同程度的纯合和杂合，导致F_2代与F_1代比较，其生长势、生活力、繁殖力、抗逆性以及产品的产量和质量都明显下降。并且如果F_1代表现的优势越强，F_2代优势下降越明显，这就是所谓F_2代衰退现象，所以杂种优势只能利用一代。

蜜蜂是营群体生活、又是“两代同巢”的经济昆虫，蜂群是以群体为单位，因此，蜂群的经济性状是由亲代（蜂王）和子代（工蜂）共同体现的。在纯种蜂群中，蜂王和工蜂的血统结构完全一样，但在杂种蜂群中，蜂王和工蜂的血统不一样。例如，“卡意”单交一代蜂群，工蜂是卡意一代单交种，而蜂王仍是纯种卡蜂，两代血统结构不一样。也就是说，蜂王和工蜂都是单交一代的蜂群是无法实现的。同样道理，也不可能获得蜂王和工蜂都是三交种或双交种的蜂群。在蜜蜂杂种优势利用方面，单交种蜂群称为不完全优势蜂群；三交和双交种蜂群称为完全优势蜂群。蜜蜂杂种优势杂种一代（单交种）不是最大，杂种二代（三交种或双交种）优势最大，杂种三代优势减退。

五、蜜蜂正反交配

用A、B两个品种杂交时，若以A品种为母本，B品种作父本为正交；以B品种作母本，A品种作父本为反交（图7-53）。正反交所用的素材虽然相同，但优势效果却不相同，遗传性状表现倾向于母本。如果产蜜量较高的品种甲与产王浆量较高的品种乙进行正反杂交，甲 × 乙蜂群的产蜜量高于乙 × 甲蜂群的蜂蜜产量，而乙 × 甲蜂群的王浆产量高于甲 × 乙蜂群的王浆产量。父母本之间某一遗传性状差异越大，正反交后某一遗传性状的差异也随之增大，偏向于母本的某一性状也大；反之，父母本之间某一遗传性状差异较小，其正反交后遗传性状差异也小，偏向于母本的性状也小，甚至有的出现相反现象。

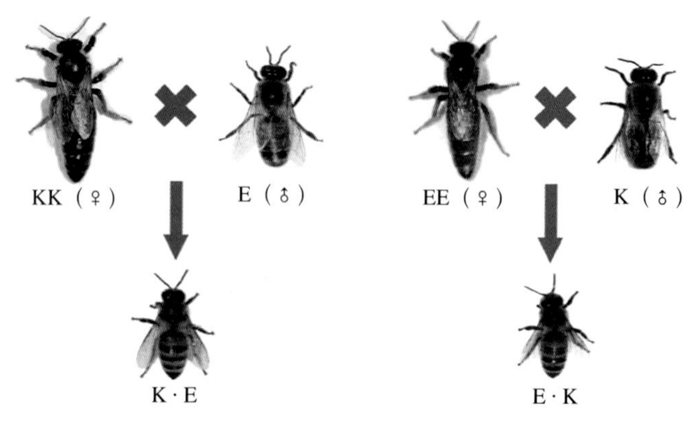

图7-53　正反杂交（薛运波、常志光　摄制）

六、蜜蜂顶交

一个纯种和一个血缘关系比较混杂的本地品种进行的杂交。在种群组内确定一只优质蜂王（又称顶交蜂王），用该蜂王产生的大量雄蜂，与各个基本种群培育的处女王，在有良好隔离条件的交尾场进行随机自然交配。或者用该蜂王所产生的雄蜂，按一定比例与各基本种群培育的雄蜂混合，再随机取出混合后的雄蜂给各基本种群培育的处女王进行多雄人工授精。但一只蜂王只能做一次顶交亲代。并且顶交方法不能在小于50个基本种群所组成的蜂群内使用。

七、蜜蜂远缘杂交

不同种间、属间甚至亲缘关系更远的物种之间的杂交。远缘杂交在育种上的意义主要是：研究物种演化，创造新物种，改良旧物种，创造和利用杂种优势。可以把不同种、属的特征、特性结合起来，突破种属界限，扩大遗传变异，从而创造新的变异类型或新物种。产生的后代为远缘杂种。由于远缘杂交往往重演物种进化的历程，故也是研究生物进化的重要试验手段。远缘杂交一般不易产生后代，即使产生后代，其后代杂种也通常不育或夭亡，杂种后代分离幅度大，分离世代长且不易稳定。获得远缘杂种通常要克服3方面的困难：

1.杂交不亲和性　可根据具体情况分别采用预先无性接近法、媒介法、改变亲本染色体的倍数性理化因素处理，或其他方法克服。

2.杂种夭亡或不育　由于远缘亲本在遗传、生理上的巨大差异，即使克服了受精过程的障碍，由于胚胎发育不协调常导致幼胚败育。可利用杂种幼胚离体培养方法解决。造成杂种不育的原因多半是由于来自双亲的异源染色体不能正常配对，破坏了减数分裂的正常进程和大小孢子形成。利用秋水仙碱处理杂种使染色体加倍，不仅可克服杂种不育，还可创造新种。通过延长生育期、改善营养条件等措施对克服杂种夭亡、提高杂种育性，有时也有一定作用。

3.疯狂分离　由于来自双亲的异源染色体不能互相配对而形成大量单价染色体，在连续几个世代的配子形成过程中，随机分散到杂种后代的细胞内，形成多种多样的性状变异。解决办法是染色体加倍或回交。

远缘杂种同近缘杂种相比，除了具有综合父、母双亲的遗传特性，能产生重组类型以及后代出现性状分离等作为杂种的基本特征外，还有一些特有的征状：①高度不育性，主要是由于染色体的不亲和与生理平衡受到严重干扰等引起。②杂种后代出现“疯狂分离”现象，所谓“疯狂”是指后代性状分离的类

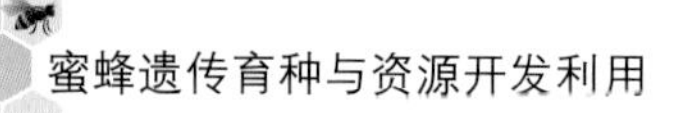

型很多、稳定性差，有时甚至到十多代后还出现分离。③杂种后代比较容易回复到亲本类型，这是因为远缘杂种的中间类型的生活力和育性都比较差，在选择压力下很容易被淘汰。④有些远缘杂种在胚胎发育过程中，会发生一个亲本排斥另一亲本染色体的现象。⑤远缘杂种的生活力一般低下，在很多情况下在胚胎期就死亡。远缘杂种不育是很普遍的现象。例如，西方蜜蜂和东方蜜蜂杂交后，在目前技术条件下不能繁育出后代。

第八章　蜜蜂良种繁育与保存

第一节　蜜蜂品种退化及复壮

一、蜜蜂品种退化

（一）蜜蜂品种退化的表现

蜜蜂品种退化是指某一优良蜂种经过多年饲养和数代繁殖后，在使用过程中不能保持该品种原来的优良特性，致使该蜂种的经济性状在养蜂生产中失去了过去拥有的使用价值，或者能够使用、但是收不到预期的效果。主要表现为繁殖力（有效产卵量、育虫能力、工蜂寿命、蜂群发展速度、可维持群势）下降；生产能力低，蜂群的采集力（飞翔力、勤奋程度、对蜜源的利用）降低；生产力（蜂蜜、蜂王浆、蜂花粉、蜂胶等）下降；抗病能力减弱；抗逆性（越冬、越夏、防卫）差。例如，意大利蜂引进我国后，开始饲养的两三年内，能够较好地表现出繁殖力强、维持大群、产蜜量高等优良特性，后来却逐渐表现出蜂王产卵力下降、群势缩小、生产力降低、抗病能力减弱等情况，后代不能准确地表达亲本所具有的优良性状或性状表现不稳定。在进行杂交组配时，杂种蜂群产生的优势变小或无优势，降低了该品种的使用价值。

（二）蜂种退化的原因

蜂种退化的原因比较复杂，一方面与遗传因素有关。蜜蜂近亲繁殖或选种选配不当等原因，可直接导致种性的退化；另一方面受环境因素的影响。由于很多蜜蜂品种是在一定的自然条件下形成的产物，不同的品种要求不同的生态条件。一些地区盲目引种、长途转地饲养、生态条件失调、饲养方法不当和病虫害等因素都会造成品种的退化。

1.近亲繁殖引起的种性退化　我国目前多数蜂场属于小型养蜂场，在使用蜂种时往往习惯于自繁自育，多年饲养一个品种，在种用蜂群的选择上，只选用1～2个蜂群作种群培育雄蜂和蜂王进行自然交尾，蜂王产卵后留本场使用。这样年复一年，累代近亲繁育，没有及时更新血统，因而父母本的生殖细胞差异较小，使后代的生活力降低。由于近交使基因纯合，基因的显性与上位效应减少，而平时被显性基因所掩盖起来的隐性有害基因得到表现，降低了蜂群的经济性能，出现退化现象。再之，蜜蜂是在高度杂合的遗传物质基础上保持其生存能力的，根据蜜蜂性别决定机制的特性，一个小型蜂场蜂群所含本品种的性等位基因数目已经很少了，在近亲繁殖的情况下，加速了性等位基因的丢失，蜜蜂的性等位基因完全纯合后，会发育成二倍体雄蜂，这些雄蜂在幼虫阶段会被工蜂清除，使蜂群的有效产卵量下降等，导致种性退化（图8-1）。

图8-1　近亲出现的插花子脾（薛运波　摄）

2. 混杂繁殖引起的种性退化　蜜蜂的自然交尾活动是在空中进行的，婚飞的半径较大，而且处女蜂王喜欢与其他品种的雄蜂交配，一般蜂场无法控制空中的雄蜂，蜂王在交配过程中容易与其他品种的雄蜂发生自然杂交，导致品种的遗传信息杂合和不准确，使后代蜂群表现不出原品种的特性（图8-2）。由于蜜蜂的自然杂交，使后代因等位基因的分离或重组，其性状出现多样化。蜜蜂的杂种优势只表现在1 ～ 3代，在多代使用过程中，控制优良性状的基因逐渐分离变异，不良基因型的比例增加，甚至不良基因型取代了优良基因型。所以，饲养杂交种蜜蜂不进行及时换种，优势会明显减退。

图8-2　混杂后种性退化（薛运波　摄）

3. 选种方法不当引起的种性退化　国内有些蜂场（甚至有的育王场）在选择种用蜂群时，一般只根据某个蜂群的性状表现来选择。如果选择的性状遗传力很高，有可能会取得一定效果。如果所选择性状的遗传力较低时，则这种选择效果就差。而且，性状的表现是遗传和环境条件共同作用的结果，只凭性状的表现来选择种蜂群，很容易将杂种个体的蜂王留作种用，只注重了优选，而忽略了纯选，不能使亲本的优良特性稳定地遗传下去。有些蜂场在挑选种群时，只挑选母群，不挑选父群（图8-3），不注重雄蜂的培育，参与交尾的雄蜂质量低劣。还有些蜂场不注意选种，任由蜂群自然育王或不加选择地随机采用急造王台，或者育王移虫的虫龄较大，哺育群的蜂数少，王台数量多，均会导致蜂群的种性退化。

图8-3　选种方法不当忽略父群造成的繁殖不良
（薛运波　摄）

4. 种群数量少造成基因丢失　蜂王具有16对染色体，可以产生2^{16}种不同类型的配子。在培育新一代蜂王时，只能随机地利用其中极少部分配子类型参与育种，使它们所携带的基因得以遗传下去，而绝大部分配子却失去了参与育种的机会，造成无意识地丢失该品种的大量优良基因。在这种情况下，育王数量越少、选择面越窄、世代越多，该品种所具有的优良基因丢失越严重，种性退化也越快（图8-4）。

图8-4　种群数量少出现的插花子脾
（薛运波　摄）

5. 不适当的饲养管理方法　每个优良品种都必须有与其生物学特性相适应的饲养管理措施，以保证其优良性状得以充分发挥和表现。例如，卡蜂的分蜂性较强，不能维持强群；意蜂的分蜂性较弱，易维持强群等，要采取不同的饲养管理方法，才能使它们的优良性状充分发挥。有的蜂场不管饲养的蜂种生物学特性如何，一律采用同一种饲养管理方法，这样，再好的蜂种，也不能得到很好的表现（图8-5）。有很多品种的蜜蜂，其蜂巢是不喜欢受到干扰的，不宜经常开箱检查，因为这样不仅破坏了蜂群的正常

图8-5　饲养管理不当出现插花子脾
（薛运波　摄）

秩序，也会使蜂巢的热量散失，既影响蜂儿的正常发育，又妨碍工蜂的内勤工作和正常的采集活动。

6. 不良环境条件的影响 对于蜜蜂来说，与其生物学特性相适应的环境条件主要是蜜源条件和气候条件。如卡蜂有比较耐寒、节省饲料、善于利用零星蜜源、育虫节律陡等特性，比较适合我国北方各省饲养。如果把它引到南方饲养，越夏就很困难；意蜂适应在冬季短、温暖湿润、蜜源丰富，并有大宗蜜源环境条件的南方饲养。如果把它引到冬季长而寒冷的地区饲养，很难获得好结果（图8-6）。蜂群长期受不利环境条件影响，如蜜源缺乏、饲料不足以及病虫害危害等，都能导致蜜蜂控制优良性状的基因向不利的方向变化，生活力衰退，生产性能下降。

图8-6　不适合寒冷地区出现插花子现象
（薛运波　摄）

（三）预防品种退化的措施

在我国养蜂生产中，各个小型养蜂场应当改变所使用蜂王长期采用“自育自用”的方式，倡导由各地种蜂场实行专业化科学育王，统一由专业育王单位提供蜂王，才能保证蜂王的质量和品种的种性。只有采用这种专业化的育种和供种办法，才能提高我国饲养蜂群的总体素质。要推行这种办法，养蜂生产主管部门要加强关于科学用种的宣传和组织管理工作。蜜蜂原种场和种蜂场等专业育种单位在选择种用蜂群时，应采取科学的选种方法，通过蜂王后裔测定或育种值估计所得结果作为种用蜂群的选择依据，而不能只凭个体蜂群表现或凭借养蜂经验选择种用蜂群。对于生产性养蜂场来说，自己不要育王，所需要的蜂王由专业育种单位供应。要提倡使用专业育种单位提供的杂交蜂王，利用其后代的杂交种工蜂投入生产，利用杂种优势获得增产效益。专业育种单位要选用优良的蜜蜂品种，采用科学的育王技术，采用高效的杂交组合，配制出足够的商业性杂交蜂王，提供给生产性养蜂场使用。专业育种单位在制种过程中，必须设立严格隔离条件的交尾场，或用人工授精技术控制蜂王和雄蜂的交尾，以保证蜂王的种性和质量。

采用专业化科学育王，实行统一供种，是防止蜜蜂品种退化、提高蜂群素质的有效方法。养蜂发达的国家，都采用这种方法。我国养蜂业受传统饲养方法和习俗的影响，短时间很难实现这一目标。因此，养蜂生产主管部门要加强关于科学用种的宣传和组织管理工作，以推动我国养蜂生产良种化的进程。

二、蜜蜂品种复壮

品种复壮就是恢复某一优良蜂种已经退化的优良性状，使其原有的经济性状重新表现出来，恢复原有的利用价值。应根据造成品种退化的原因，采取相应的方法进行复壮。

（一）品种内（或品系内）杂交

因为高度近亲交配而引起的种性退化，应采取品种内（或品系内）杂交的方法进行复壮（图8-7）。具体方法是：在品种内（或品系内）以血缘关系比较远的两组或几组蜜蜂分别作母群或父群进行集团繁育。一般情况下，可每隔3～4年时间，从外地种蜂场或原种场引进血缘关系较远的同一品种的部分蜂群或蜂王，与本场饲养的蜂群进行杂交，进行血统更新，以达到蜂种复壮的目的。杂交形式根据需要可以采用同一品种内的单杂交、三杂交、双杂交或回交等。这样，经过血统更新的蜂群，既可提高生活力和生产力，又保持了该品种的特性。之后，可按闭锁繁育的方法进行繁育。

图8-7　品种内杂交（薛运波　摄）

（二）提纯选优

提纯选优是将生产上使用因混杂而造成种性退化的某一品种，根据本品种的生物学特性和形态特征，通过连续几代的严格选育和留纯去杂，淘汰不符合本品种生物学特性和形态特征的蜂群，使该品种原有的优良性状重新表现出来（图8-8）。要达到这个目的，最好采用集团繁育和混合繁育相结合的方法进行复壮。在采用集团繁育时利用同质组配，在后代蜂群中将那些不属于该品种种性内的不良基因淘汰掉，达到提纯的目的。然后采用集团繁育和单群繁育不定期地交替进行。这样，既可保持该品种有较高的纯度，又可避免因高度近交而造成生活力下降。

在提纯选优中，首先要对本蜂场所饲养的蜂群进行一次全面的鉴定，将提纯所采用的蜂群与该品种原来的

图8-8　提纯选优（薛运波　摄）

形态特征和经济性状进行比较。这样，才有一个相比较的标准，避免盲目进行提纯。经过比较，将那些具有（或一般具有）该品种特性特征、在生产上表现出高产的蜂群选留下来，作为种用蜂群进行繁殖；然后通过集团繁育方法，从其后代中选留优良蜂群继续繁育。

在提纯过程中，必须严格实行控制交配。这样，经过若干世代后，就有可能将不属于该品种的不良基因淘汰掉，达到基本纯化的目的。但在提纯过程中，还要认识到，一个蜜蜂品种固然有其一定的特征特性，但也不是一成不变的；即使是纯度很高的蜂种，从原产地被引种到其他地区以后，也会渐渐发生改变，所以纯种的标准和稳定性也是相对的。在对某一蜂种进行提纯时，不必过分追求其典型标准。例如，蜜蜂的体色这个性状，在提纯中，原则上只要其后代蜂群的工蜂和雄蜂具有比较一致和固定的体色时，即可视为基本纯化了的体色特征。

选优，主要是针对经济性状而言的。如蜂王的产卵力、工蜂的采集力等。凡是生产性能好、分蜂性弱和抗逆性强的蜂群就是优。在选优中，要客观地看待任何一个优良蜂种，它不可能是十全十美的。例如，意大利蜂和卡尼鄂拉蜂是被公认为优良的蜜蜂品种。但它们也有各自的缺点，对于意大利蜂来说，在选优中，各个蜂群之间如果其他性状基本相似的情况下，某个蜂群对美洲幼虫腐臭病有较强的抗性，这个蜂群就是优。同样道理，对于卡尼鄂拉蜂来讲，那些分蜂性弱、能维持大群的蜂群就是优。所以在蜂种的复壮问题上，提纯和选优两个方面应当结合起来进行。

（三）培育优质蜂王和雄蜂

在移虫育王时，虫龄不要偏大，哺育群的蜂数要达到标准，饲料要充足，用大卵培育初生重达到标准的蜂王（图8-9）；培育雄蜂时，除注意哺育雄蜂群的蜂数、饲料外，还要控制雄蜂的日龄，使雄蜂的性成熟与处女蜂王性成熟的日龄相吻合。

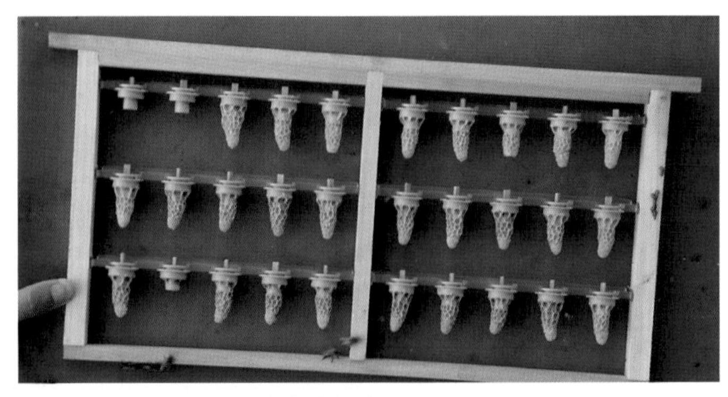

图8-9　培育优质蜂王（薛运波　摄）

(四）创造良好的环境条件

根据各品种蜜蜂的生物学特性，选择气候、蜜粉源条件适宜的场地进行科学的饲养管理，使蜂种的优良基因得以充分表现出来。如卡蜂比较适应北方的气候、蜜源条件，在北方饲养表现相对比较好；意蜂比较适宜南方的气候、蜜源条件，在南方饲养表现相对较好。

第二节　蜜蜂良种繁育

一、良种繁育的基本方式

良种繁育与保存是蜜蜂育种工作的一项重要内容。新选育出来的品种，或者新引进的品种，蜂群数量开始往往很少，如果不加快繁育，良种就不能很快地推广和普及，就不能很快地在生产上发挥作用。蜜蜂育种单位要做到年年向生产性养蜂场提供含有多种异质性等位基因的优质蜂王或种蜂群，就必须做好良种的保存工作。所以，良种的繁育与保存是紧密相连、相辅相成的工作。

（一）单群繁育

父群和母群同为一个蜂群的繁育方式。对于个别优良的蜂群，通过单群繁育，可以从一个种用蜂群分出若干个系。累代都采用单群繁育是纯系繁育的一种形式，在良种（如原种等）保纯和蜂种提纯时，多采用这一方法（图8-10)。

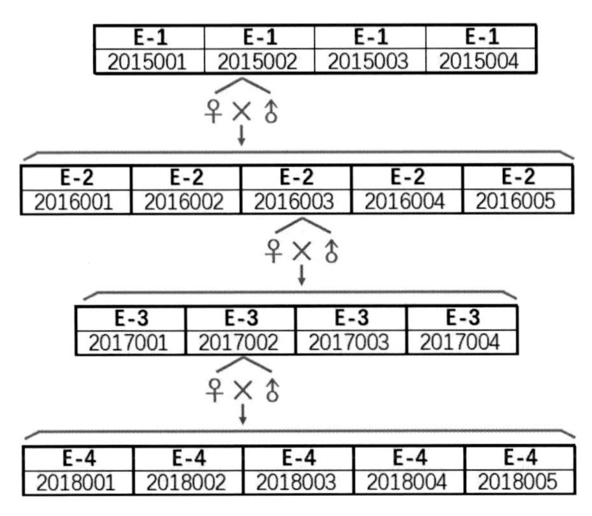

图8-10　纯系繁育示意图（常志光　绘）

（二）集团繁育

若选择出来经济性状表现良好的蜂群数量较多，即可采用集团繁育。可将选出来的蜂群分为两组，一组作为母群，利用它们的受精卵或小幼虫培育处女王；另一组作为父群，用它们的未受精卵培育种用雄蜂，然后将所培育的处女王和种用雄蜂一同送到有隔离条件的交尾场进行自然交配（或人工授精）。在以后的每个世代中，都从当代的蜂群中如法进行选择和繁育（图8-11）。

集团繁育的组配形式有同质组配和异质组配两种。同质组配就是父群和母群在形态特征、经济性状以及生产力等方面都基本相同的组配。异质组配是父群和母群在形态特征、经济性状和生产力等方面各具有一定特点的组配。在蜜蜂良种保存和对混杂种性的提纯过程中，采用集团繁育时要用同质组配。

图8-11　集团繁育蜂场（薛运波　摄）

（三）闭锁繁育

保持蜜蜂良种的优良性能，往往同蜜蜂的性遗传机制存在着矛盾。这种性决定机制会通过近亲繁殖，造成性等位基因的大量丢失，导致蜜蜂幼虫成活率下降和生产性能等方面的衰退现象。商业育王者希望能把育种的质量保持许多年，并且能使后代蜂群的幼虫成活率保持在较高的水平。为了达到这个目的，从20世纪70年代中后期开始到80年代初，国外许多学者经过研究，提出了蜜蜂闭锁繁育的育种方案。

蜜蜂闭锁繁育是根据蜜蜂群体有效含量，选择数量足够、无亲缘关系（或亲缘关系尽可能远）的优良蜂群组成种群组。种群组内的所有种群同时既作母群又作父群，使种群组内所培育出的处女王和种用雄蜂，在具有良好隔离条件的交尾场进行自然交配，或用种群组内所培育的种用雄蜂的混合精液，给处女王进行人工授精。种群组的继代蜂王，视种群组的大小用母女顶替或择优选留。采用这一繁育方法，可以较长期地保存蜜蜂良种，同时能够较长期地为养蜂生产者提供具有性状遗传稳定、后代蜂群幼虫成活率高、生产性能良好的优质蜂王或种群。

实施蜜蜂闭锁繁育方案，有三个取得成功的要点：一是种群组要大；二是遗传变异性要高；三是要有顺序地进行连续选择。

1. 闭锁种群组的构成　种群组是有许多基本种群组成的，因此，对这些基本种群的选择非常重要。由于蜜蜂的经济性状主要取决于15对常染色体，它包含有蜂群全部遗传特征的15/16。我们希望用闭锁繁育方案所保存和繁育的蜜蜂良种，同时具有许多优点和特性，这就要求所组成的种群组能够汇集多种优良性状的基因，组成种群组的基本种群应该包含有多种优良性状和特性。按单个性状分别选择某项性状突出的基本种群，可以使所组成的种群组质量达到较高的水平和具有较广泛的遗传基础。幼虫成活率取决于闭锁群体中性等位基因的数目。种群组闭锁以后，必然会发生一定程度的近交。一个大小一定的闭锁群体，在一定世代里能够保持或丢失的性等位基因的数目取决于选择、突变率、迁移和群体有效含量（N_e）的大小。群体有效含量是指近交程度与实际群体相当的理想群体的成员数。群体有效含量越大，因遗传漂变使基因丢失的概率越小。近交除能引起衰退外，在选择和漂变的共同作用下，也能使基因丢失，而且群体有效含量越小，近交系数的增长越快，近交效应越明显。

假设交配次数为7时，在不同闭锁群体里40个世代内基因变化的情况见表8-1。

表8-1　世代内基因变化的情况

闭锁种群组亲本数	群体有效含量	可保留异质性等位基因数	产生的二倍体雄蜂（%）
5	11	2.0	50
20	44	3.0	33
30	66	3.7	27
40	87	4.3	23
50	109	4.9	20
80	175	6.3	16
100	219	7.0	14
150	328	8.7	11
200	437	10.2	10
250	546	11.4	9
288	629	12.3	8
330	830	12.6	8
400	874	14.7	7
500	1 092	16.5	6

注：引自Woyke J., 1986。

从表8-1可以看出，如果用50个基本蜂群组成的种群组进行闭锁繁育，就相当于有109个参与繁殖的理想群体。这样，在40个世代内，仍可以保存5个异质性等位基因，后代蜂群的幼虫成活率为85%的概率为95%。这在我国北方地区，基本上一年培育和更换1 ～ 2代蜂王，可以连续繁育20 ～ 40年。在我国南方，基本上每年培育和更换2代蜂王，也可以连续繁育20年。因此，采用闭锁繁育，能够在较长的时间里，培育出具有多个异质性等位基因的优良蜂王提供给养蜂生产者使用，使蜂种的优良性能能够在较长的时间内稳定地保持在一定的水平。

2.种群组内的交配方式 闭锁种群组内的蜜蜂交配应在有良好隔离的条件下进行。其交配方式可分为随机自然交配、混精授精和顶交三种。

（1）随机自然交配 在育王季节，将种群组每个基本种群同期所培育的处女王和种用雄蜂，放在具有良好隔离条件的交尾场（图8-12）进行随机自然交配。

图8-12 隔离交尾场（薛运波 摄）

（2）用混合精液授精 即用漂洗法或其他人工采精法将种群组内每个基本种群所培育的种用雄蜂的精液收集起来，将其集中并充分混合均匀，用这种混合精液给种群组内每个基本种群所培育出来的处女王进行授精。

（3）顶交 在种群组内确定一只优质蜂王（又称顶交蜂王），用该蜂王产生的大量雄蜂，与各个基本种群培育的处女王，在有良好隔离条件的交尾场进行随机自然交配。或者用该蜂王所产生的雄蜂，按一定比例与各基本种群培育的雄蜂混合，再随机取出给各基本种群培育的处女王进行多雄人工授精。但一只蜂王只能作一次顶交亲代。并且顶交方法不能在小于50个基本种群所组成的蜂群内使用（图8-13）。

图8-13 顶交蜂场（薛运波 摄）

3. 继代蜂王的选择　继代蜂王的选择视闭锁种群组的大小，可采用母女顶替或择优选留的方法。

（1）母女顶替　当种群组由50个基本种群组成时，只能用母女顶替方法来选留继代蜂王。即每个基本种群至少要培育出3只处女王和大量的种用雄蜂，让处女王和雄蜂在具有良好隔离的条件下进行随机自然交配，或用种用雄蜂的混合精液进行授精。子代蜂王产卵后，对各个基本种群的子代蜂王进行考察。根据考察结果，从各个基本种群的子代蜂王中各选择出表现最好的一只，作为各个基本种群的继代蜂王（图8-14）。

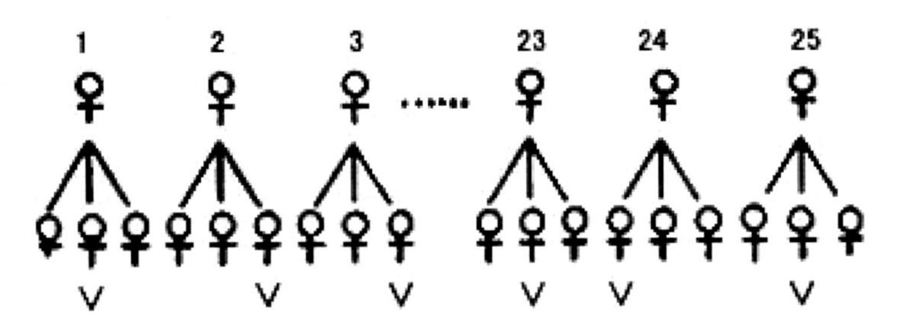

图8-14　母女顶替选留继代蜂王示意图
V为中选子代蜂王

（2）择优选留　当种群组由35个以上基本种群组成时，可以在种群组内所有的子代蜂王中择优选出与种群组的基本种群数相等的子代蜂王，作为继代蜂王（图8-15）。实行该选择系统的基本步骤与母女顶替系统相似。

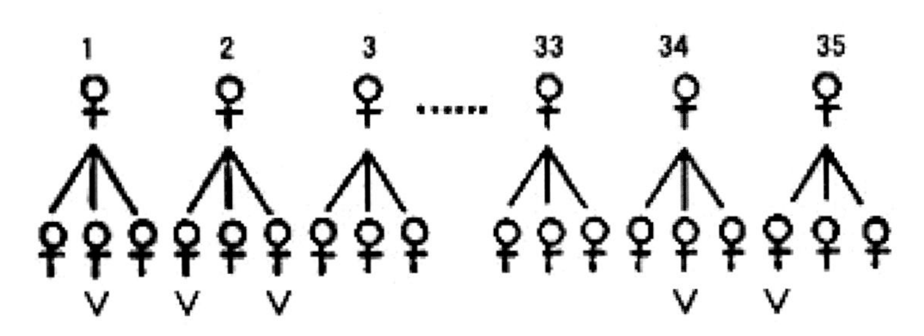

图8-15　择优选留继代蜂王示意图
V为中选子代蜂王

实行蜜蜂闭锁繁育必须严格按照原先既定的顺序进行连续选择，并且选择内容和方法在每一世代应保持不变，每一世代种群组的大小保持不变。每个基本种群都要有贮备蜂王，当某一个基本种群的蜂王丢失时，可以用该种群的贮备蜂王补充，以保证闭锁种群组的完整性。

二、建立蜜蜂良种繁育体系

建立蜜蜂良种繁育体系是发展我国养蜂生产不可缺少的一项基本措施。它是搞好蜜蜂良种繁育工作的组织和行政管理的保证。建立蜜蜂良种繁育体系的工作包括：蜜蜂遗传资源的保护、良种繁育基地建设和蜜蜂良种区域化规划等方面。

（一）搞好蜜蜂良种区域化的规划

蜜蜂良种区划包括两个方面的内容，一是指蜜蜂品种对一定生态地区范围内的气候与蜜源条件有良好的适应性；二是不同生态地区在生产上要应用最适应的优良的蜜蜂品种。也就是说，要为一定的区域选择适宜饲养的蜜蜂品种，而一定的蜜蜂品种也要在它最适宜的地区里饲养。所以，在我国养蜂生产发展规划中，一定要搞好良种的区域化规划。只有这样才能发挥蜂种在生物学和经济性能上的优点，使其能够最大限度地满足养蜂生产的需求，并有利于对蜂种进行进一步的改良。实现良种化和良种区域化，是养蜂生产现代化的重要标志之一。

制定蜜蜂良种区域化规划时，要充分分析各个蜂种的生物学特性和当地的气候、蜜源条件。每个区域内一般要有两个品种，以便于在生产中进行蜂群配制和利用杂种优势。

（二）建立蜜蜂遗传资源保护区

我国现有的蜜蜂遗传资源相当丰富。蜜蜂遗传资源保护就是要妥善地保护我国现有蜜蜂遗传资源的基因库，使现存基因不至于丢失，无论其目前是否有利。保护蜜蜂遗传资源，同样是蜜蜂育种工作中的一项重要任务。从总体上来说，凡是具有重要经济价值的蜜蜂品种（或品系），都要在气候、蜜源条件与其相适应的地区建立保护区，使它们成为某一品种的良种繁育基地，严禁其他品种的蜜蜂入境。养蜂生产发达的国家，都十分重视蜜蜂遗传资源保护区的建立。例如，原苏联为了保存、改良本国蜜蜂品种资源，分别在中俄罗斯、格鲁吉亚、勃利摩利亚和外喀尔巴阡地区，先后建立了四个不同品种的保护区。澳大利亚从欧洲引进了欧洲黑蜂和意大利蜂之后，也在塔斯马利亚岛和坎加鲁岛分别建立了欧洲黑蜂和意大利蜂保护区。还有一些小国家只饲养单一蜂种，严禁引进其他蜂种，这样的小国家实际上就相当于一个蜜蜂品种的保护区。例如，罗马尼亚、奥地利和前南斯拉夫等国家便是这样。一般来说，蜜蜂遗传资源保护区的范围愈大（一个县至几个县连成一片），对良种繁育的蜂群的容量愈大，对种系的保存与发展，以及对蜂群的选育就愈有利。我国黑龙江省也已在饶河县一带建立了东北黑蜂保护区，新疆维吾尔自治区曾经在伊犁地区建立了新疆黑蜂保护区（由于多种原因没有发挥应有的作用），吉林（图8-16）、重庆等省市相继建立了中华蜜蜂保护区。有了蜜蜂良种保护区，不但可以避免蜂种混杂和灭绝的危险，还可以把保护区建设成该蜂种的繁育基地，每年都可以为各地养蜂者提供良种蜂王或种蜂群，使蜜蜂良种繁育工作立于不败之地。

图8-16　保护区标识（薛运波　摄）

（三）建立各级种蜂场

专业性的蜂种选育单位按其所承担的蜜蜂保种和选种工作任务，可分为蜜蜂原种场和地区性种蜂场（图8-17）。

人们习惯上把从国外引进的纯种蜜蜂称之为原种。蜜蜂原种场的任务主要是保存和繁育蜜蜂原种，面向全国各地的种蜂场和有关育种单位提供育种素材，有条件的也可进行新品种（或新品系）的培育。

蜜蜂原种场在对原种的保存和繁育方面，通常采用纯系繁育方法，从某一原种中分选出各具特点的几个纯系，如吉林省养蜂科学研究所从喀尔巴阡蜂原种中选育出5个纯系，从卡尼鄂拉蜂中选育出2个纯系；也有的用集团繁育，如果一次性引进同一品种的蜜蜂原种数量较多（30群以上），也可以采用闭锁繁育的方法。在一次性引进蜜蜂原种数量不多的情况下，原种场繁育出来的原种后代多数是高度近亲的，生活力一般都比较低，不宜直接提供给生产性单位或个人使用。

为了确保原种的纯度，每个原种场只能保存一个蜜蜂原种。而且要建立一个具有可靠隔离条件的交尾场和蜂王人工授精实验室。在熟练掌握蜜蜂人工授精技术的前提下，利用蜜蜂人工授精技术，一个单位可以保存多个蜜蜂原种。

某一个蜜蜂原种引进之后，应选择在与原产地环境相似的地方建立蜜蜂原种场。

地区性种蜂场是根据本地区养蜂生产的需要而建立的。养蜂发达的国家都建立有专业的种蜂场。例如，美国有200多家专业育王场和种蜂场。种蜂场的布局应根据各地区养蜂生产发展的需要和用种情况而设置。种蜂场的主要任务是根据生产需要，从相应的原种场引进原种作亲本，进行杂交组配，培育优质的杂交蜂王，向生产单位或个人推广，使杂种优势在生产上发挥作用。有条件的种蜂场，也可以培育新品种向生产单位推广。

图8-17 保种场标识（薛运波 摄）

种蜂场在推广蜜蜂良种工作中，应与推行蜜蜂良种区域化工作紧密结合起来。

中国到20世纪80年代末，先后建立的蜜蜂原种场和种蜂场约有80处，90年代以来又先后涌现出一批民营育王场。这些种蜂场和育王场除少数属于省或地区农业部门之外，大多数属县农业部门领导。

除蜜蜂原种场和种蜂场之外，还必须把科研单位、教学单位和条件较好的生产单位组织起来开展协作攻关，各个地区之间也要成立协作组织，在专业科研单位和教学单位的协助下，开展蜜蜂良种选育工作。各协作组织之间要定期开展交流，共同提高业务水平。实践证明，蜜蜂育种协作组织是开展蜜蜂育种工作一种较好的组织形式，在蜜蜂的原种保存、良种选育等方面都起到了积极的作用（图8-18）。中国于1982年在农业部领导下，成立了有全国各地19个蜜蜂育种单位参加的全国蜜蜂育种协作组；1984年由原北京市农林科学院蜜蜂育种中心牵头，成立了有6个蜜蜂育种单位参加的蜜蜂工程育种联合体。这类组织还需要进一步发展和完善巩固，为在全国范围内逐步形成一个具有广泛群众基础的蜜蜂良种繁育体系打下良好的基础。

图8-18　良种繁育基地标识（薛运波　摄）

三、建立蜜蜂育种档案

建立蜜蜂育种档案是良种选育工作的一个重要组成部分。各个蜜蜂育种单位都必须建立一套完整的育种档案，积累有关资料，为现代育种工作提供不可缺少的科学依据，使良种选育工作有计划、有步骤地进行。通过建立蜜蜂育种档案资料，也可以加强育种机构本身的责任制，促进良种选育工作不断改善和提高。蜜蜂育种档案的主要内容有以下几项：

（一）种蜂群档案

种蜂群档案是育种档案中基本且重要的资料之一。为了便于观察、记录和归档，应对引进的蜜蜂原种蜂王及育成的蜂王进行标记和编号（图8-19）。

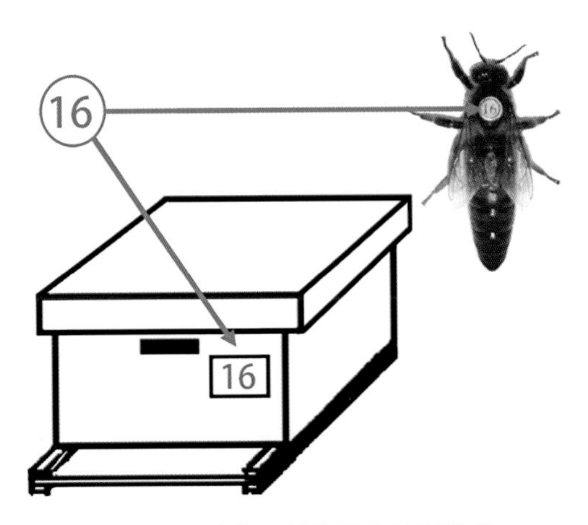

图8-19　种蜂王的编号和蜂群编号

育种蜂群的编号含义要明了详尽。编号方法如下：

E—P	D—1	K—2	G—3	A—4
2001001	2002004	2003006	2004008	2005010

在编号中E、D、K、G、A，分别代表意大利蜂、东北黑蜂、卡尼鄂拉蜂、灰色高加索蜂、安纳托利亚蜂，P代表亲代，1、2、3、4分别代表子一代、子二代、子三代、子四代；2001001、2002004、2003006、2004008、2005010分别代表2001年、2002年、2003年、2004年培育的第1、第4、第6、第8、第10号蜂群。这种编号方法简单，品种及其亲代、子代关系一目了然。将上述号码写好后，钉在某一蜂王所在的蜂箱前壁右上角。

每个种群及其后代都要设立档案，记录每个种群的形态特征（表8-2）、经济性状（表8-3至表8-5）、生产力观察（表8-6）和生物学特性（表8-7）等内容，最后要汇总在表8-8中。

1. 蜜蜂形态测定档案

表8-2　形态特征测定记录　　　　蜂群编号________

样品序号	吻长(mm)	右前翅面积			第3、4背板总长			肘脉指数			跗节指数			细度指数			角B_4(度)	角I_{10}(度)
		长(mm)	宽(mm)	面积(mm^2)	3(mm)	4(mm)	总长(mm)	a	b	a/b	长	宽	宽/长	长	宽	长/宽		
1																		
2																		
3																		
…																		
50																		
S																		

测定人________

2. 经济性状考察档案

表8-3　经济性状考察记录表（一）　　　　蜂群编号________

观测日期							
卵虫数							
封盖子数							
观测日期							
卵虫数							
封盖子数							

（续）

观测日期							
卵虫数							
封盖子数							

表8-4 经济性状考察记录表（二） 蜂群编号______

群势增长率			分蜂性			采集力		抗病力									
实验开始时蜂量	实验结束时蜂量	群势增长率（%）	维持群势（框）	分蜂次数	分蜂率	零散蜜源	大宗蜜源	美洲幼虫病	欧洲幼虫病	囊状幼虫病	白垩病	爬蜂病	孢子虫病	麻痹病	死蛹病	卷翅病	其他

表8-5 经济性状考察记录表（三） 蜂群编号______

越冬性能								越夏性能							
外界情况				群势变化			饲料消耗（kg）	外界情况				群势变化			饲料消耗（kg）
最低气温（℃）	平均气温（℃）	越冬方式	越冬时间（d）	进入越冬期群势	越冬后群势	蜂群下降率（%）		最低气温（℃）	平均气温（℃）	蜜粉源情况	越夏时间（d）	进入越夏期群势	越夏后群势	蜂群下降率（%）	

3. 生产力考察记录

表8-6 生产力考察记录表 蜂群编号______

蜂产品	采收次数及产量										合计
	1	2	3	4	5	6	7	8	9	10	
蜂蜜（kg）											
蜂王浆（kg）											
蜂花粉（kg）											
蜂蜡（kg）											
蜂胶（kg）											
其他											

4. 生物学特性考察记录

表8-7　生物学特性考察记录表　　　蜂群编号______

生物学特性	考察结果	与本地原使用群相比
温驯性		
定向性		
盗性		
防卫性能		
采胶习性		
蜜房封盖类型		
其他		

5. 种群鉴定记录汇总

表8-8　种群鉴定记录汇总表　　　蜂群编号______

<table>
<tr><td rowspan="7">形态特征</td><td>蜂王</td><td colspan="2">体色</td><td></td><td>毛色</td><td colspan="3"></td></tr>
<tr><td>雄蜂</td><td colspan="2">体色</td><td></td><td>肘脉指数</td><td colspan="3"></td></tr>
<tr><td rowspan="5">工蜂</td><td colspan="2">体色</td><td></td><td>肘脉指数</td><td colspan="3"></td></tr>
<tr><td colspan="2">吻长（mm）</td><td></td><td>跗节指数（%）</td><td colspan="3"></td></tr>
<tr><td rowspan="3">右前翅</td><td>长（mm）</td><td></td><td>细度指数（%）</td><td colspan="3"></td></tr>
<tr><td>宽（mm）</td><td></td><td>第3、4背板总长（mm）</td><td colspan="3"></td></tr>
<tr><td>面积（mm^2）</td><td></td><td>角B_4（度）</td><td></td><td>角I_{10}（度）</td><td></td></tr>
<tr><td rowspan="9">经济性状</td><td colspan="3">考察结果</td><td>与原蜂种相比</td><td colspan="3">考察结果</td><td>与原蜂种相比</td></tr>
<tr><td rowspan="3">有效产卵量</td><td>总量（百个）</td><td></td><td></td><td rowspan="8">抗病力</td><td>美洲幼虫病</td><td></td><td></td></tr>
<tr><td>日平均（百个）</td><td></td><td></td><td>欧洲幼虫病</td><td></td><td></td></tr>
<tr><td>日最高（百个）</td><td></td><td></td><td>囊状幼虫病</td><td></td><td></td></tr>
<tr><td colspan="2">群势增长率（%）</td><td></td><td></td><td>白垩病</td><td></td><td></td></tr>
<tr><td rowspan="2">采集力</td><td>大宗蜜源</td><td></td><td></td><td>爬蜂病</td><td></td><td></td></tr>
<tr><td>星散蜜源</td><td></td><td></td><td>孢子虫病</td><td></td><td></td></tr>
<tr><td colspan="2">越冬群势削弱率（%）</td><td></td><td></td><td>麻痹病</td><td></td><td></td></tr>
<tr><td colspan="2">越夏群势削弱率（%）</td><td></td><td></td><td>死蛹病</td><td></td><td></td></tr>
</table>

（续）

	考察结果		与原蜂种相比	考察结果		与原蜂种相比
生物学特性	温驯性			采胶习性		
	定向性			蜜房封盖类型		
	防卫性			蜜蜂寿命		
	盗性			其他		
	考察结果		与原蜂种相比	考察结果		与原蜂种相比
生产力	蜂蜜（kg）			蜂蜡（kg）		
	王浆（kg）			蜂胶（kg）		
	花粉（kg）			其他（kg）		
评语						

（二）种群系谱档案

系谱档案包括原种蜂王系谱卡和系谱图（图8-20）两部分。原种蜂王系谱卡（表8-9）记载原种蜂王的编号、品种（品系）、原产地、培育单位、培育时间、引进日期及备注等；系谱图记录和表示子代同亲代的血缘关系。如果引进同一品种的蜂王进行蜂种复壮，也应在系谱图中反映出来。

1. 种蜂王系谱卡

表8-9　种蜂王系谱卡

蜂王编号			蜂王标记	
体色			培育蜂王情况	
毛色			移虫方式	
授精日期			移虫日期	
授精量			出房日期	
产卵日期			温度	
母本	品种		相对湿度	
	群号		养王群品种	
父本	品种		主要蜜粉源植物	
	群号		培育基地	
代次			系祖	

2. 种群系谱图

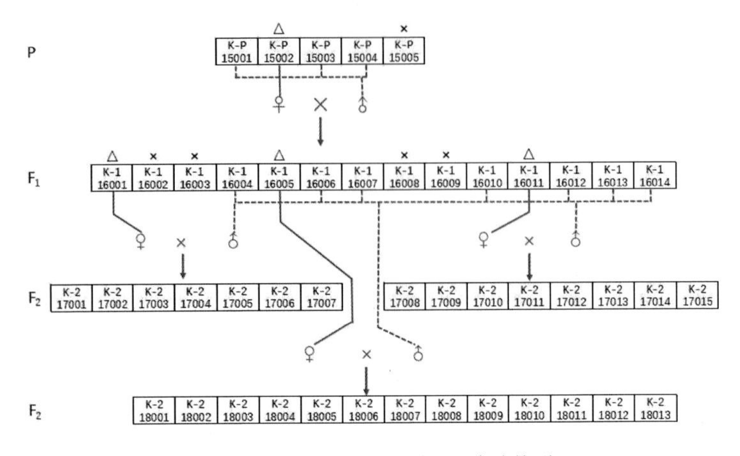

………选留父群　△选留母群　×淘汰蜂群

图8-20　种蜂群系谱图（薛运波、常志光　绘）

3. 种蜂供应档案　育种单位提供给生产性蜂场或种蜂场的优良种蜂王，应设立供种档案，如蜂王供应卡等，记录该蜂王的有关资料。除育种档案之外，育种单位还应该具体制订育种计划、育种日记和蜂王培育计划。

（1）种蜂王供应登记表　见表8-10。

表8-10　种蜂王供应登记表

序号	用户姓名	地址	品种			邮　编	备　注
			A	B	C		
1							
2							
3							
…							
20							

（2）蜂王供应卡　见表8-11。

表8-11　蜂王供应卡

<table>
<tr><td>蜂王编号</td><td></td><td rowspan="2">母　本</td><td>品种</td><td></td></tr>
<tr><td>出房日期</td><td></td><td>群号</td><td></td></tr>
<tr><td>交尾日期</td><td></td><td rowspan="2">父　本</td><td>品种</td><td></td></tr>
<tr><td>产卵日期</td><td></td><td>群号</td><td></td></tr>
<tr><td>地址</td><td colspan="4"></td></tr>
<tr><td>邮寄日期</td><td colspan="4"></td></tr>
</table>

第九章 蜜蜂人工授精技术

第一节 蜜蜂人工授精发展史

人类探索蜜蜂人工授精技术始于240多年以前。18世纪瑞士的Francois Huber通过限制蜂王和雄蜂的出入，观测其是否在蜂房内交配，发现蜂王几周都没有正常产卵，而且只孵化出雄蜂，证明蜂王是在蜂房外面交配的。Huber（1814）最早进行了蜂王人工授精试验，他用一种毛笔状的工具把雄蜂精液涂抹在蜂王阴道口上，虽未成功，但他的试验给后来人以有益的启示。19世纪末很多人都进行了“手持交配”试验，用手或简单装置把蜂王固定住，手持雄蜂，试图在人手的撮合下，使雄蜂和蜂王进行交配；后来还有人把雄蜂精液滴入到性成熟蜂王打开的螫针腔里，但是精子进入蜂王受精囊的数量只是自然交尾的0.5%～2%，没有实用价值。此后，还有人把大量的雄蜂和蜂王囚禁在笼内进行交配尝试，都没有成功。但是蜜蜂人工授精技术研究已经在探索中前行。

一、蜜蜂人工授精仪的研制历程

（一）蜜蜂人工授精仪研制的探索阶段

美国Nelson McLain（1887）用木块制造了一个蜂王夹板，把蜂王固定在夹板的凹槽里，夹板外露出蜂王腹部末端，用一支皮下注射器和一枚加工过的针头采集雄蜂精液并进行人工授精，这成为早期的蜂王人工授精设备（图9-1）。

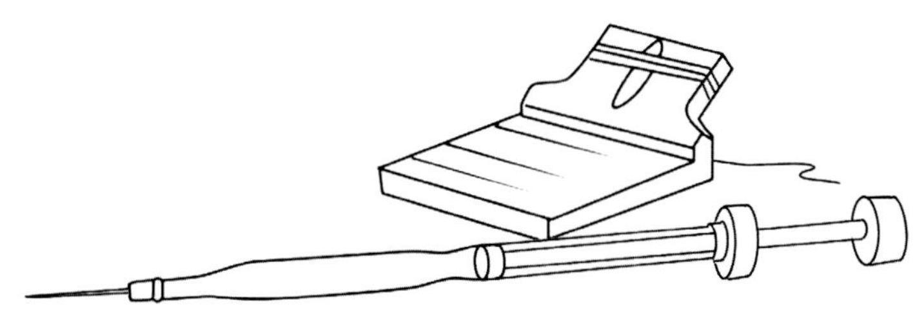

图9-1 早期的蜂王人工授精仪雏形（常志光 仿绘）

（二）蜜蜂人工授精仪研制的发展阶段

美国Watson（1927）设计的蜂王授精装置获得成功，他设计制造出精细的微量注射器，微量注射器安装在具有双向导轨的操纵器上以控制注射器的移动，再组装到体视显微镜台上；蜂王固定夹板用橡皮筋固定在镜台的另一端，用解剖镊子张开蜂王的背腹板进行人工授精，取得了前所未有的成绩。因此，世界公认Watson为现代蜜蜂人工授精技术的创始人（图9-2）。

美国Nolan（1928）掌握了Watson的蜂王授精器械操作技术后，设计制造了拉开蜂王螫针腔的弹夹、背钩和腹钩，用玻璃管制作了蜂王固定器。美国Laidlaw（1930）将二氧化碳通入蜂王固定器内作为麻醉剂，使蜂王麻醉，便于人工授精操作。1931年Laidlaw制造出了一个马蹄形的弹夹，用以打开蜂王螫针腔（图9-3）。

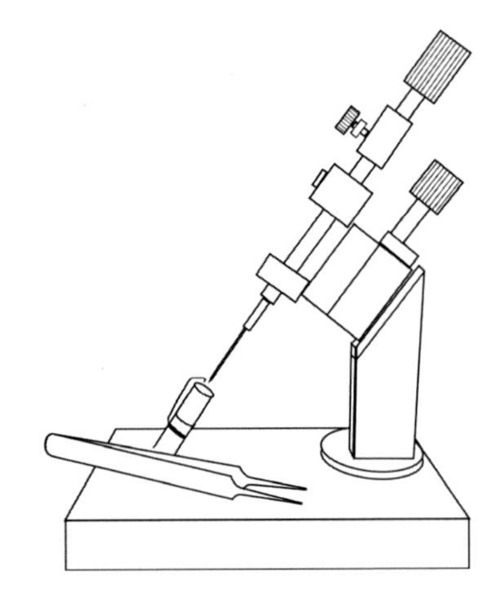

图9-2　Watson设计的蜜蜂人工授精仪模型（常志光　仿绘）

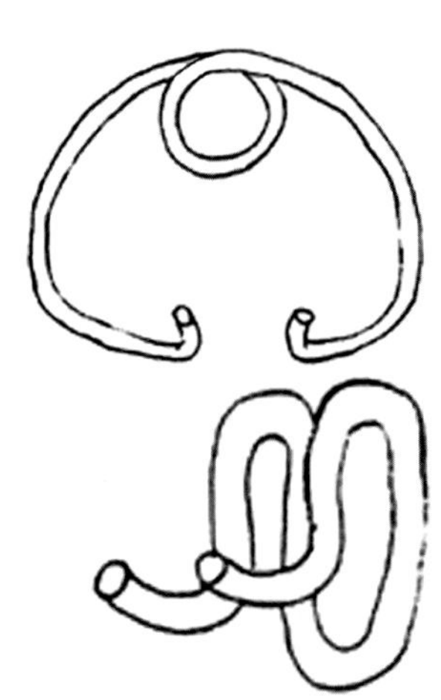

图9-3　马蹄形的弹夹（引自Cobey，1983）

Laidlaw（1933）解剖自然交尾后的蜂王，发现在蜂王阴道中部有一个舌状阴道瓣突，其作用如同阀门，突起时完全关闭中输卵管的开口，对蜂王交配后防止精液外流和促使精子转移到受精囊中有重要作用，同时得出结论，人工授精针头必须越过阴道瓣突才能把精液注入输卵管内。他用一个细金属环将阴道瓣突压下，以露出中输卵管口。Laidlaw(1944）根据蜂王阴道内的特殊结构，制造了用于压低阴道瓣突的阴道探针，人工授精时可让针头沿着阴道探针的背面顺利进入到蜂王中输卵管内。

美国Roberts等（1944）发现蜂王有重复交配现象，蜂王须与6～9只雄蜂交配，认为对每只蜂王进行人工授精也须应用多只雄蜂的精液，才能达到与自然交尾相同的效果。Mackensen（1947）发现用CO_2作麻醉剂不仅对蜂王无害，而且还有消除发情反应和刺激蜂王提早产卵的作用；他还研制了隔膜式注射器，使人工授精的工作效率和成功率有了很大提高。20世纪在世界上通用的Mackensen注射器就是以他的姓名命名的。这种古典的授精仪已不再生产，但它是现代授精仪的原型（图9-4）。

在Mackensen注射器研究成功后第3年，Laidlaw设计了带有螺旋推进导轨并与Mackensen注射器配套的人工授精仪（图9-5）。

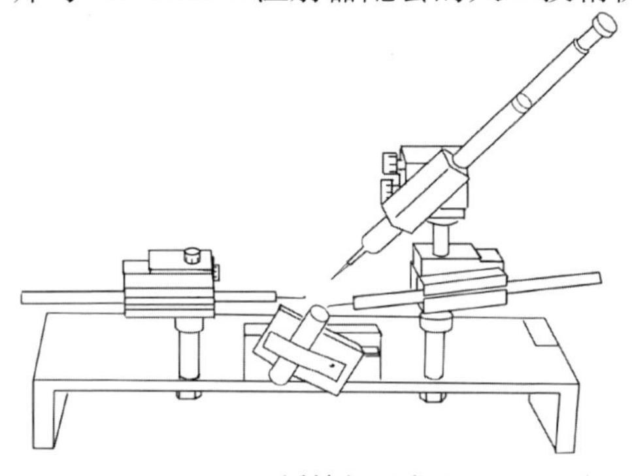

图9-4　Mackensen授精仪（常志光　仿绘）

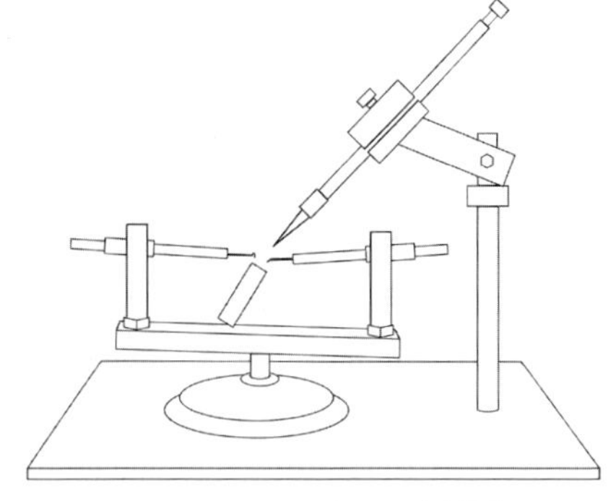

图9-5　Laidlaw式人工授精仪（常志光　仿绘）

（三）蜜蜂人工授精仪研制的成熟阶段

20世纪80年代，德国Ruttner、Schley等人设计了结构精密带有多向导轨的授精仪（图9-6）。至此，蜜蜂人工授精技术、仪器设备以及理论研究，均达到相当高的水平。2002年Schley Ⅱ型人工授精仪设计成功，在背钩操纵杆内嵌螯针夹，用指尖推压背钩操纵杆另一端的按钮来控制；增设二氧化碳流速控制器，可以防止二氧化碳过大或流动不正常，使得蜜蜂人工授精操作更加容易掌握。

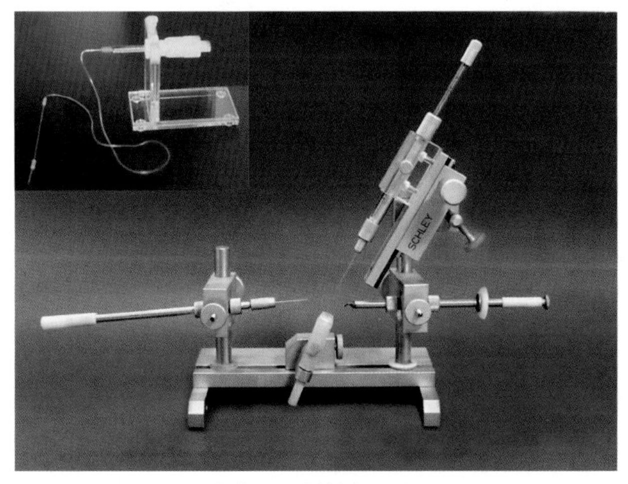

图9-6　Schley Ⅱ型蜜蜂人工授精仪（李志勇、薛运波　摄）

丹麦的Swienty公司设计制作出一款非常精密的蜜蜂人工授精仪（图9-7），该授精仪万向操作，齿轮带动，部件易于控制，非常适合初学者使用。但是针头在进针时缺乏反馈感，这可能容易导致蜂王损伤。

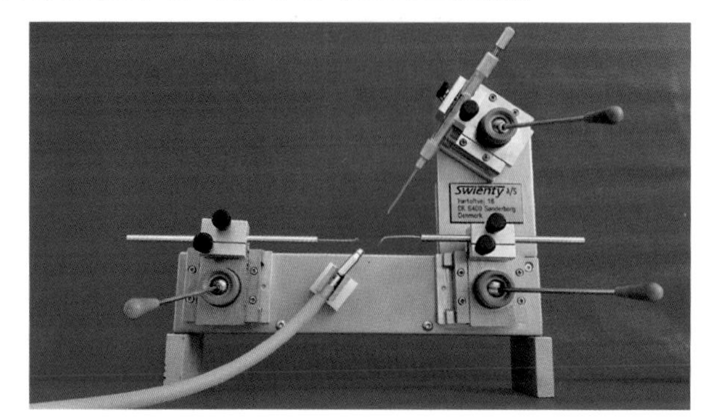

图9-7　丹麦Swienty授精仪（刘之光　提供）

我国蜂业工作者对蜜蜂人工授精仪的研制和使用起步较晚。利翠英先生于1958年开始研究蜜蜂人工授精技术，从前苏联引入中国第一台蜜蜂人工授精仪（图9-8），开创了我国蜜蜂人工授精技术研究的先河。随后，相关单位陆续设计和生产出了几款蜜蜂人工授精仪，并投入使用（图9-9、图9-10）。

图9-8　引自前苏联的中国第一台蜜蜂人工授精仪（罗岳雄　提供）

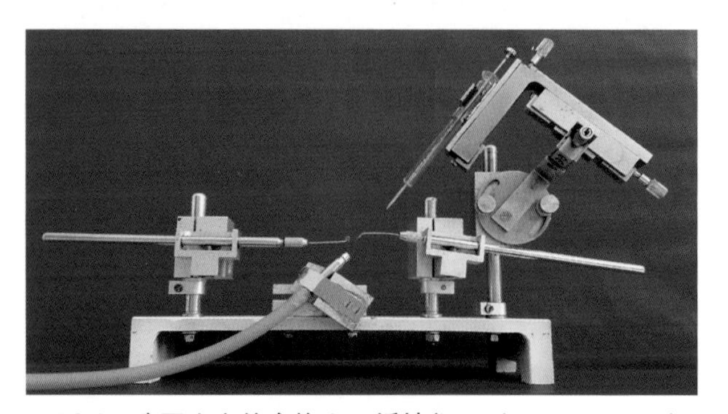

图9-9　我国生产的蜜蜂人工授精仪Ⅰ（刘之光　提供）

图9-10　我国生产的蜜蜂人工授精仪Ⅱ（刘之光　提供）

2015年，薛运波等结合国内外蜜蜂人工授精仪相关特点，经过数次革新，设计制作出一款新型蜜蜂人工授精仪。该套仪器应用精密三维导轨技术，由上下、左右、前后三组导轨组合而成，注射器注入精液的位移精度达到0.1mm。授精针头采用聚乙烯塑料加工而成，容量大，整个针头透明，能够清晰看到精液移动情况；针头细长，略有弹性，不易扎伤蜂王（图9-11）；针尖圆锥形，授精时不易使精液外溢。操纵杆与立柱连接处采用新式球型万向阀制成，能够进行大角度调节和灵活移动，操作灵活方便。蜂王固定部位采用磁吸式固定底座和麻醉管，授精蜂王的位置和角度可以灵活调节。该授精仪的照明系统采用改制的光源，可以在室内连接照明电和野外蜂场更换电池两种环境下使用。

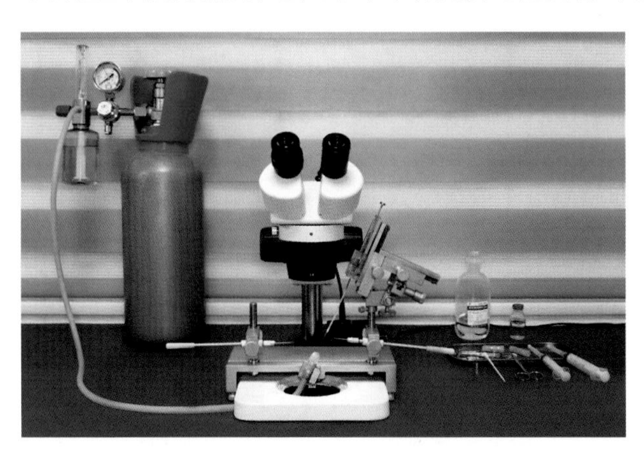

图9-11　我国生产的新型蜜蜂人工授精仪（李志勇　摄）

二、雄蜂精液采集、漂洗研究

（一）雄蜂精液采集工具

充足的雄蜂精液数量和优质的雄蜂精液是进行蜜蜂人工授精的前题，雄蜂精液采集工具伴随着人工授精技术的发展而不断改进。

Harbo（1974）设计了一种能在可装卸的毛细管内采集和贮存精液的注射器，毛细管的容量为50 ~ 60μL，一端拉成针头。使用这种注射器不需要将精液转注到贮藏管内，也不需要离心，直接可进行人工授精。但其不能精确控制精液的移动，玻璃针头和推杆容易破损。

Kaftanoglu等（1980）把Mackensen注射器的针头加以改造，研究成功了一种新型注射器，这种新型注射器即可用来贮存精液，又可进行人工授精。该注射器有良好的吸力，又有平衡压力的泄压孔，在拆装时不搅动毛细管内的精液柱，还有一个精确的控制机构，每个贮藏管盛装的精液可以给多只蜂王授精。

薛运波（1984）对医学试验用的微量注射器进行改进，制作成100μL微量精液采集器。注射器主体采用有机玻璃材料制成，其优点是能够准确把握采集的精液量，微量进样器的推杆、针座、针头均由不锈钢材料加工而成，清洗消毒方便。随后，又将聚乙烯管应用到注射器的针头中，聚乙烯针头具备玻璃针头的全部优点，针尖呈圆锥形、比较软，授精进针错位遇到阻力时，针尖能够弯曲，不易刺伤蜂王，也不易使精液外溢，授精成功率较高。该注射器不仅能够采集西方蜜蜂精液，而且也能够采集相对较黏稠的中华蜜蜂精液。

（二）雄蜂精液漂洗技术

雄蜂精液漂洗技术是一个简单而快速收集大量精液的方法，它比常规方法收集精液快很多，特别适合为很多蜂王授精需要大量精液的情况下使用，应用精液漂洗技术还能够均匀的和以理想的比例混合不同原种蜜蜂的精液。

牡丹江农校（1979）研究了一种大量地收集蜜蜂精液的简单而快速的方法，制作出了蜜蜂精液采集器。将雄蜂生殖器翻出并射精的精液刮入精液漂洗漏斗和收集器里的kieU稀释剂中（图9-12）。将精液、黏液和稀释剂的混合物以2 500r/min离心10min（图9-13），使精液、黏液、稀释剂分离。含有精液的收集管连到一个特殊的大容量注射器上，用这种精液给蜂王授精。研究结果显示，注射漂洗精液的蜂王和自然交尾的蜂王所产生的蜂儿数量没有显著的差异。

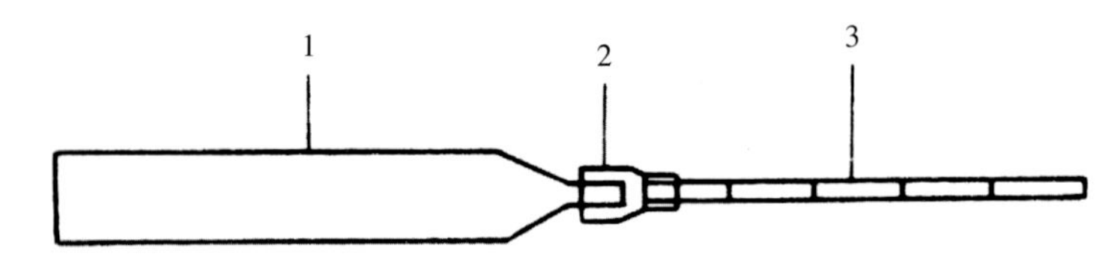

图9-12　蜜蜂精液采集器（引自陈盛禄，2001）
1.玻璃漏斗　2.聚乙烯接管　3.精液采集管

苏荣茂等（1990）对中蜂精液漂洗技术进行了研究。在25 ~ 30℃条件下，以2 000r/min的速度离心10min，分离出精子密度为64.25万/μL的精液。然后以每只6μL的剂量给6 ~ 14日龄的处女蜂王进行人工授精，获得正常产受精卵的蜂王6只，其子脾整齐成片，子圈明显，封盖正常，平均日产卵量与采用原精液授精的蜂王无明显差异。

图9-13　精液与黏液通过离心机分离（薛运波　摄）

三、授精蜂王的质量与应用探索

（一）蜂王注射精液量研究

Tryasko（1951）发现蜂王在一次婚飞中可进行多次交配。早期蜜蜂人工授精仅以1.0 ~ 2.5μL精液来授精，其进入蜂王受精囊内的精子数量没有显著差别。

波兰Woyke（1960）发现自然交尾后的蜂王受精囊内约有534万个精子，而一只雄蜂可射出1 100万个精子，是蜂王受精囊容量的2倍。但用1μL精液（约700万个精子）给蜂王人工授精时，仅有139万个精子进入蜂王受精囊；若使用8μL精液（约5 600万个精子）授精，进入蜂王受精囊内的精子有537万个精子。因此，Woyke建议给蜂王进行一次人工授精可用8μL精液，进行两次人工授精时每次可用4μL精液。

美国Bolten等（1982）报道了少量多次授精与蜂王受精囊中的精子量的关系，用少量的稀释精液给蜂王多次授精，进入受精囊中的精子数量显著多于等剂量的一次性授精。数次相同的小剂量授精，第二次授精进入受精囊中的精子数量高于第一次，使用液态氮贮存的精液，在不同的两组试验中，第二次授精进入受精囊的精子数分别占总数的77%和68%，用新鲜的稀释精液授精时第二次占61%。

（二）蜂王授精后的环境与精子转移研究

Vesely（1970）把授精后的蜂王放在核群内自由活动，则其输卵管内的精液会排除干净，可增加进入受精囊的精子数。反之，蜂王被保存在纱笼内，则精液会滞留在输卵管内。Woyke（1973）把授精后蜂王保存在34℃条件下，比把蜂王放回温度较低的哺育笼内进入受精囊内的精子数量多。

Woyke（1979）报道了工蜂与蜂王的接近对人工授精结果的影响，授精的蜂王被分别放到纱笼和隔王器中，授精48h后检查输卵管内精子，并计算受精囊内的精子数。其结果是：在没有工蜂伴随的纱笼内的蜂王，其受精囊内只有302万个精子；在配备有隔王片的隔王器内的蜂王，其受精囊的精子增加75%。因此，建议将授精后的蜂王放在有隔王片制造的隔王器内的巢脾上，直到它开始产卵。

Woyke（1982）报道了伴随工蜂数量对保存的室外小核群的人工授精蜂王受精囊内精子数的影响，室外小核群中的人工授精蜂王至少需有350只伴随工蜂，伴随工蜂数量增加，会使蜂群温度从18.0℃升至31.6℃，蜂王受精囊才会得到正常数量的精子。

Woyke（1983）报道精子进入人工授精蜂王受精囊的动态，授精1μL、2μL、4μL或8μL的蜂王，每只蜂王配有伴随工蜂250只放在34℃温箱内，或者不配工蜂关在无王群。结果显示：最初4h授精量与有无工蜂对精子进入受精囊的速度影响极小，为20万～30万/h。授精1μL和2μL的蜂王，4～8h后转移过程基本结束，但授精8μL的蜂王，至少要延长到40h。有无工蜂，在授精1μL或2μL时，对受精囊内最后精子数影响较小或没有影响。而授精4μL或8μL时，与工蜂关在一起的蜂王受精囊内的精子数明显多于没有工蜂相伴的蜂王。因此，在采用大精液量授精时，工蜂和蜂王关在一起是很重要的。

（三）蜂王人工授精应用探索

蜜蜂人工授精技术是进行蜜蜂育种研究中最重要的技术之一，该技术不仅可以进行蜜蜂单雄授精、单雄多雌授精、自体授精等研究，而且在蜜蜂品种（系）提纯、选育、保种中发挥着重要作用。

翟文蓉（1982）进行了利用蜜蜂人工授精技术配制高意杂交组合的试验，把蜜蜂人工授精技术应用到杂交种。吴家钦等（1984）进行了蜜蜂单雄人工授精试验，单雄授精试验用7只蜂王，有6只能够产受精卵。薛运波等（1985）也进行了蜜蜂单雄多雌授精试验，试验用了13只蜂王，有12只蜂王在授精后的5～10d内先后产出受精卵，为蜜蜂遗传育种探索了一种新的研究手段。黄融生等（1986）对蜂王自体人工授精技术进行了研究，先后给19只蜂王进行了自体授精，其中有17只产出了不同数量的受精卵。薛运波（1987）对蜜蜂人工授精技术在蜂场应用进行配套和改革，从小型活动板房实验室、组合式工作台、授精器械、麻醉系统、照明系统、柜式观察笼等6个方面介绍人工授精技术在蜂场的应用。薛运波等（1990）从授精次数和授精量、麻醉次数与麻醉时间、小核群的温度及蜂数、精液的质量、蜂王质量和日龄、授精技术和蜂王品种6个方面，介绍了影响人工授精蜂王始卵期长短的有关因素。

四、中华蜜蜂人工授精技术的研究

中华蜜蜂与西方蜜蜂在分类学上是同属不同种，其蜂王的个体内外部形态、生殖生理及某些生物学特性等都与西方蜜蜂不同，雄蜂的精液量和精液黏度等与西方蜜蜂相比差异较大（图9-14）。

图9-14　中华蜜蜂精液采集（邵会强　摄）

（一）中华蜜蜂人工授精器械及方法

福建农学院（1982）首先研究了中华蜜蜂人工授精技术，对经CO_2麻醉的蜂王进行人工授精，成功率达95%以上，其中采用自行研制的CH-1型微量注射器采集雄蜂精液具有三大优点：针头材料透明，采精时能及时发现混入精液中的气泡；针尖外径细，进针容易；针头端部呈锥形，进针后精液不易外溢；注射器易清洗消毒。

福建农学院（1985）报道了中华蜜蜂人工授精技术研究的进展，从器械革新、关键技术、主要数据三个方面介绍了研究进展情况。中华蜜蜂雄蜂性成熟日龄为出房后10 ~ 14d；中华蜜蜂每只雄蜂每微升精液中所含精子数目约为480万个；供人工授精用的处女蜂王日龄以5 ~ 7d为最好，最佳授精量为6μL左右，进针深度以插入阴道口1mm左右为宜，人工授精蜂王的始卵期为4 ~ 17d，人工授精蜂王正常产卵一年以上，群势发展情况接近自然交尾蜂王。

（二）中华蜜蜂雄蜂精液研究

广东省昆虫研究所（1983）对中蜂精液量进行了研究，统计了3 037只雄蜂精液量，平均每只雄蜂能够采集到0.24μL精液。

张其康和苏荣茂（1991）从pH和渗透压方面对中蜂精子活力影响进行了研究，介绍了以三羟甲基氨基甲烷为基础液（简称三基缓冲液），用氯化钾和氯化钠混合液调节溶液渗透压，用盐酸和氢氧化钠调节pH，研究了pH和渗透压对中蜂精子活力的影响。结果表明，在中性三基缓冲液中，精子活力最高；pH＜4.0，精子死亡；pH≥8.0精子活力下降。精子在高渗（OP≥470mmol/L）三基缓冲液中的活力强于在低渗（OP≤330mmol/L）三基缓冲液中。

苏荣茂（1991）进行了糖类对中蜂精子活力影响的研究，在漂洗液中添加不同糖类对中蜂精子活力有极大影响，与对照相比，在漂洗液中加入葡萄糖、果糖或半乳糖能极显著地提高精子活力；山梨糖在初期能刺激中蜂精子激烈活动，但平均精子活力与对照组没有显著差异；海藻糖虽是精液中的成分，但并不能显著提高精子活力。

综上所述，从19世纪20年代开始，经过了100多年的研究，蜜蜂人工授精技术取得了长足的发展。未来，蜜蜂人工授精技术将会朝着低成本、简易化、大众化的方向发展。在这个过程中，除了蜜蜂人工授精技术创新，最根本的在于蜜蜂人工授精仪的革新。蜜蜂人工授精仪中每一部件的技术突破都会带来授精仪性能的飞跃。从这一过程不仅可以看到基础科学研究对于推动技术研发所起的重要作用，也可以看到各个学科之间的协作、各项科技成果的集成对重大发明的重要性。

第二节　蜜蜂人工授精

一、蜜蜂人工授精设备与器材

（一）实验室设备器材

实验室必需有的设备器材包括蜂王人工授精仪、电子天平、体视显微镜、生物显微镜、蒸馏水器、血球计数板、酸度计、离心机、紫外线灭菌灯、高压灭菌锅、CO_2钢瓶、气体洗瓶、常用玻璃器皿、注射器、医用方盘、手术剪刀、镊子、雄蜂飞翔笼、混精设备以及加工背、腹钩和探针用的器械等（图9-15至图9-18）。

图9-15　蜜蜂人工授精实验室
（李志勇　摄）

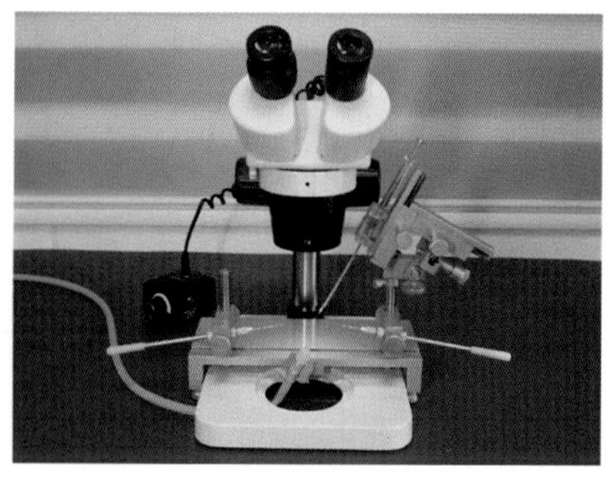

图9-16　授精仪和体式显微镜
（李志勇　摄）

图9-17　电子天平（李志勇　摄）

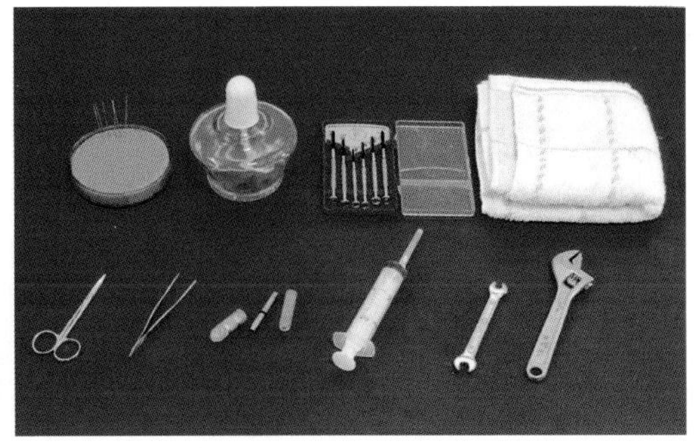

图9-18　蜜蜂人工授精常用部分器材（李志勇　摄）

（二）人工授精仪附件

蜜蜂人工授精需要制备的器材有背钩、腹钩、探针、微量进样器、授精针头、诱入管、麻醉管、通气活塞、CO_2钢瓶、气体洗瓶、雄蜂飞翔笼等。

1.背钩、腹钩和探针　背钩、腹钩、探针是打开蜂王背腹板及阴道的附件，均用直径1～2mm不锈钢丝手工制作而成，首先把不锈钢丝用什锦锉加工成毛坯，然后用油石磨去锉痕，再用天然油石进行加工，直至加工到合适的尺寸为止，最后用直尖镊子及钳子加工成需要的形状（图9-19）。

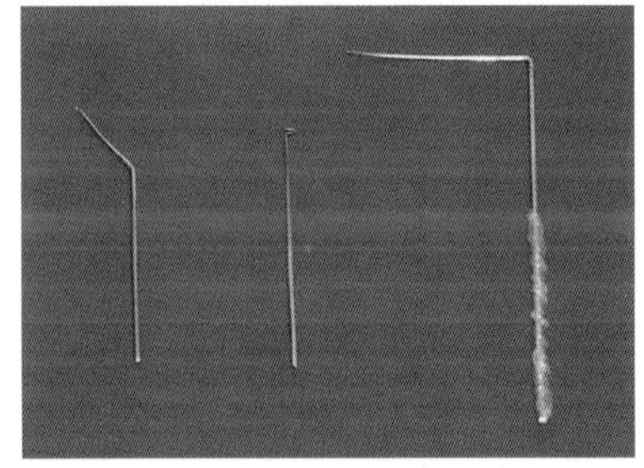

图9-19　手工制作的背钩、腹钩和探针（李志勇　摄）

2.精液注射器　注射器有麦肯森设计膜片式、微调螺旋式、水压式和柱塞式微量进样器。目前国外使用较多的是麦肯森注射器，国内使用较多的是100μL微量进样器。100μL微量进样器的管身是有机玻璃材料加工而成，推杆、针座、授精针头均是不锈钢。由于针头较长且不透明，使用时需要把针头抽出去掉，只保留针座来固定授精针头，但是在抽制过程中很容易拉碎注射器，有的只好将针头截短使用（图9-20）。

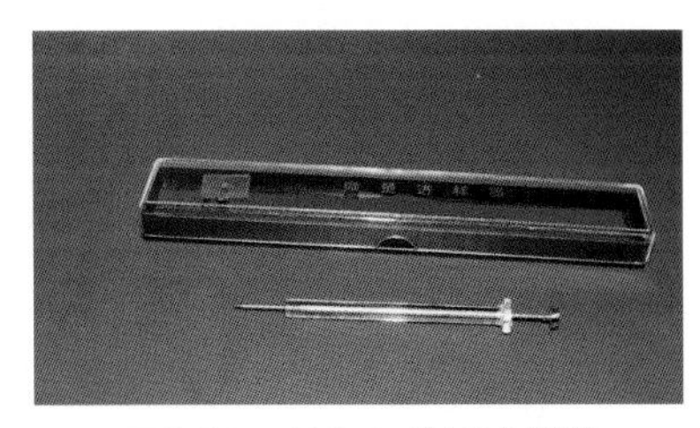

图9-20　100μL微量进样器（李志勇　摄）

3.授精针头　一般情况下，采集雄蜂精液和给蜂王人工授精使用同一型号的授精针头，习惯上人们都称之为授精针头。授精针头有麦肯森式有机玻璃针头、不锈钢针头、玻璃针头、聚乙烯针头，无论何种材料的授精针头其针尖尖端外径不大于0.3mm，内径不小于0.17mm。

麦肯森式授精针头是用有机玻璃材料经机器加工而成（图9-21）。其优点是透明，能够看到精液的采集情况；针尖圆锥形，授精时精液不易外溢，授精成功率较高。缺点是授精针头容纳精液量较少，安装、拆卸、清洗比较麻烦，成本较高。

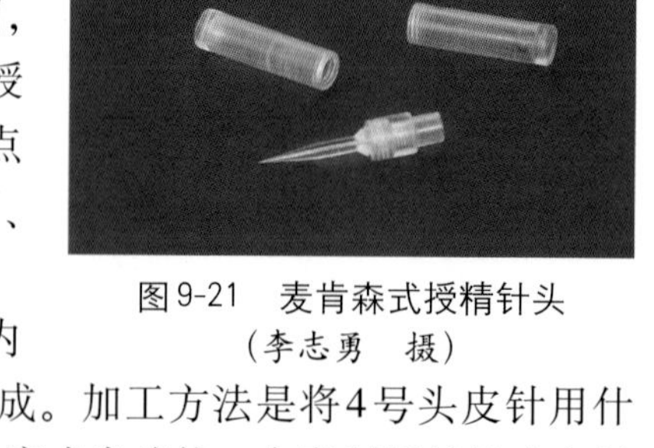

图9-21　麦肯森式授精针头
（李志勇　摄）

不锈钢授精针头是选择外径0.27mm、内径0.20mm的4号头皮针为材料手工制作而成。加工方法是将4号头皮针用什锦锉从中部截断，然后在天然油石上把针尖磨成半球状，在磨制授精针头之前在针头管芯内插入一根铁丝，以防在磨制过程中堵塞针芯。磨制好的授精针头后部用胶管与微量进样器相接，再用玻璃管或不锈钢丝加固使授精针头与微量进样器的中心线在同一条直线上。不锈钢授精针头的优点是坚固耐用，在针头上能够加工上进针刻度，便于掌握进针深度，该授精针头易于加工，针尖容易磨制成半球状，不易损伤蜂王。缺点是不透明，采精时容易吸入气泡，安装到注射器上需要再次加固。

玻璃授精针头是以外径8 ～ 10mm的玻璃管为材料手工拉制而成的。首先将玻璃管在酒精灯上加热拉制成所需的针头状，然后将针头的后端在酒精灯上封闭，封闭的后端继续加热，直至加热到在玻璃管的另一端吹气时能将其吹成气泡，并使气泡破裂呈毛边的喇叭状，用什锦锉将毛边除掉，再加热到喇叭口圆滑为止。授精针头后端的喇叭口制成后，在酒精灯上加热拉制针尖部分，使针尖尖端外径不大于0.27mm，内径不小于0.17mm。玻璃针头的优点是透明，采精时能够及时发现吸入的气泡或黏液，可根据需要拉制成不同规格的针头。缺点是容易破碎，初学者不易拉制成功（图9-22）。

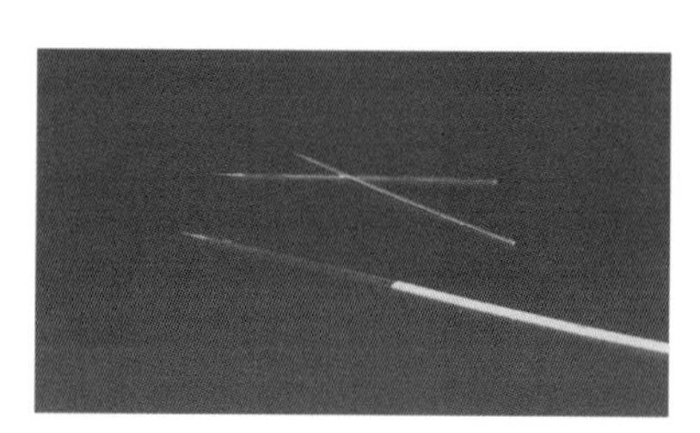

图9-22　外径1.8mm毛细管拉制的玻璃授精针头
（李志勇　摄）

聚乙烯授精针头是以外径2mm的聚乙烯管为材料手工拉制而成的（图9-23）。首先在酒精灯上将聚乙烯管拉制成针头状，然后在粗端把多余部分切割掉，再将粗端加热至圆滑的喇叭状。后端喇叭口制成后再拉制针尖部分，使针尖的尖端达到所需的标准。聚乙烯针头具备玻璃针头的全部优点，还具有不易破碎损坏、针尖比较软、授精进针错位遇到阻力时针尖能够弯曲、不易刺穿蜂王等

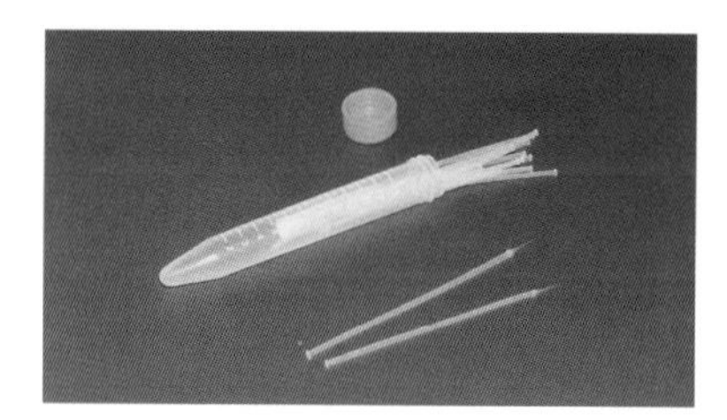

图9-23　聚乙烯毛细管拉制的授精针头（李志勇　摄）

优点。缺点是针尖不圆滑。

4. 二氧化碳麻醉系统　由CO_2钢瓶、胶管、气体洗瓶、蜂王固定器构成。麻醉蜂王使用的是CO_2气体，实验室一般使用饮料厂常用CO_2钢瓶，体积较大，贮存CO_2较多，可以安装气压表及减压阀控制流量。蜂场使用钢瓶受流动放蜂条件的制约，一般选择体积较小的钢瓶为宜。消防器材修配厂有内装200g CO_2气体的钢瓶，可以随身携带。控制CO_2流量的方法有两种，一种是旋转手柄式，使用时旋转手柄控制CO_2流量，比较方便；另一种是手拉推杆式，该种钢瓶在使用时需要自制螺旋控制系统，才能使CO_2流量符合人工授精的要求。另外还有内装5kg CO_2的钢瓶（图9-24），通过旋转手柄控制流量，也比较适用于转地蜂场。CO_2气体在蜜蜂人工授精方面有两种作用，一是用来麻醉蜂王，可以在短时间内使蜂王处于静止状态，有利于进行授精；二是经过CO_2麻醉的蜂王，能够降低发情反应，促进授精蜂王早日产卵，并且没有毒副作用。气体洗瓶是清洗CO_2中杂质及其他有害离子之用，各地化学玻璃商店均可买到。也可以用三角烧瓶、胶塞、玻璃管自己制作。

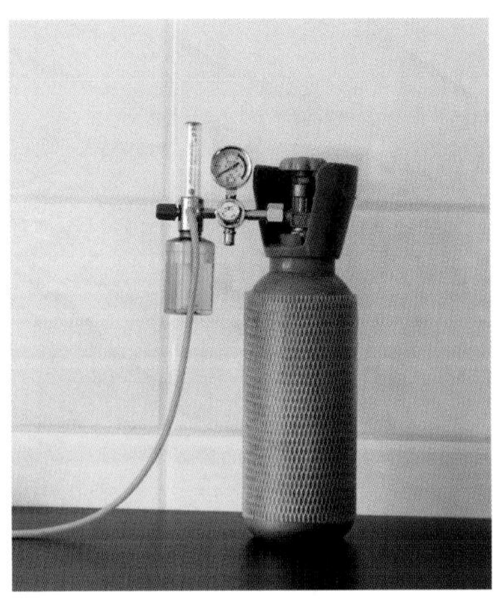

图9-24　二氧化碳钢瓶和洗瓶（李志勇　摄）

蜂王固定器由诱入管、通气活塞、麻醉管和固定底座构成（图9-25）。麻醉蜂王时先让蜂王爬入诱入管，然后将麻醉管与诱入管对接，待蜂王退入麻醉管后，立即将通气活塞推入麻醉管，当通气活塞接近蜂王头部时，须小心慢慢推进，以免损伤蜂王的触角和头部其他器官，一直推至蜂王腹部露出3～4节为止。通气活塞的后端用胶管与气体洗瓶、钢瓶相通，麻醉管要正确地固定在底座上（图9-26）。

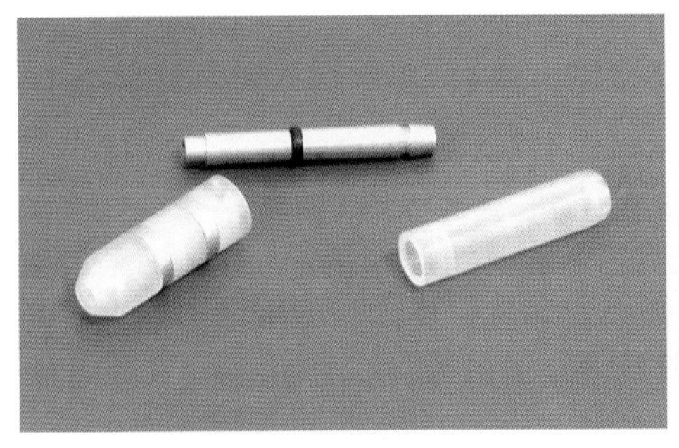

图9-25　蜜蜂人工授精仪诱入管、活塞和麻醉管（李志勇　摄）

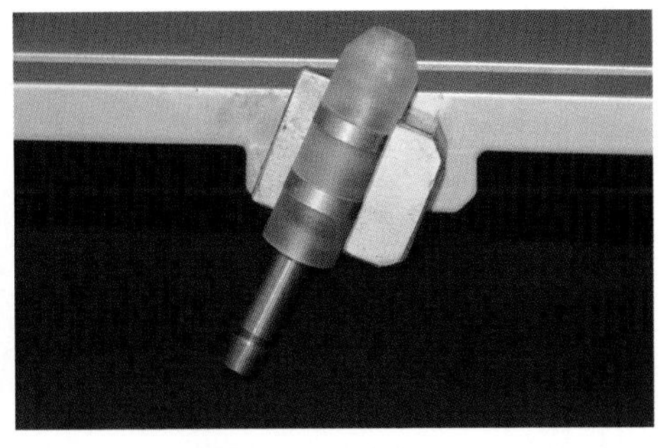

图9-26　蜜蜂人工授精仪蜂王磁吸式固定器底座（李志勇　摄）

（三）雄蜂飞翔笼

雄蜂飞翔笼是用来从蜂场捕捉雄蜂放在笼内让其进行飞翔排泄及采集精液时使用的木制铁纱笼。用木方做成长 × 宽 × 高为330mm × 280mm × 250mm的框架，两侧及后壁钉上铁纱，上盖安装隔王栅，前壁钉上纤维板，纤维板上开直径100mm的圆洞、供捉取雄蜂用，圆洞处用布帘遮严，防止雄蜂从圆洞飞出笼外（图9-27）。

图9-27　雄蜂飞翔笼和铁纱笼
（李志勇　摄）

（四）人工授精药品及试剂

1.常用药品及试剂　0.9%氯化钠溶液、来苏儿、75%酒精、灭菌蒸馏水、氯化钠、氯化钾、氯化钙、果糖、葡萄糖、水合柠檬酸三钠、磺胺、碳酸氢钠等。

2.精子生理液配方　蜜蜂精子生理液的配方有多种，常用的几种保护液配方如下：

（1）碳酸氢钠0.21g、氯化钾0.04g、水合柠檬酸三钠2.43g、磺胺0.30g、D-葡萄糖0.30g，蒸馏水定容至1 000mL。加热灭菌时，温度不超过90℃。

（2）氯化钠1.70g、氯化钾0.05g、氯化钙0.06g、果糖0.20g，蒸馏水定容至200mL。

（3）氯化钠1.60g、氯化钾0.20g、葡萄糖0.60g，用蒸馏水定容至200mL，pH调至7.5，装瓶后高压灭菌15min。

（五）实验室及器械的消毒灭菌

实验室内要求洁净无菌。采精和授精前后地面要求用5%的煤酚皂溶液（来苏儿）喷洒消毒，操作台面用75%的酒精擦拭，空间用紫外线灯照射灭菌15min，金属及耐高温的器械和附件用消毒锅煮沸灭菌15 ～ 20min，不耐高温的器械用75%酒精擦拭或灌洗灭菌。塑料注射器及授精针头等用酒精消毒灭菌后，再用无菌蒸馏水加压冲洗4 ～ 5次（图9-28、图9-29）。

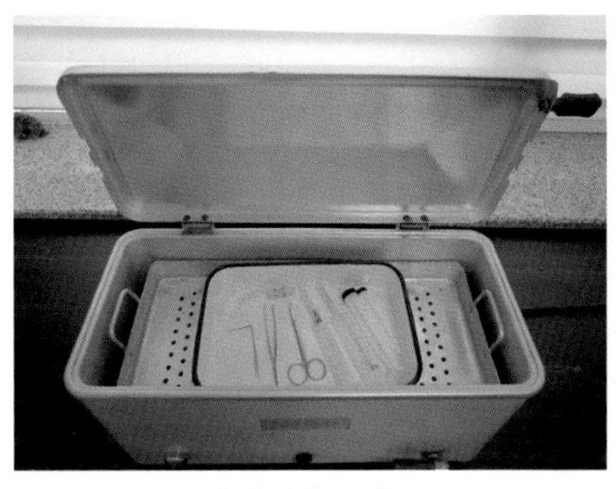

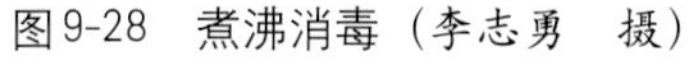

图9-28 煮沸消毒（李志勇 摄）

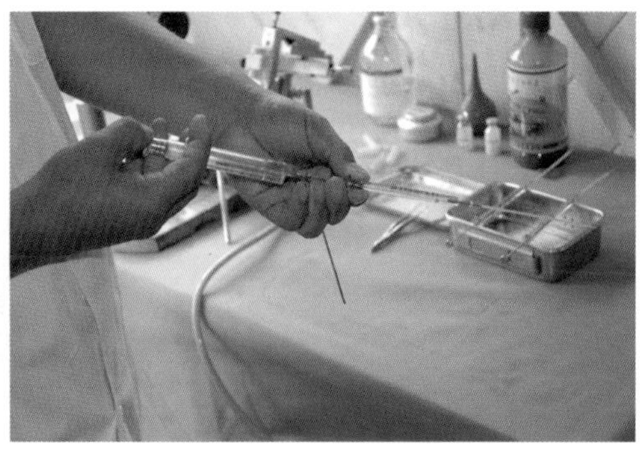

图9-29 消毒和灌洗针头（李志勇 摄）

授精仪、体视显微镜、生物显微镜、光源、CO_2钢瓶等一切器具应事先安装调试好。所有与授精操作接触的器具，一经消毒后均应放入无菌医用托盘内，加盖备用。用作消毒的酒精和消毒剂等，不得与雄蜂、蜂王及精液直接接触。

二、雄蜂精液的采集与保存

（一）雄蜂捕捉

1. 标记雄蜂日龄 在种用父群里，当雄蜂羽化出房时，用带颜色的丙酮胶在其胸部背板上点上标记（图9-30），出房12d后雄蜂达到性成熟，既可以捕捉采精。使用不同颜色的丙酮胶标记雄蜂的好处一是可以识别不同日龄的雄蜂；二是在培育近交系时，可以区分同一品种、不同蜂群的雄蜂，实现母子交配、兄妹交配等近交目的。用丙酮胶标记雄蜂的数量要大，因为雄蜂没有明显的群界，极易飞散到其他蜂群中找不回来。在点标记时，切勿把丙酮胶点到雄蜂头部及翅膀上，以免影响其正常生理功能和行为。

图9-30 多种颜色标识不同来源雄蜂（李志勇 摄）

2. 雄蜂的捕捉

（1）蜂巢内捕捉雄蜂 进行非近亲繁育时，在一个蜂场只饲养一个品种的条件下，一般不需要给雄蜂点标记来区分某些事项，选择性成熟雄蜂前要了解雄蜂性成熟的一些特征表现。性成熟的雄蜂一般聚集在边脾、隔板、箱壁及隔王板上（图9-31）；雄蜂腹部环节收缩比较紧，腹部显得坚硬，翅与腹部的比值略大于未成熟的雄蜂，行动比较灵敏。在箱内捕捉时选择具有上述特征表现的雄蜂，性成熟的比较多。捕捉时间一般是每天8：00—11：00、13：00—17：00。

图9-31　蜂巢内捕捉雄蜂（李志勇　摄）

（2）巢门口捕捉雄蜂　在晴朗的日子里，雄蜂出巢飞翔一般在每天10：00—17：00，大量出巢飞翔的时间一般在12：00—16：00。巢门口捕捉雄蜂最好选择下午进行，捕捉者蹲在蜂箱侧面，选择归巢、行动比较敏捷、腹部坚实的雄蜂进行捕捉，这样的雄蜂基本上是性成熟的雄蜂（图9-32）。

图9-32　巢门口准备婚飞的雄蜂（李志勇　摄）

3.幽闭饲养雄蜂　为了减少捕捉性成熟雄蜂所消耗的时间，可以把刚出房不久的雄蜂幽闭在雄蜂饲养笼里，不让其出巢飞翔，待出房12d以后性成熟时，从蜂群中取出雄蜂饲养笼，将雄蜂放到飞翔笼内，让其在60～100W的灯光照射下充分飞翔排泄15～20min，然后进行采精。雄蜂饲养笼的长×宽×高为10cm×8cm×3cm，两面是隔王栅，工蜂可以自由通过隔王栅饲喂雄蜂，每个笼内饲养雄蜂25只左右，每10个饲养笼装在一个特制的巢框内，放在12框以上的蜂群中饲养。这样饲养的雄蜂群内要有充足的蜜粉饲料和大量青幼龄饲喂蜂，确保雄蜂的正常发育。

（二）强迫排精

操作者左手从雄蜂飞翔笼中捉取飞翔有力、腹部坚实的雄蜂，拇、食、中指轻轻地从其胸部向后施加压力，并使尾部朝上，性成熟的雄蜂此时腹部收缩变得更加坚硬；右手的拇指或食指按在雄蜂腹部背面1～3节，与左手的拇、食两指同时向腹部尾端施加压力，使腹腔的血淋巴挤压内阳茎，迫使阳茎渐次外翻。首先翻出的是阳茎基板，然后是一对角囊和羽状突，最后是阳茎球，射精管开口于阳茎球。当阳茎球末端冒出淡黄褐色精液时，停止挤压。加压时用力要稳，切勿操之过急，用力太大容易导致精液飞溅或阳茎球破裂，使精液中混入体液。在雄蜂阳茎外翻过程中，切勿使外翻的阳茎球及精液接触到雄蜂体表面及操作者的手指，以免造成污染（图9-33、图9-34、图9-35）。

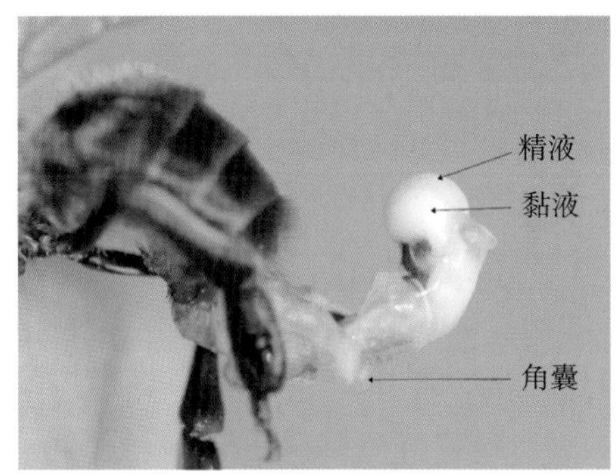

图9-33　性成熟雄蜂阳茎外翻，示精液（李志勇　摄）

图9-34　雄蜂阳茎外翻，无精液（李志勇　摄）

图9-35　雄蜂阳茎外翻，示精液污染（李志勇　摄）

（三）雄蜂精液采集

采集精液前先将已灭菌的注射器安装好，然后用精子生理液冲洗注射器及采精针头3次，最后向注射器及授精针头内注满加有抗生素的生理液。把注射器固定到授精仪上，针尖移到体视显微镜的视野内，调整显微镜焦距至针尖清晰，接着进行精液采集。采集精液时，授精针头首先吸入1.0 ~ 1.5μL空气，使生理液与精液有气泡相隔，以免精液中混入大量生理液。吸入的空气量不能太大，如果吸入空气量较大，在采集精液或以后授精过程中受到阻力时，空气会膨胀和压缩变形，给采集精液或授精带来不便（图9-36）。

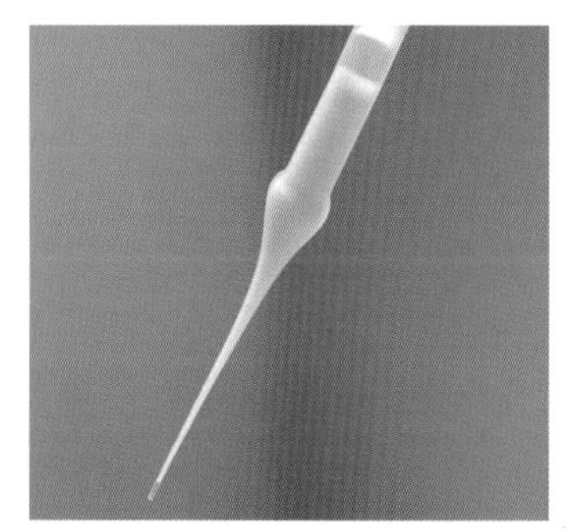

图9-36　针头内采集的精液和气泡（李志勇　摄）

采集精液时，针尖要贴紧精液的表面，以免吸入空气。但是针尖又不能深入精液深层，由于每只雄蜂只有1.5 ~ 1.7μL的精液附在黏液

图9-37 雄蜂精液采集
（李志勇 摄）

表面，实际上只能采集1.0μL左右，很容易吸入黏液。因此，在采集下一只雄蜂精液时，将采集的前一只雄蜂精液推出针尖外一部分，使其与准备采集的精液面相接触后再吸入，这样既可以防止采精时吸入空气，又可以减少吸入黏液的机会。一旦发现吸入黏液要尽快排出，哪怕是稀黏液也不可以混入精液吸入授精针头。因为黏液不仅会堵塞授精针头，且注射到蜂王侧输卵管后会凝固而堵塞输卵管，这样不仅影响精子进入受精囊，而且会引起蜂王死亡。采集精液结束时，授精针头内仍然要吸入一段空气，然后用生理液封口，以免授精针头因精液凝固而堵塞（图9-37）。

（四）精子活力的检测

采精后端授精，污染机会少，精子在体外滞留时间短，活力较强，一般不需要检查精子活力情况。如果利用贮存的精液进行授精，在授精前有必要对精子活力进行检查。检查方法是：在27 ～ 30℃的室温下，取精液1μL置于凹玻片上，用稀释液进行20倍以上的稀释，放上盖玻片。将显微镜调至400倍观察。在视野中精子呈圆周运动或原地摆动，说明活力较强，可以利用此精液进行授精；如果精子运动较慢，活率在60%以下，应放弃使用该精液进行授精。

三、蜜蜂人工授精操作

（一）处女蜂王的选择

处女蜂王一般选择个体大、腹部硕长、行动稳健的为佳。准备进行人工授精的处女蜂王授精前有的幽闭在小核群里，有的幽闭在框式贮王笼里。由于处女蜂王出房后所处的环境条件不同，其性成熟时间也存在着差异。处女蜂王出房前一天诱入到核群内，巢门口安装隔王栅幽闭的处女蜂王，性成熟日龄与采用相同方法诱入交尾群的处女蜂王相同，最佳授精时期为8 ～ 10日龄。处女蜂王出房后一直幽闭在框式贮王笼内，则性成熟时间要推迟2 ～ 3d，此种方法幽闭的处女蜂王授精最佳时期为10 ～ 13日龄。授精过早，由于处女蜂王未达到性成熟期，虽然已经授精，但精子转移到蜂王受精囊的速度较慢，精液在蜂王输卵管内滞留时间过长，授精蜂王迟迟不能产卵，有的精液在蜂王输卵管内变质导致蜂王死亡。授精过晚，处女蜂王在核群及框式贮王笼内时间较长，影响核群及框式贮王笼的使用效率。

（二）处女蜂王的麻醉

麻醉蜂王时先让蜂王爬入诱入管内，再将麻醉管与其对接，待蜂王退入麻醉管后，及时将通气活塞推入，让蜂王腹部露出3～4节为止（图9-38）；然后安装到授精仪底座上的固定器上，开启CO_2钢瓶阀门，从洗瓶中可以观察到CO_2流量，通过调节阀门以每秒钟流出约5个气泡为宜，麻醉时间30s左右处女蜂王进入昏迷状态，直到授精完毕，方可解除麻醉。

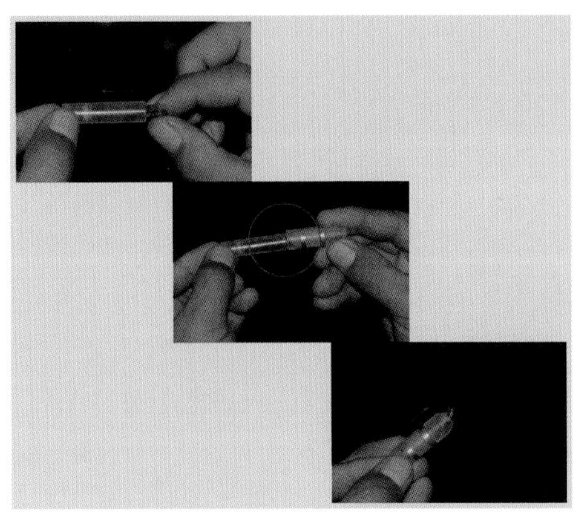

图9-38　将蜂王导入麻醉管
（李志勇　摄）

（三）人工授精

1.拉开螫针腔　麻醉蜂王的同时，调节显微镜的位置及焦距，使处女蜂王的腹部清晰地呈现在视野中央。然后移动背腹钩操纵杆，当蜂王腹部停止抽动时，移动腹钩操纵杆，使腹钩钩住腹板，接着在探针的配合下使背钩钩住背板，同时移动背、腹钩操纵杆双向拉动，使背、腹板拉至3～4mm的距离。调整显微镜焦距，移动背钩操纵杆，使背钩端部"膨大"部分伸到蜂王螫针鞘基部，并使其嵌入基部的三角缝内。背钩嵌入后，再次移动背、腹钩操纵杆，把背、腹板距离拉至5～6mm（图9-39）。

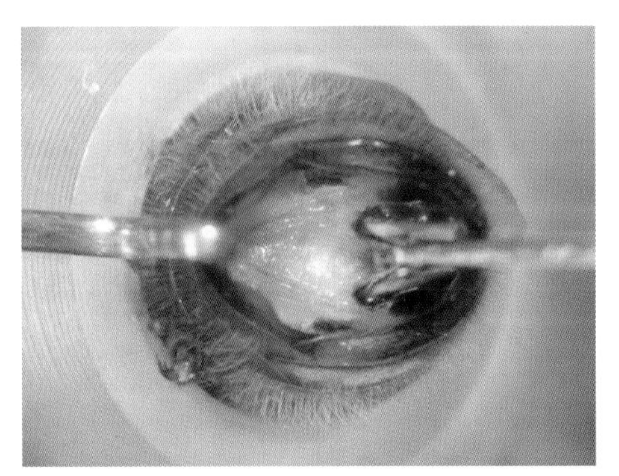

图9-39　打开的螫针腔
（李志勇　摄）

2.进针注射　拉开蜂王背、腹板后，调整蜂王的角度，使蜂王的纵轴线与注射器纵轴平行，其纵轴线与垂直线的夹角30°左右。调节显微镜至螫针腔清晰，此时可以看到螫针腔中央靠近螫针鞘基部有一皱褶开口，该开口就是阴道口。看到阴道口后，移动注射器，排出授精针头尖部的保护液及气泡，调节纵向导轨使针尖接近阴道口，左手将阴道探针插入阴道，并向蜂王腹面靠拢，使探针压住阴道瓣突，并使阴道口扩张；这时右手调节纵向导轨使针尖沿着探针的背部徐徐进入阴道，直至中输卵管，取出探针；当进针深度达到约1.8mm时，进针略感受到阻力、阴道口有下陷迹象时，停止进针，然后将授精针头稍退出一点，开始注射精液。如果在授精针头达到这个深度之前，其周围的软组织随着移动，表明针头很可能插入到阴道旁边的瓣突或者误进入侧囊，应该立即退出，再次进针。在一切顺利进行时，慢慢将精液注入。如果授精针头内的精液不移动，同时，精液与生理液之间的气泡呈被压缩状态时，表明针头没有进入输卵管内，需要重新调整进针。蜂王背部和腹部之间的中线必须与腹钩和背钩间的中线完全一致，注射器也必须准确地直线推进。蜂王固定正确时，螯针腔底部所呈现的三角形阴道瓣褶是左右对称的。以上步骤若都能准确地进行，授精针头比较容易推进到中输卵管内。一次性授精通常注射8μL精液；二次性授精每次各注射4 ~ 5μL精液。第一次与第二次授精间隔时间为24 ~ 48h。注精完毕，稍停10 ~ 15s后退出授精针头，卸下麻醉管，小心退出蜂王，给蜂王作上标记，待其苏醒后送回原核群（图9-40至图9-44）。

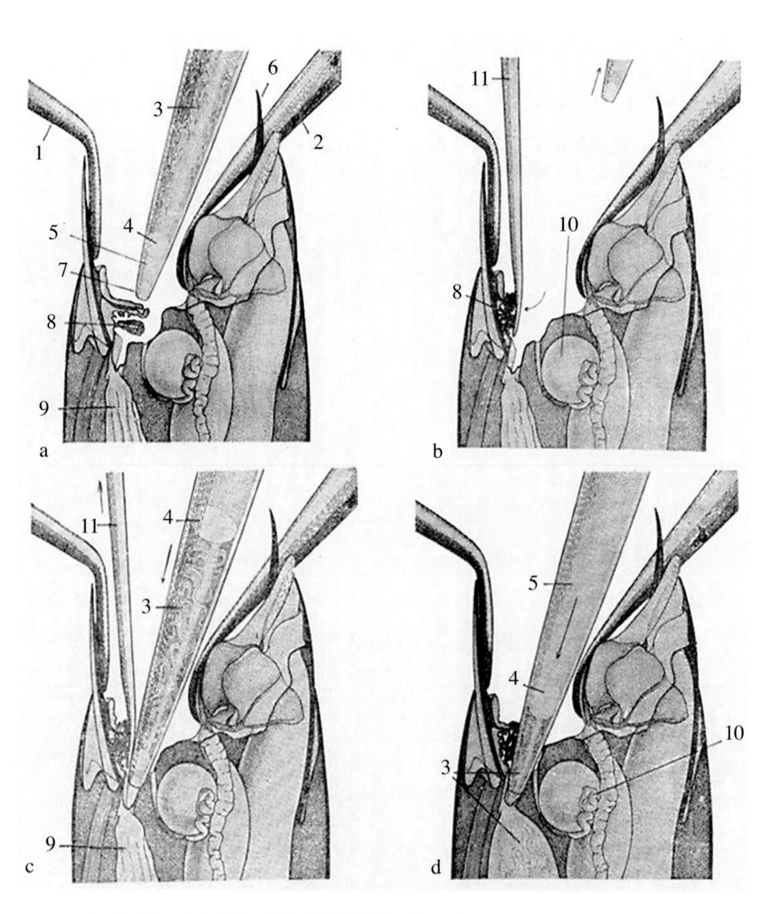

图9-40　探针辅助进针的授精过程（引自Ruttner，1976）

a.调整注射器　b.探针辅助　c.进针和移出探针　d.注射精液

1.腹钩　2.背钩　3.精液　4.气泡　5.生理液　6.螯针　7.针头　8.瓣突　9.输卵管　10.受精囊　11.探针

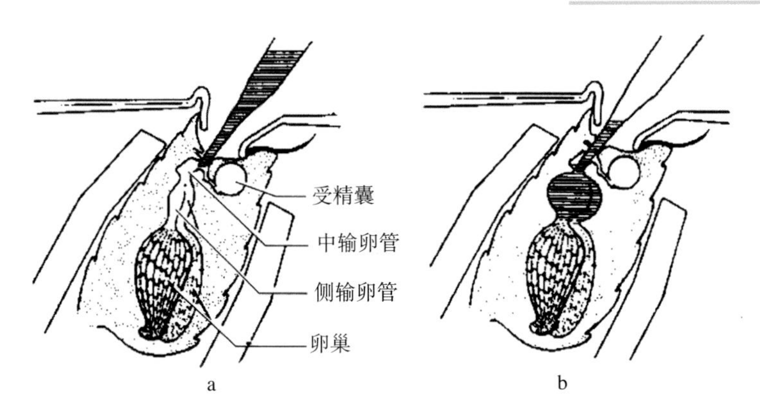

图 9-41　无探针辅助进针的授精过程（引自吴杰，2012）
a.定位进针　b.位移后再进针

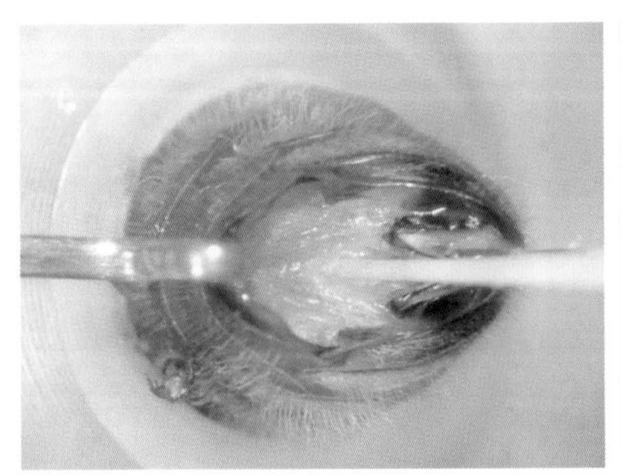

图 9-42　授精进针
（李志勇　摄）

图 9-43　注射精液
（李志勇　摄）

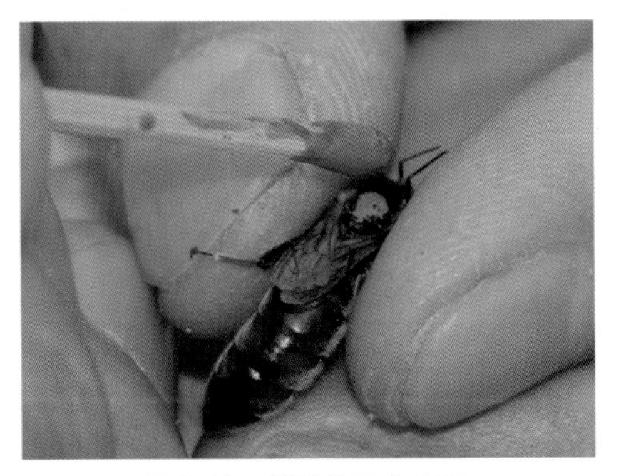

图 9-44　授精蜂王点标记
（李志勇　摄）

3. 解剖观察授精结果　初次进行人工授精的技术人员，很想尽早了解操作结果。解剖观察授精蜂王的方法是：先用昆虫针刺穿蜂王的胸部将其固定到蜡盘上，用手术剪刀剪去翅和足，然后沿着蜂王腹部背板的中线从第6节向前剪开，直至剪到第二节，再在第二节处向两边各剪一刀，将末节背板由前向后剪开。在解剖时剪刀的尖部向上挑，以免剪破内脏。用6根昆虫针把剪开的背板向两边固定于蜡盘上，然后用比较尖的镊子将蜜囊、肠道及毒腺拉出，调整体视显微镜焦距至清晰，此时在视野中若看到蜂王的两个侧输卵管均匀充满精液，膨大为两个圆球状，说明授精成功。如果蜂王的两个侧输卵管膨胀大小不一，说明进针偏位或进针过深，针尖进入一侧输卵管内；如果侧输卵管呈线状只有少量精液或内有气泡，视为授精失败（图9-45、图9-46、图9-47）。

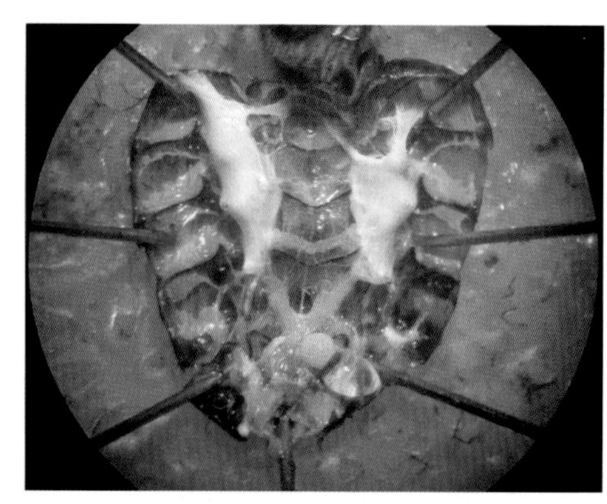

图9-45　蜂王生殖系统解剖
（李志勇　摄）

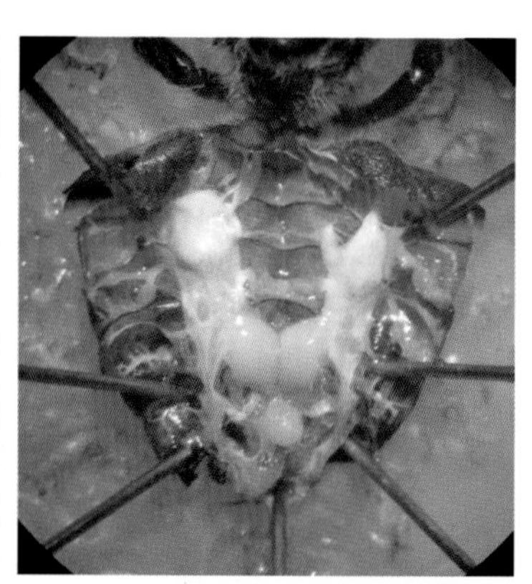

图9-46　授精成功的蜂王
（薛运波　摄）

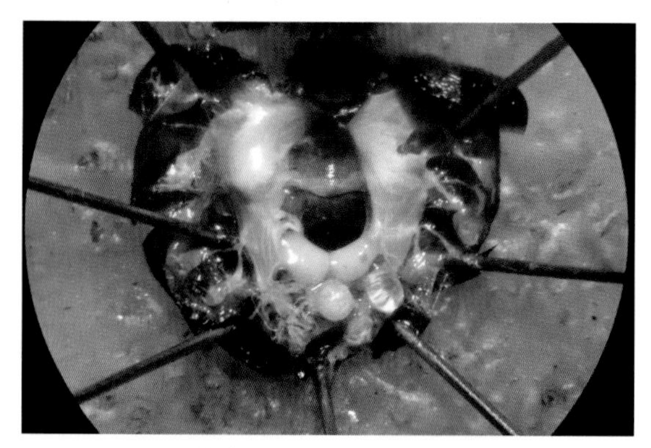

图9-47　蜂王授精失败，双侧输卵管精液量不一致且右侧输卵管中有气泡（李志勇　摄）

4. 操作人员基本要求

（1）在授精操作过程中，要求操作稳、准、轻，以防背腹钩和针头损伤蜂王。

（2）熟练了解体视显微镜、授精仪的各部件性能，要求在双眼不离开目镜的情况下，双手能操作自如。

(3) 每只蜂王从麻醉至授精结束要求控制在5min以内，熟练者在1 ~ 2min可完成。蜂王的背腹板一经打开，必须及时进针注射，以免阴道口干燥造成进针困难。再之，背腹板长时间打开会增加污染的机会。

四、蜜蜂的特殊人工授精技术

（一）单雄单雌授精

用一只雄蜂精液给一只蜂王进行人工授精的方法称为单雄单雌授精，这是研究中常用的一种技术。雄蜂是单倍体，在精子形成时没有进行减数分裂，仍然是16条染色体。因此，一只雄蜂所产生的所有精子在遗传上是一致的，单雄授精蜂王所产生的雌性后代比多雄授精蜂王产生的雌性后代在亲缘关系上更近，属于超同胞。

操作方法：采集精液前让授精针头内充满生理液，首先授精针头内吸入一个小气泡，然后吸入1 ~ 2μL含有抗生素的生理液，最后再吸入雄蜂精液（图9-48）。授精时，把精液同气泡前部的生理液一同注入蜂王的侧输卵管内。次日，单雄授精的蜂王再次麻醉10min。

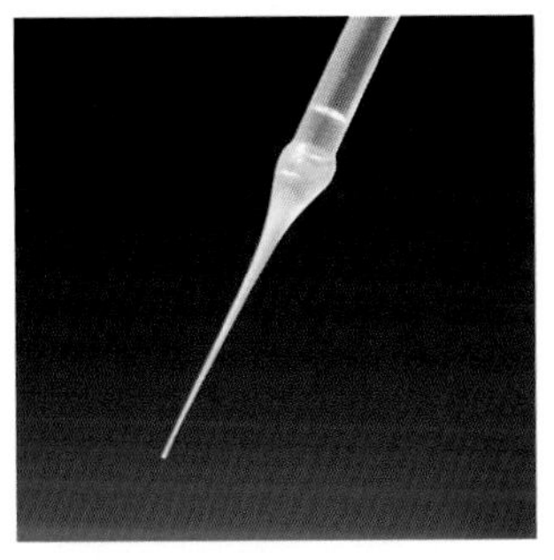

图9-48　单只雄蜂的精液
（李志勇　摄）

（二）单雄多雌授精

用一只雄蜂的精液给多只蜂王进行人工授精的方法称为单雄多雌授精。这种方法可以使不同的蜂王得到遗传学完全一致的精子。

单雄多雌授精有两种方式：一种是采集一只雄蜂的精液稀释后分别给同一代次的多只蜂王进行授精。用此方法可以从授精蜂王的后代工蜂中观测出这些蜂王的亲缘关系；另一种方式是利用一只雄蜂的精液连续给F_1、F_2、F_3后代雌性进行授精。用这种方法使每世代的间隔时间缩短，并能得到遗传非常接近父本的后代。

（三）自体授精

处女蜂王性成熟以后，用二氧化碳每天麻醉10min，连续麻醉3d，诱入到有雄蜂脾的核群中，促使其产出未受精卵。未受精卵经过核群中的工蜂哺育，发育成雄蜂。雄蜂出房8d左右，幽闭控制该蜂王产卵，使其生殖道排空。雄蜂性成熟后进行采精，用该蜂王所产雄蜂精液给其授精，从而达到自体授精的目的。

（四）产卵蜂王再授精

Harbo（1985）曾经断言，已经交尾产卵的蜂王（自然交尾或人工授精），一经再次注射精液就会死亡。但是，我国学者试验表明：已经开产的授精蜂王经过囚禁，腹部收缩，可以成功进行再次授精，尤其是在利用其所产后代雄蜂的精液进行补偿性授精时，效果较好。

（五）混合精液授精

蜜蜂混合精液人工授精技术是将几个蜜蜂品种（品系、配套系等）的雄蜂精液均匀混合后给处女蜂王进行授精，主要用于蜜蜂杂种优势的利用方面。其主要技术环节是精液在无菌环境下均匀混合。方法为分别采集不同蜜蜂品种（品系、配套系等）的雄蜂精液，在超净工作台或者特制的无菌箱内（图9-49）；将各雄蜂精液按比例或数量加入到事先净化灭菌的混合管内，用毛细管混匀器向同一个方向慢慢转动，转速为5 ~ 10r/s；避免来回转动和产生气泡，以防损伤蜜蜂精子，蜜蜂精液混匀时间2min左右即可。再用人工授精仪的进样器将混合好的精液吸入授精针头内进行人工授精。

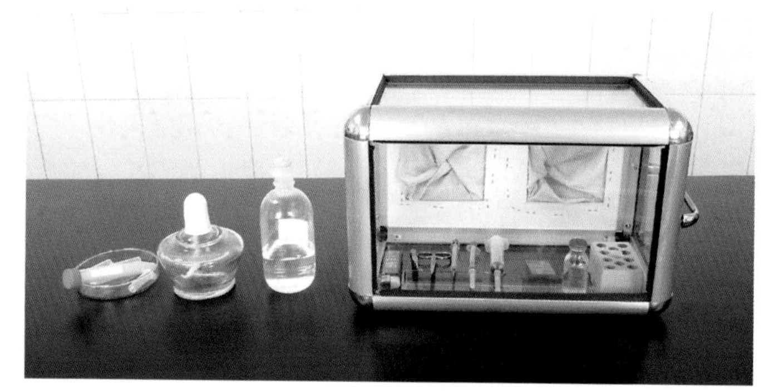

图9-49　便携式授精混合设备（李志勇　摄）

（六）从雄蜂贮精囊收集精子进行人工授精

当迫切需要从一只特殊的雄蜂得到精液、而用通常的方法挤压雄蜂又无法得到精液时，可以从雄蜂贮精囊收集精子进行人工授精，这种方法获得的精液数量可以满足最低限度的授精需要。这种授精方式有两种取精方法：一是取出贮精囊（图9-50），通过挤压迫使精液排出，用注射器直接收集起来；二是将贮精囊放入尖底离心管中，加入少量生理液后，迫使贮精囊排出精液，收集混入精液的生理液，进行人工授精。

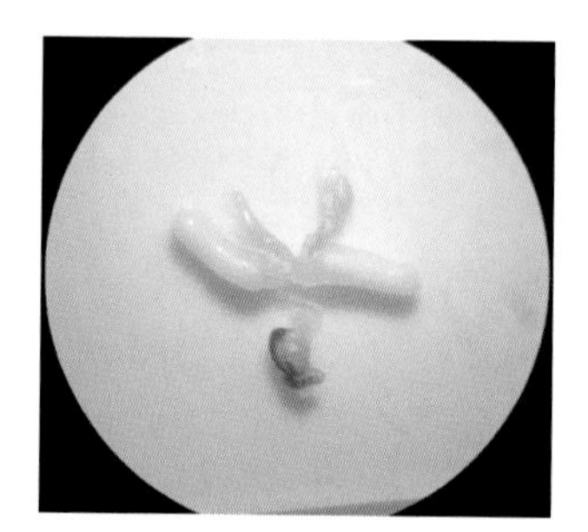

图9-50　解剖雄蜂贮精囊（李志勇　摄）

（七）用来自一只蜂王受精囊的精子给另一只蜂王授精

这一技术是进行配子回交或只回收贮存在另一只蜂王的精子时应用。处女蜂王可以成为贮存精子的场所。方法是：从供精蜂王取出受精囊（图9-51），去除受精囊外围包被物，用细针将其刺穿，然后用注射器收集精液，最后按照通常的方法授精。

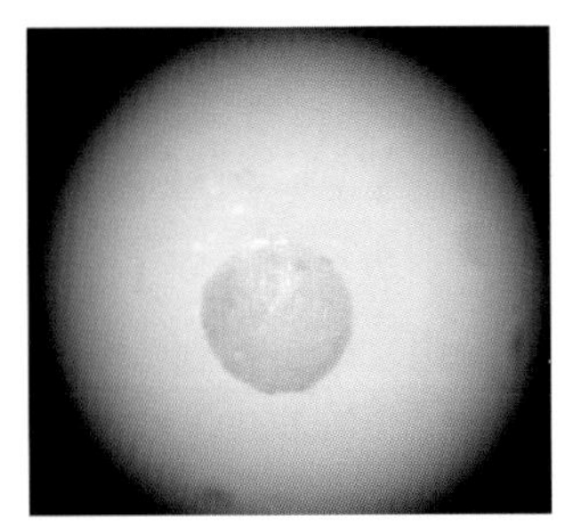

图9-51　密被微气管的受精囊
（李志勇　摄）

（八）冷冻精液授精

蜜蜂是典型的营群体生活的社会性昆虫。在高寒山区，越冬雄蜂的寿命只有8个月左右，这给蜜蜂育种、保种等带来了很大的困难。为此，进行蜜蜂精液长期贮存，实行蜜蜂冷冻精液人工授精，是解决蜜蜂精液利用受季节、雄蜂寿命等限制的有效途径。有利于蜜蜂良种遗传资源的保护和利用以及蜜蜂引种、血统更新等，具有重要意义。

五、影响蜜蜂人工授精质量的因素

蜂王人工授精是一种借助器械给蜂王进行人工交配的技术。由于操作人员的操纵与外在因素的影响，都会对蜂王的质量造成影响。

（一）处女蜂王质量

处女蜂王应选择日龄适宜、个体较大的进行人工授精，最佳授精日期为8～13日龄。这时授精操作容易，且授精后蜂王产卵较快。如果过早授精，处女蜂王未达到性成熟期，虽然可以授精，但是精子转移到受精囊的速度较慢，推迟蜂王的始卵期。有的精液在蜂王输卵管内长时间滞留而变质，导致蜂王死亡。授精过晚会产生较高比例的未受精卵。

（二）雄蜂质量

雄蜂的质量直接关系着精液的质量，雄蜂哺育群强壮、健康优良、蜜粉充足，蜂群处于分蜂前期，培育的雄蜂质量较好、精液较多。蜂群发展其他阶段培育的雄蜂，精液量少。如果哺育期父群中出现缺粉少蜜、病虫侵害等现象，即使能培育出雄蜂，其质量也会大大降低。若将该雄蜂的精液注射给蜂王，必然会影响蜂王授精后的质量。一般，无王蜂群培育的雄蜂也不宜应用于蜜蜂人工授精（图9-52）。雄蜂的日龄以选择出房14～21d较适宜。随着日龄的增加，精子活力与密

图9-52　无王蜂群培育的雄蜂子，示工蜂产未受精卵王台
（李志勇　摄）

度降低，精子转移率也明显降低。

（三）蜂王授精操作

蜂王授精是通过器械人工进行操作的，整个过程中要多次人工捕捉和操作，难免会损伤蜂王。在处女蜂王装入麻醉管时，捕捉人员须轻捉蜂王的胸部或双翅。授精操作人员在整个授精过程中更要轻、稳、准，轻微的损伤都会影响到蜂王的质量。要注意麻醉时间过长以及注射精液过量，可导致蜂王腹节不能伸缩，使精液长时间滞留在输卵管里，最终导致蜂王瘫痪而死。

授精次数也会影响授精蜂王的质量。所谓授精次数，是指一次性授精与两次性授精。一次性授精的蜂王次日需要再用CO_2麻醉5 ～ 10s，缺点是精子转移相对较慢，蜂王产卵也较慢，易出现精子转移到受精囊中的数量不足的现象，影响蜂王的正常产卵。而两次性授精的优点是精子转移较快，蜂王产卵也快一些，两次性授精的蜂王比一次性授精的蜂王产卵提前3 ～ 5d。

（四）蜂王授精后的管理措施

人工授精蜂王的质量，不仅取决于授精操作技术是否熟练和注入的精液量是否充足，还取决于注入蜂王侧输卵管后转移到受精囊中的精子数量。只有当受精囊中的精子数量达到500万个以上时，人工授精蜂王才能正常产卵。精子一般在授精后24h内转移结束。蜂王授精后的管理对授精蜂王的质量影响较明显，直接影响到精子转移的效果。

1.群外存放时间　蜂王授精后应立即放回核群里，让蜂王能够及时得到饲喂，这样精子转移较快，而且转移到蜂王受精囊的精子数量也较多。如果没有其他因素干扰，给蜂王注射8μL精液，转移到受精囊的精子数能够达到500万左右；如果把授精蜂王放在没有工蜂的王笼内，转移到蜂王受精囊内的精子数仅300万左右，直接影响授精蜂王的产卵。

2.核群内的温度　温度是制约精子转移的主要因素之一。蜂王授精后放到巢温30℃以上的核群里，精子转移速度快，且转移率要比在20℃以下的核群高。因此，在外界气温较低的情况下，人工授精蜂王不宜放在蜂数较少、维持巢温能力较弱的小核群内。

3.核群的质量　授精后的蜂王与核群的质量也有很大的关系。当蜂王所在的核群处于健康、蜜粉充足、强壮等优良环境时，可提高精子转移速度，且蜂王产卵快。出现蜂稀、蜜粉不足或有盗蜂等现象时，既影响蜂王的正常产卵，还容易造成劣质蜂王的出现。因此，当气温较低时，要加强保温；天气较热时，要采取遮阴、洒水等降温措施；当外界蜜粉源短缺时，应加入蜜粉脾，保证巢内有充足的饲料，并适当缩小巢门，以防盗蜂。核群工蜂的数量也是影响授精后蜂王质量的重要因素，核群中工蜂的数量要达到要求，要有足够的饲喂蜂伴随蜂王。为了使蜂王受精囊得到正常所需数量的精子，室外小核群工蜂数量至少需要在350只以上。

（五）邮寄运输对蜂王的影响

通过对蜜蜂的生物学特性、邮寄时期的环境条件、饲料质量等方面分析研究认为，邮寄运输对蜂王的质量也有影响。由于蜂王邮寄笼的空间较小，侍卫蜂较少，对于温度的自控力不足，忽冷忽热，若路途较远蜂王要长时间承受这样的环境，会影响其质量和寿命。邮寄所用的饲料和供水设备是否完善，途中与蜂王邮寄包裹同放的其他物品是否有药品或异常气味的熏染，这些都会对蜂王有影响。

第三节　特殊环境条件下的蜜蜂人工授精

一、野外蜂场蜜蜂人工授精

蜜蜂人工授精技术工作要求在无菌、有水电设备的实验室内操作。但是，在蜜蜂育种工作中，蜂场需要经常转运到具有丰富蜜粉源的山区繁蜂育种。但具有丰富蜜粉源的场地往往地处偏僻，缺乏实验条件，给蜂王人工授精带来很大困难。为了尽快将蜜蜂人工授精技术应用到蜜蜂育种工作中，养蜂科技工作者对蜂王人工授精进行了改革。薛运波等在1982年将蜜蜂人工授精操作应用到野外蜂场（图9-53）。

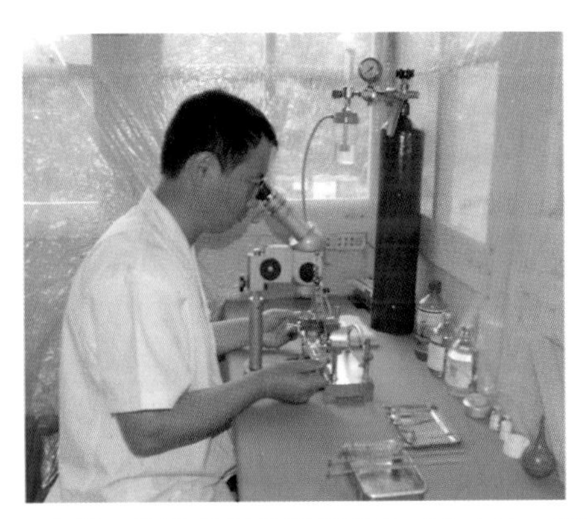

图9-53　野外蜂场简易授精室（李志勇　摄）

（一）简易授精室

转地放蜂的人往往生活居住在帐篷或者板房里。授精室可以选择帐篷或者板房采光比较好的一角，利用透明塑料薄膜制成类似蚊帐状的罩，即可作为简易授精室。如果帐篷内能够保持清洁、干净，直接在帐篷里进行人工授精操作，也能取得较好的授精效果。

（二）组合工作台

为了适应转地放蜂，工作台制作成组合式的比较理想，由四部分组成。工作台面为一组，台面下的抽屉为一组。两面起支撑作用的器械箱各为一组。也可将工作台面放在蜂箱上，构成更为简便的工作台。

（三）简易体视显微镜

野外蜂场人工授精所使用的显微放大和照明系统，可以采用实验室内所用的体视显微镜和以干电池为电源的照明装置，也可以使用简易体视显微镜（图

9-54）。简易体视显微镜由底座、物镜架、小型望远镜等组成。小型望远镜放在物镜架上组成体视显微镜，从显微镜取下可以做望远镜使用。简易体视显微镜即可以用于蜜蜂人工授精，替代体视显微镜，降低成本，又可以用于观察蜜源植物开花泌蜜使用，携带方便。

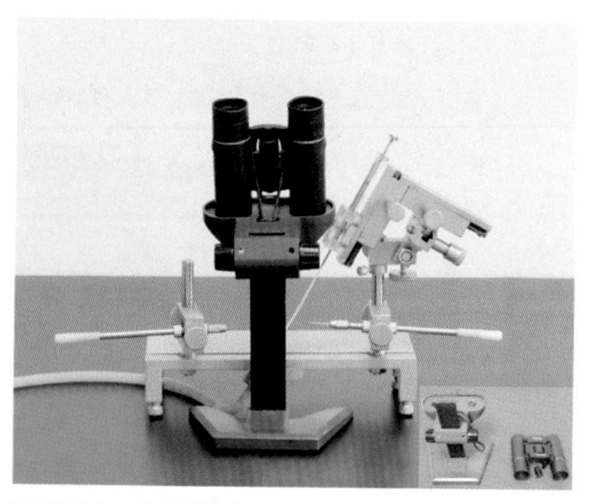

图9-54　与授精仪配套的简易体视显微镜（李志勇　摄）

（四）其他器材

麻醉系统选用小型二氧化碳钢瓶，便于携带和运输；照明系统选用笔式电筒或LED灯固定在授精仪灯架上，外接电池或蓄电瓶；蒸馏水装入洁净的塑料桶内备用；授精针头选用聚乙烯材料制成的，运输途中不易被损坏；精子生理液用0.9%氯化钠替代；检测精子活力采用便携式生物显微镜（图9-55）。

图9-55　便携式生物显微镜（李志勇　摄）

（五）消毒灭菌

授精室及帐篷内用来苏儿进行消毒，并使地面潮湿不起灰尘。工作台面用75%酒精擦拭。耐高温器械和附件用煮沸消毒器在使用前1h煮沸灭菌20min，不耐高温的器械用75%酒精擦拭或灌洗灭菌，塑料注射器及授精针头等用酒精消毒灭菌后，再用无菌蒸馏水加压冲洗5次。

二、特殊气候和地理环境下的蜜蜂人工授精

在蜜蜂育种工作中，从培育雄蜂、蜂王到雄蜂性成熟及处女蜂王的最佳授精期，需要一个很长的周期。一个专业的蜜蜂育王场从蜂群增殖期到衰退期之前，一直进行着蜂王的人工授精工作。受雄蜂性成熟日龄及处女蜂王最佳授精期的限制，在给蜂王进行人工授精时，会遇到各种恶劣的天气。尤其在高寒山区，早春气温低、蜂群繁殖期短，一个专业育王场按常规繁殖蜂群、培育蜂王，很难满足养蜂生产者的用王需求。吉林省养蜂科学研究所通过几年实践证明，高寒山区早春以塑料大棚放飞、小棚控温繁殖等人工小气候，构建蜂群早春繁殖气候，在此基础上利用人工蜜源进行蜂群早春繁殖培育雄蜂、处女蜂王，待其性成熟后，进行人工授精是可行的。为了提高蜂王授精的质量和成功率，除做好正常的消毒杀菌工作外，还需要采取措施，抓好每个细节的工作，为授精蜂王创造适宜的环境，保障人工授精工作的顺利进行。解决了高寒

山区育王时间较短、春天不能适时向养蜂生产者推广供应优良蜂种的难题（图9-56、图9-57）。

图9-56　早春蜂群保温
（王志　摄）

图9-57　早春蜂群补充喂水
（王志　摄）

（一）低温天气条件下的蜜蜂人工授精

在北方气温较低、于野外蜂场进行蜂王人工授精时，可以将活动板房用塑料布围严，在板房的一角，用厚10mm的铁板搭建一个长200cm、宽100cm、高25cm的简易铁炕进行升温，既能提高授精环境需要的温度，又能供人取暖。低温天气无法从蜂群巢门口捕捉性成熟的雄蜂，为了减少巢温散失，影响蜂群的正常繁殖，捕捉雄蜂时用塑料布罩住父群，打开蜂箱，从蜂群的边脾、隔板、箱壁处选择胸部光亮、腹部坚硬、环节收缩比较紧的雄蜂，用于采集精液。采集完成后，从贮王群中提出处女蜂王立即进行人工授精。要避免因蜂王离开贮王群时间过长，腹部受低温影响而收缩，给授精带来困难，影响授精效果。蜂王授精完毕，放入贮王笼时，应重新更换较柔软的炼糖饲料。次日，授精蜂王由贮王笼诱入到核群前，再次用二氧化碳进行麻醉，有利于促进精液转移，提高蜂王授精成功率。

（二）高寒山区早春蜜蜂人工授精

1.创建人工小气候　高寒山区早繁的蜂群应采用双层薄膜调光式大棚为蜂群创造繁殖的条件，提供飞翔条件；小型保温棚用双层塑料薄膜贴在弓形或长方形架上，两层塑料薄膜之间加2mm厚纸板作保温层，小棚留有进出气孔，每个小棚放4群蜂，小棚内保持4～10℃；夜间及气温较低时缩小进出气孔，并以温控仪自动控制小棚内电热系统，根据温度变化补热或断热，保持蜂群繁殖的临界温度；白天气温较高时打开气孔或垫起小棚下角通风，维持所需温度。当外界气温达到7℃以上时撤下小棚，放蜂飞出活动。

2.加强饲养管理　高寒山区早春培育雄蜂，第一要准备强壮的蜂群作哺育群，一般不低于7框蜂的老王群，加入有1/3～1/2雄蜂房的巢脾；第二要供给充足的蜜粉饲料，特别是花粉饲料不能间断；第三要保持平稳的环境温度，不能忽高忽低；第四要在外界气温不能放飞蜜蜂的时期，定期在大棚内放飞，使蜜蜂得到适当的活动及排泄机会。早春培育蜂王除具备上述环境条件以外，还要注意做好以下三点：第一，处女蜂王哺育群哺育王台数量不宜过多，一个7框蜂的哺育群哺育王台不要超过25个，在育王期间要密集蜂巢保温，增加优质花粉饲喂量，保证蜂王胚胎发育期温度和营养的优势条件；第二，要准确掌握王台成熟期，在处女蜂王出房前装入框式贮王笼中，放在密集的无王区蜂巢中暂时贮存；第三，在王台发育期要淘汰畸形、瘦小不正常的王台，处女蜂王出房要淘汰翅腿残缺、个体较小的蜂王，保留发育正常、体大健康的优质处女蜂王。

高寒山区早春繁殖的蜂群临界温度虽然都在0℃以上，气温波动很小，但仍要紧脾繁殖，密集蜂巢，保持蜂多于脾；在越冬蜂更新期，外界出现蜜源之后也要保持蜂略多于脾或蜂脾相称，使蜂儿在密集的蜂巢中发育生长。哺育群的蜂群要保持蜜粉饲料充足，每张脾不低于0.5kg蜜，花粉饲料常备不断，要饲喂优质成熟蜜和无病群生产的花粉。外界气温达到7℃以上、风力3级以下时，早繁蜂群不进大棚放飞，可以打开小棚，利用这种可利用的自然气候，就地放蜂飞翔。如果这种可利用自然气候天数较多，在外界未出现蜜源之前，不要每天都放蜂飞出（减少蜜蜂的消耗），每3 ~ 5d飞一次为宜，不放飞时采取遮阴等方法将温度降到8℃左右。并通过有效的饲喂、调整、利用蜜粉饲料，刺激蜂群哺育蜂儿的积极性，补充蜜源对蜂群繁殖情绪的影响。

高寒山区蜂王授精操作时要选择20℃以上的室内进行。捕捉雄蜂、处女蜂王时要进行适当的保温处理，防止其被冻伤，影响蜂王授精的成功率。为了利于精子转移，授精的蜂王先放入大群内贮存3 ~ 5d后，再诱入电热核群内使其产卵。并及时补充核群的饲料，为其创造适宜的生活环境。

（三）阴雨天气条件下的蜜蜂人工授精

阴雨天气空气湿度较大，野外蜂王人工授精时，要用塑料布封闭授精场所的地面，也可放置适量的干燥物品（生石灰等）。授精过程中提取蜂王时，要做好防雨措施，贮王笼必须用干净的覆布盖严，防止炼糖吸潮，造成蜂王油渍，导致死亡。蜂王在授精之前，提前有计划地将捕捉的爽身回巢的性成熟雄蜂，放入加隔王板蜂群的继箱内饲养。并放入一笼性成熟的处女蜂王吸引雄蜂，防止开箱捕捉雄蜂发生时逃散。贮存雄蜂的蜂群饲料要充足，可缩短阴雨天气捕捉雄蜂的时间，且可提高捕捉雄蜂的质量。授精后的蜂王送入核群时，保障群内饲料充足，加强盗蜂的预防工作，避免发生围王现象等影响正常的育王计划。

（四）高温炎热天气条件下的蜜蜂人工授精

高温炎热的天气，野外蜂王人工授精时，要定期用喷壶装纯净水和来苏儿喷洒地面，消毒杀菌，提高湿度，使空气中无灰尘。从巢门口选择归巢、行动比较敏捷、腹部紧实的性成熟雄蜂。采取精液、授精过程中，应做好遮阴工作，避免强光直射人工授精仪器，给授精操作带来不便。给蜂王授精时，贮王笼最好用湿润的纱布或毛巾覆盖；授精完毕，换上稍硬些的炼糖饲料，以防受高温炎热天气影响，炼糖溶化粘死授精蜂王，给授精工作带来意外损失。

（五）异地蜜蜂人工授精

实际工作中，有时需要从不同蜂场采取不同品种的种用雄蜂精液，集中到另一个蜂场进行处女蜂王的人工授精称为异场蜜蜂人工授精技术。吉林省养蜂科学研究所利用此技术培育的高产组合蜂种就是一例。

1.制订育种计划　雄蜂、蜂王的培育都要有一个统一的计划，雄蜂出房后按不同品种做不同颜色的标记，确保配制蜂种的准确性。

2.精液包装与运输　采集精液后，密封采精管，标明采取精液的品种、日期、地点、精液量等信息。温度较低时，将采取的精液贴身携带。为了保证精子的活力，最好采用保温箱于13 ～ 15℃下储存并运输（图9-58、图9-59）。到达目的地时，对采精管的外部用75%酒精消毒，再用0.9%氯化钠进行多次冲洗后，剪开采精管的两端，利用微量进样仪重新导入事先准备好的采精管，然后按试验和组配杂交种的要求进行蜜蜂人工授精。

蜂王的培育受季节、蜜源、群势限制，尤其异场蜜蜂人工授精，一个环节出现问题就会功亏一篑。因此，确保异场授精应按不同批次培育雄蜂和蜂王，并认真记录好所配制的不同蜂种。由于异场授精投入的工作量较大，尽量采用幼蜂送入核群培育蜂王，保障蜂王安全。

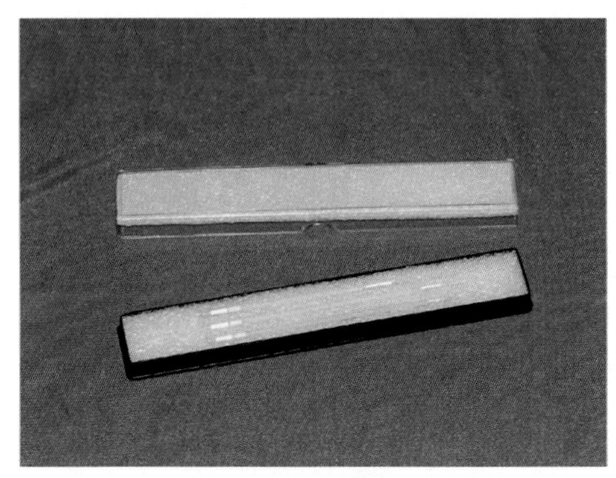

图9-58　采集精液的包装
（李志勇　摄）

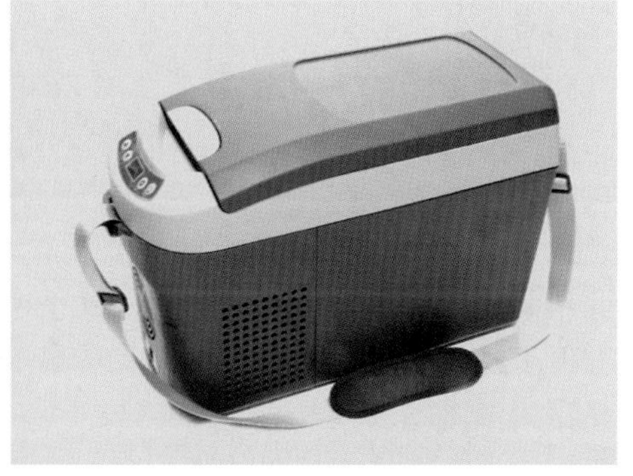

图9-59　用于长途运输蜜蜂精液的车载恒温箱
（李志勇　摄）

第四节　蜂王人工授精后期管理

蜂王人工授精后期管理是指蜂王授精后至开始产卵这段时间的蜂群管理，包括核群的组织和管理以及授精蜂王的贮存和运输等。

一、授精蜂王的管理

（一）授精蜂王放置

蜂王授精后立即放回蜂群里，使蜂王能够及时得到饲喂，精子转移地比较快，精子转移到蜂王受精囊的数量较多。在外界气温较低的情况下，人工授精蜂王不宜放在蜂数较少、维持巢温能力较弱的小核群内。授精前幽闭在贮王框内的蜂王，授精后再放回原贮王群，贮存3～5d。要保障群内饲料充足，不足时应从其他蜂群提蜜脾加入，以免引发盗蜂，出现围王，导致授精蜂王死亡。

（二）授精蜂王交尾的防控

在人工授精技术发展初期，为了避免人工授精蜂王出巢进行自然交尾，多数养蜂者采用剪翅或巢门幽闭的方法控制蜂王出巢交尾。但许多养蜂者认为剪翅方法不理想，如果授精蜂王的交尾情绪没有消失，即使剪翅蜂王还会出巢交尾；而且出巢后因剪翅蜂王只能在地上“跳跃”爬行，不能再回巢。再者，蜂王剪翅不仅影响美观，而且也影响产卵活动。因此，目前控制人工授精蜂王出巢再交尾，多数采取在小核群的巢门口安装隔王栅或脱粉片的方法，控制蜂王飞出巢外（图9-60）。

图9-60　巢门安装隔王栅的核群蜂箱（李志勇　摄）

（三）蜂王产卵的观察

根据人工授精蜂王一生不需要飞出巢外的特点，蜂王人工授精后可以幽闭在框式观察王笼内观察授精结果。框式观察王笼的长、宽与巢框的尺寸相同，厚度60mm。每个框内分10个小室。一面用薄板封闭，里面嵌上巢脾供蜂王产卵；另一面每个小室安装隔王栅门，以方便工蜂出入及捉取蜂王。框式观察王笼必须放到新组织的幼蜂无王群里，如果巢内温度能够保持在30～35℃，一个5框幼蜂无王群可放置20只人工授精蜂王。由于幼蜂无王群的蜂数多，工蜂可以随意饲喂蜂王，有利于精子向蜂王受精囊内转移，授精后2～5d就可产卵。也可以将授精蜂王送入核群饲养观察（图9-61、图9-62）。

图 9-61　框式观察王笼
（李志勇、李杰銮　摄）

图 9-62　微型核群检查授精王产卵情况
（李志勇　摄）

二、人工授精蜂王的贮存

培育种蜂王的时间，在很大程度上受气候和蜜源的限制，特别是在越冬期较长或蜜源植物开花期较短的地区，育种时间短而集中，因此无法及时更换老蜂王，延长了蜂王使用时间，降低了使用效率。为了解决蜜蜂育种配套技术的难题，国内外专家学者研究出许多贮存蜂王的方法，可以为养蜂生产不断提供蜂王的补充来源，在加速早春蜂群繁殖、提高核群利用率、保证试验课题的顺利进行和蜂王生产计划的顺利完成等方面，都具有积极的意义。贮存蜂王的时间可由几周到几个月，也可以将蜂王贮存越冬。贮存的蜂王必须因时因势加以管理，否则对蜂王造成不利影响，轻则延长开产日期，重则影响产卵力，并直接影响养蜂生产计划。蜂王贮存方式有室内贮存和蜂群内贮存两类。

（一）蜂王室内贮存

1. 蜂王贮存盒　蜂王贮存盒长 × 宽 × 高为5cm × 5cm × 8cm，前面有一个能上下拉动的门，顶部中央有一圆座，圆座中央有一个约2mm的饲料取食孔，圆座上倒放着一个盛饲料的小瓶。贮王盒的前后板上都有一排通气小孔，盒内近底板处有横搁的窄板，供放置一块小巢脾用，可装入50只幼蜂和1只蜂王。把贮王盒放在贮王架上，温度保持25℃左右，相对湿度50% ~ 70%。每隔30天左右更换一次蜜蜂。

2. 微型蜂箱　用1cm厚的木板钉制，内部尺寸长 × 宽 × 高为8cm × 8cm × 6cm，箱内可放两张小巢脾，一张蜜脾、一张空脾，放入50 ~ 100只蜜蜂和1只蜂王。把微型蜂箱放入适宜温湿度的室内贮王架上，每个月更换一次蜜蜂，更换方法与合并蜂群相似。另外准备一个微型蜂箱，放入一张蜜脾、一张空脾，50 ~ 100只幼蜂，把贮存蜂王的小蜂箱的上盖取下，上面铺一张薄纸，将新箱加在上面，数日后蜜蜂和蜂王都进入上箱，将下箱撤去。

3. 邮寄蜂王笼 将蜂王和10只幼蜂装入邮寄王笼，装上炼糖，在保持黑暗、温度适宜的环境下，可以贮存2周左右。更换蜜蜂可以延长贮存期。实践发现，最适宜的贮存温度为25℃，相对湿度为50%～60%，蜜蜂能够以炼糖为饲料维持生命，不需要喂水。如果喂水，它们消耗的饲料就比较多，大肠充满粪便，缩短寿命。

4. 贮王室 利用具有保温、隔音等功能的暗室，设置温湿度调控和通风系统。根据蜂王、工蜂所需活动空间和占用贮王室的面积，以及饲料放置等因素，用木板制成体积大小适宜的贮王盒，贮王盒内插入小功率加热装置。将蜂王和适量的工蜂装入其中，用以贮存蜂王，期间保证饲料充足。贮王室内的温度控制在10℃左右，湿度控制在60%～80%。

（二）蜂王群内贮存

1. 无王群 将要贮存的蜂王用蜂王笼装好，每个笼装一只蜂王，然后将蜂王笼放在无王群蜂箱上框梁的蜂路间，或固定在箱内两侧的隔蜂板上。春夏季采用这种贮存法，一个无王群可贮存蜂王90～150只，最长可贮存1.5个月。但必须注意贮存蜂群内不能有虫卵脾，10～15d要给蜂群补充一批幼蜂。

2. 有王群 将一个有10框蜂的巢箱内插一块框式隔王板（隔王板用一层纸封严），把蜂群分隔成有王区和无王区。把需要贮存的蜂王先用铁纱王笼囚在无王区的蜜脾上4d，待工蜂接受新贮存的蜂王后，再用普通竹制或塑料王笼替换铁纱王笼贮存蜂王。让工蜂能自由出入王笼对贮存蜂王进行饲喂。王笼悬挂在第二、三、四脾内侧一面上，每脾之间悬挂10个王笼。若需贮存的蜂王数量较多，可调整框式隔王板的位置，扩大无王区的范围或改由继箱贮存。采用继箱群贮存蜂王，要将蜂王控制在巢箱内产卵，巢、继箱间加平面隔王板，继箱内用于贮存蜂王，应保证贮王群饲料充足。

3. 框式贮王笼 框式贮王笼的外围尺寸为45cm×23cm×3.5cm，用薄木板间隔成20～50个小室，一面用铁纱封闭，另一面用塑料片制成抽拉式的门，每个小室内固定一个蜡碗，内装炼糖饲料，供蜜蜂取食（图9-63）。将产卵蜂王装入每个小室，用塑料片封闭后，放入事先准备好的蜂群子脾中间，并定期向每个小室补充炼糖饲料。蜂群要求6框蜂以上，平均分成两部分，巢箱为有王区、继箱为无王区，无王区开后巢门，保证贮王群饲料充足。

第十章　蜜蜂遗传资源保护和开发利用

第一节　蜜蜂遗传资源状况

一、中华蜜蜂遗传资源

中华蜜蜂（简称中蜂）的遗传资源包括：华南中蜂、华中中蜂、云贵高原中蜂、北方中蜂、长白山中蜂、海南中蜂、滇南中蜂、阿坝中蜂、西藏中蜂。

（一）中蜂品种的特性

中蜂对生态环境具有极强的适应性（图10-1），不同类型的中蜂具有不同的适应性。例如：阿坝中蜂个体较大，适应海拔2 000m以上的高原气候、蜜源环境；海南中蜂个体较小，适应海岛气候、蜜源环境；长白山中蜂抗寒、采集力强，适应无霜期短的寒地气候、蜜源环境；华南中蜂耐热性强，适应南方炎热气候环境。各类型中蜂对本地气候蜜源的适应性，表现了中蜂地方品种不同的生物学特性。中蜂嗅觉灵敏，飞行敏捷，善于采集零星蜜源，繁殖较快、自然分群多，工蜂寿命长于西蜂，易飞逃迁徙、易迷巢、盗性较强，但防盗能力较差。

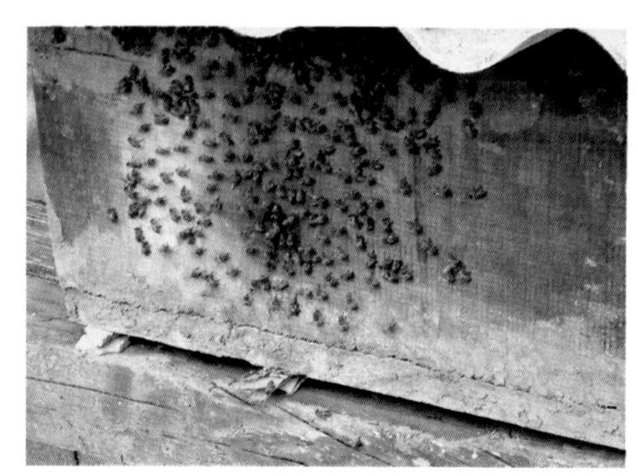

图10-1　扇风时头部向外
（薛运波　摄）

中蜂抗螨能力强。狄斯瓦螨（*Varroa destructor* Anderson-Trueman，俗称大蜂螨）和亮热厉螨（*Tropilaelaps clareae* Delfinado et Baker，俗称小蜂螨）都是蜜蜂的天敌，它们寄生在蜜蜂体外和子脾上，吸食蜜蜂体液，对蜂群危害极大。但中蜂被蜂螨寄生后，能主动对其进行咬杀或清理（图10-2），使之不受其危害，不需要用药物进行防治。而西方蜜蜂（简称西蜂）则必须用药物对蜂螨进行防治，否则就难以生存。

中蜂易感染囊状幼虫病。蜜蜂囊状幼虫病（Sacbrood disease）是中蜂和西蜂共有的病毒性传染病。西蜂虽然感染此病，但病势很轻，能够自愈，对西蜂蜂群没有明显影响。但中蜂感染囊状幼虫病后药物防治效果较差。20世纪70年代南方中蜂区因病死亡100多万群蜂，现在囊状幼虫病依然在中蜂区传播发生（图10-3），对中蜂危害十分严重。

图10-2　清理能力较强
（薛运波　摄）

图10-3　患病幼虫被拖出巢外
（薛运波　摄）

（二）中蜂的经济地位和数量变化

中蜂是中国土生土长的蜂种资源。19世纪末西方蜜蜂引进中国之前，中国饲养的蜜蜂只有中蜂，传统饲养中蜂的时间超过2 000年，采捕野生中蜂蜂蜜的历史更长。中国饲养中蜂虽然历史悠久，但中蜂被人类驯化的进程却比畜禽品种晚得多，家养中蜂群与野生中蜂群常常互变，即便是最有经验的养蜂人，也无法辨别出野生或家养的中蜂。

中蜂蜜是古人的甜食资源，被誉为甜食之首。当时蜂蜜的来源为饲养中蜂收获的蜂蜜和采捕的野生蜂蜜。中蜂蜜成为官方贡品、祭品、民间礼品、商品等，流通国内外，经久不衰，在中国历史上经济地位较高。清朝末年全国饲养中蜂20万群，饲养中蜂较多的地方有江苏、福建、浙江、山东、河北、吉林、广东、广西、四川、贵州等地区，中蜂平均年群产蜂蜜5kg、产蜂蜡0.3～0.5kg。民国期间，国内饲养中蜂正处于高峰时期，出现了大型中蜂场，如江苏金山县肇亨的养蜂公司，饲养中蜂6 000桶，并实行中蜂转地饲养；东北地区传统饲养中蜂5万多桶，加上采捕的野生蜂蜜，年产蜜数百吨，在密山县和松花江上游出现了一些年产千斤蜂蜜的大户。当时生产的中蜂蜜销往关内外市场，并出口日本、朝鲜等国。

后因大量引进并饲养西蜂，加上日本侵华战争的影响，中蜂数量锐减。20世纪50年代初，全国饲养中蜂30万～40万群，1957年发展到100多万群，70年代初增加到200万群。后来因受到中蜂囊状幼虫病的危害，导致中蜂大量死亡，中蜂下降到100多万群。90年代以来由于中蜂蜜系天然成熟蜜，价位比西蜂蜜高1 ～ 2倍，全国中蜂饲养量增长，目前饲养中蜂300万群左右，年产蜂蜜10 000 ～ 20 000t。

（三）中蜂的经济类型和分布

中蜂经济类型大致如下：

1. 蜂蜜高产型　主要有长白山中蜂（图10-4）、云贵高原中蜂（图10-5）。

图10-4　高产的长白山中蜂
（薛运波　摄）

图10-5　高产的云贵高原中蜂
（薛运波　摄）

2. 抗囊状幼虫病型　主要有阿坝中蜂（图10-6）、华南中蜂（图10-7）。

3. 耐热型　主要有海南中蜂、华南中蜂、华中中蜂（图10-8）。

图10-6　抗病阿坝中蜂
（薛运波　摄）

图10-7　抗病华南中蜂
（薛运波　摄）

图10-8　耐热的华中中蜂（薛运波　摄）

4. 抗寒型 主要有西藏中蜂（图10-9）、长白山中蜂、北方中蜂（图10-10）。

图10-9 耐寒的藏区中蜂
（薛运波 摄）

图10-10 维持大群、耐寒的北方中蜂
（薛运波 摄）

从全国范围看，华南和西南地区为中蜂集中分布区，其他地区的中蜂多与西方蜜蜂混合分布。各地出现了不同特色的蜂场，如青海回族的庭院蜂场、屋檐下蜂场、土坡洞穴蜂场（图10-11、图10-12、图10-13），宁夏墙壁蜂场（图10-14），甘肃多种类型蜂巢混合饲养蜂场（图10-15），陕西延安窑洞蜂场（图10-16），湖北神农架双方箱体蜂场（图10-17）、五峰的茶园蜂场（图10-18），江西的圆筒蜂巢蜂场（图10-19），河北传统与活框混合饲养蜂场（图10-20）等。

图10-11 青海回族庭院蜂场（崔永江 摄）

图10-12 屋檐下蜂场（薛运波 摄）

图10-13 青海山坡土洞蜂场（薛运波 摄）

图10-14 宁夏墙壁蜂场（薛运波 摄）

图10-15　甘肃多种类型蜂巢（薛运波　摄）

图10-16　陕西延安窑洞蜂场（薛运波　摄）

图10-17　湖北神农架双节方桶蜂场（薛运波　摄）

图10-18　湖北五峰的茶园蜂场（薛运波　摄）

图10-19　江西的圆筒蜂巢的蜂场（薛运波　摄）

图10-20　河北传统与活框混合饲养蜂场（薛运波　摄）

（四）中蜂的濒危状况

自西方蜜蜂引入中国以后，中蜂在蜜源采集、蜂巢防卫、交尾飞行、病害防御等方面都受到西蜂的严重干扰和侵害。在中蜂、西蜂激烈的种间竞争中，中蜂一直处于弱势地位，导致繁殖率下降、群体数量减少、分布范围缩小。加上中蜂囊状幼虫病的危害和传统的毁巢取蜜方式，致使中蜂大量死亡。目前，长白山中蜂、海南中蜂和西藏中蜂等品种种群数量锐减，品种混杂，面临濒危。

二、西方蜜蜂遗传资源

中国西方蜜蜂遗传资源，包括中国的地方品种东北黑蜂、新疆黑蜂、珲春黑蜂、浙江浆蜂等；培育品种喀（阡）黑环系蜜蜂品系、浙农大1号意大利蜂品系、国蜂213配套系、国蜂414配套系、松丹蜜蜂配套系、白山5号蜜蜂配套系、晋蜂三号蜜蜂配套系以及湖南培育的金喀蜂等；引入品种意大利蜂、美国意大利蜂、澳大利亚意大利蜂、卡尼鄂拉蜂、高加索蜂、喀尔巴阡蜂、安纳托利亚蜂、塞浦路斯蜂等。此外，黄高加索蜂、欧洲-西伯利亚蜜蜂亚种、远东黑蜂等于2009年引入吉林，保存在蜜蜂基因库内。

（一）西方蜜蜂品种的特性

西方蜜蜂引入中国100多年来，在中国的地理、气候、蜜源条件下，经过自然选择和人工选择，逐渐发展为不同于原产地的中国西方蜜蜂及其地方品种，也形成了中国西方蜜蜂的特性，即扇风头部向里（图10-21）。

图10-21　扇风头部向里（薛运波　摄）

中国位于亚欧大陆东部的北温带和亚热带，多数地区适合饲养西方蜜蜂。因此，西方蜜蜂引进后很快适应了中国的气候、蜜源条件，表现出良好的生物学特性。黄色蜂种（包括原种意大利蜂、澳大利亚意大利蜂、美国意大利蜂、浙江浆蜂等）较耐热，适合在冬季短而温暖、春夏季长而炎热、干旱、花期较长的南方及北方部分地区饲养，与黑色蜂种杂交后，比较适应北方自然条件。黄色蜂种繁殖力强，对外界气候变化不敏感，能维持大群，分蜂性低；能利用大宗蜜源，不爱采零星蜜源；王浆生产能力较强（图10-22）。但其饲料消耗量大，越冬蜂死亡率较高。

黑色蜂种（包括卡尼鄂拉蜂、安纳托利亚蜂、东北黑蜂、新疆黑蜂等）比较耐寒，适应冬季长而寒冷、春夏季短而温暖的北方及寒冷地区的饲养条件，与黄色蜂种杂交后适合南方饲养条件。黑色蜂种对外界条件敏感，育虫节律陡，春季繁殖较快，分蜂性较强；既能采集大宗蜜源又能利用零星蜜源；喜采树胶（图10-23）；泌浆性能较低；节省饲料，越冬蜂死亡率低。

图10-22　生产蜂王浆（薛运波　摄）

图10-23　采集蜂胶（薛运波　摄）

与中蜂相比，西蜂不但能生产蜂蜜、蜂花粉、蜂蜡和蜂毒等蜂产品，而且还可生产中蜂不能生产的蜂王浆和蜂胶等蜂产品。

和中蜂一样，西蜂饲养品种的驯化也非常缓慢，至今仍没有真正的人工驯化的西蜂品种，人工饲养的西蜂仍为地理亚种，即使是最有经验的养蜂者，也无法将人工饲养的西蜂和野生的西蜂区别开来。

（二）西方蜜蜂在中国的经济地位和数量变化

19世纪末，西方蜜蜂和活框养蜂技术引进中国。由于西蜂采集力强、产蜜量高，加上活框养蜂技术的先进性，很快在中国大规模饲养，并取得了较好的经济收益。自20世纪50年代开始，西方蜜蜂就取代了东方蜜蜂的当家地位，成为中国养蜂生产的主要蜂种。2019年全国年产蜂蜜40万t以上，其中西方蜜蜂产蜜量占90%以上，除生产蜂蜜之外，还生产蜂王浆4 000t以上、蜂花粉3 500t以上、蜂胶300t以上、蜂蜡4 000t以上，以及其他多种蜂产品。蜂产品已成为天然食品、保健品及医药原料，得到广泛利用。西方蜜蜂不仅能为社会生产多种蜂产品，创造了较好的经济效益，而且还可以为农作物、经济林木、牧草授粉，提高农作物和其他植物产量，维持生态平衡，创造了巨大的社会和生态效益。

我国饲养的西方蜜蜂多为地理亚种杂交后代，生产蜂蜜、蜂王浆等蜂产品的能力较强，年群产蜂蜜40 ～ 100kg、蜂王浆0.5 ～ 5kg、花粉2 ～ 15kg、蜂胶0.2 ～ 0.5kg。

1949年，中国饲养西方蜜蜂10万群，年产蜂蜜8 000t；1957年发展到35万群，1959年发展到200万群，1967—1977年保持在300万群左右，年产蜂蜜4万～ 5万t，1988—1990年569万群，年产蜜19万t左右，蜂王浆800t。

（三）中国西方蜜蜂品种的经济类型和分布

20世纪50—80年代，为了发展养蜂生产、提高蜂产品的产量和质量，我国从国外引入8个西方蜜蜂品种、品系，用于改良本地西方蜜蜂品种；到90年代，保存了一批西方蜜蜂品种，育成了一批蜂蜜高产品系和配套系，使我国西方蜜蜂品种血统结构和经济类型发生了明显变化，丰富了我国的蜜蜂遗传资源。中国西方蜜蜂品种的经济类型大致如下：

1. 普通蜜蜂　生产性杂交种蜜蜂。

2. 产蜜型蜜蜂　卡尼鄂拉蜂、东北黑蜂、新疆黑蜂、美国意大利蜂、澳大利亚意大利蜂、喀（阡）黑环系配套系、松丹蜜蜂配套系、国蜂213配套系等。

3. 产浆型蜜蜂　浙江浆蜂、浙农大1号意大利蜂、国蜂414配套系等。

4. 蜜浆型蜜蜂　松丹蜜蜂配套系、晋蜂三号配套系等。

5. 蜜胶型蜜蜂　高加索蜂、安纳托利亚蜂。

6. 授粉型蜜蜂　意大利蜂、卡尼鄂拉蜂、高加索蜂、白山5号配套系等。

西方蜜蜂在中国已饲养100多年，现已遍及全国各养蜂主产区。由于西蜂转地饲养量较多，其分布区内蜂群密度变化较大：有的地区蜜源植物开花季节蜂群较多、其他季节蜂群较少或无蜜蜂，如青海、新疆、内蒙古、黑龙江、吉林、辽宁、陕西、甘肃等地；很多地方西方蜜蜂与东方蜜蜂混合饲养，而南方气温较高的地区，如广东、广西、海南、云南等地，夏季西方蜜蜂密度较小。

（四）西方蜜蜂的濒危状况

100多年来中国引进了许多西方蜜蜂品种、品系，在饲养过程中，有的品种、品系被保存下来，并在生产或育种中发生着变化；有的品种、品系在生产中被杂交，形成了一些西方蜜蜂的地方品种，如东北黑蜂、新疆黑蜂、浙江浆蜂等。目前，中国蜂农饲养的西方蜜蜂多为杂交种，蜜蜂原种和纯种保存饲养于有关的蜜蜂原种场、种蜂场和蜜蜂保护区内。据调查，至21世纪初，新疆黑蜂因被其他蜂种杂交而几乎灭绝（图10-24）。2002年，农业部派专家会同新疆畜牧厅及有关地县乡的专业干部抢救新疆黑蜂，将搜集到的一批野生和家养

图10-24　性情凶暴的新疆黑蜂（薛运波　摄）

的新疆黑蜂，转送到基因库保存，经提纯、扩繁后，已回供新疆。20世纪80年代在东北边境抢救出来的珲春黑蜂，虽然保存于基因库内，但已进入濒危状态。还有本地意蜂，仅在偏僻地区有少数蜂群，处于濒危状态。

三、其他蜜蜂遗传资源

我国除了拥有丰富的中华蜜蜂和西方蜜蜂遗传资源以外，在海南、广西、云南等地还野生着蜜蜂属中的大蜜蜂（*A. dorsata*）、黑大蜜蜂（*A. laboriosa*）、小蜜蜂（*A. florea*）、黑小蜜蜂（*A. andreniformis*）等蜜蜂遗传资源，它们的进化晚于东方蜜蜂和西方蜜蜂，性情凶暴、喜迁徙，蜜质优良，目前虽然人工饲养的数量极少，但具有开发利用前景，是珍贵的蜜蜂遗传资源。还有蜜蜂总科蜜蜂科的熊蜂属（*Bombus*）（图10-25）、无刺蜂属（*Trigona*）（图10-26）；蜜蜂总科切叶蜂科的切叶蜂属（*Megachile*）（图10-27）、壁蜂属（*Osmia*）（图10-28）和木蜂属（*Xylocopa*）（图10-29）等传粉经济蜂种，饲养和利用量越来越大，也是珍贵的蜜蜂遗传资源。

图10-25　熊蜂（薛运波　摄）

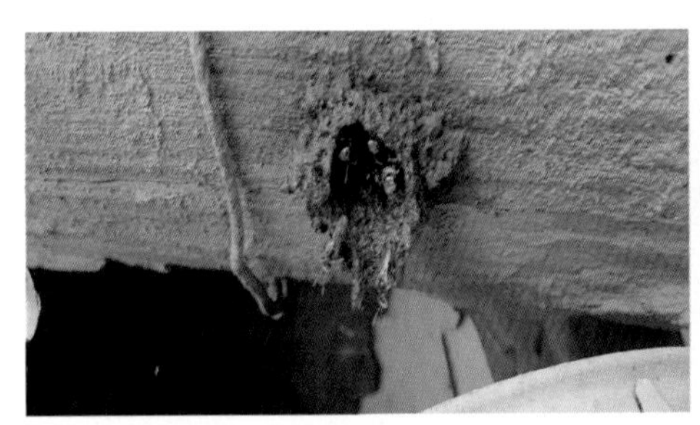

图10-26　无刺蜂（薛运波　摄）

图10-27　切叶蜂（薛运波　摄）

图10-28　壁蜂（薛运波　摄）

图10-29　木蜂（薛运波　摄）

第二节　蜜蜂遗传资源保护与利用

一、保护蜜蜂遗传资源的价值

蜜蜂是一种有益的社会性昆虫，具有巨大的经济价值、社会价值和生态价值。中国是世界养蜂大国，蜜蜂遗传资源丰富，多年来蜂群数量和蜂产品产量居世界首位。发展养蜂业不仅能够提供大量营养丰富、滋补保健的蜂产品、增加农民收入、促进人们的身体健康，而且对提高农作物产量、改善产品品质和维护生态平衡具有十分重要的作用。

（一）经济价值

据最新统计，目前我国蜂群数量900多万群（图10-30），蜂蜜（图10-31）、蜂王浆等蜂产品产量40万t以上，总产值达40多亿元。

图10-30　多箱体养蜂（刘富海　摄）

图10-31　成熟蜂蜜（刘富海　摄）

实践证明，利用蜜蜂授粉可使水稻增产5%、棉花增产12%、油菜增产18%（图10-32），部分果蔬作物产量显著增长，同时还能有效提高农产品的品质，大幅减少化学坐果激素的使用。蜜蜂授粉是一项很好的农业增产提质措施，每年我国蜜蜂授粉促进农作物增产产值超过500亿元。蜜蜂

图10-32　蜜蜂为油菜授粉（薛运波　摄）

为农作物授粉增产的潜力巨大。

（二）社会价值

蜜蜂是人类的健康之友，蜜蜂生产的蜂蜜（图10-33）、蜂王浆、蜂花粉、蜂胶、蜂毒等蜂产品不仅是医药、食品工业的原料，也是天然保健品，对提高人们的生活质量和健康水平有重大的意义。

发展养蜂不与种植业争地、争肥、争水，也不与养殖业争饲料，具有投资小、见效快、用工省、无污染、回报率高的特点，是许多地区特别是经济落后山区农户利用本地资源脱贫致富（图10-34）的有效途径。

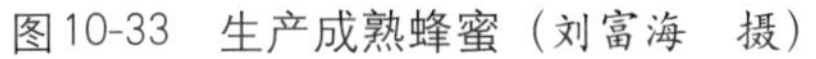

图10-33 生产成熟蜂蜜（刘富海 摄）

图10-34 养蜂脱贫致富（柏建民 摄）

（三）生态价值

蜜蜂的生态价值一方面表现在蜜蜂本身，另一方面表现在蜜蜂授粉（图10-35）对维持植物生态平衡的重要作用。蜜蜂传粉和授粉对于保护植物的多样性和改善生态环境有着不可替代的重要作用（图10-36）。世界上已知有16万种由昆虫授粉的显花植物，其中依靠蜜蜂授粉的占85%。蜜蜂授粉能够帮助植物顺利繁育，增加种子数量和活力，从而修复植被，改善生态环境。受经济发展和自然环境变化的影响，自然界中野生授粉昆虫数量大量减少，蜜蜂传粉和授粉对保护生态环境的重要作用更加突出。

图10-35 蜜蜂为牧草授粉（薛运波 摄）

图10-36 蜜蜂为红蓼授粉（薛运波 摄）

二、蜜蜂遗传资源的保护

多年来，国家非常重视蜜蜂遗传资源保护工作。1995年以来，国家先后启动畜禽种质资源保护、畜禽良种工程等专项，加大了包括蜜蜂在内的畜禽保种场、保护区和基因库建设的支持。2006年，国家实施《中华人民共和国畜牧法》，为蜜蜂遗传资源保护工作提供了法律依据，同时将中华蜜蜂、东北黑蜂、新疆黑蜂列入《国家级畜禽遗传资源保护名录》。2008年，农业部验收并通过了第一批119个国家级畜禽保种场、保护区和基因库，其中包括蜜蜂基因库1个、保种场3个、保护区1个，抢救并有效保护了一批珍贵濒危的蜜蜂遗传资源。

由吉林省养蜂科学研究所承建的国家级蜜蜂基因库，应用活体保种技术和冷冻精液等保种技术保存长白山中蜂、新疆黑蜂、东北黑蜂、珲春黑蜂、浙江浆蜂、喀尔巴阡蜂、安纳托利亚蜂、意大利蜂、卡尼鄂拉蜂、高加索蜂等多个蜜蜂品种、品系。

3个国家级蜜蜂保种场的承建单位为黑龙江饶河东北黑蜂原种场、辽宁省蜜蜂原种场、陕西省榆林市种蜂场，分别保存东北黑蜂、中华蜜蜂等蜜蜂品种，每个品种核心保种群60群以上。

1997年国务院以国函〔1997〕109号文件批准饶河为东北黑蜂国家级自然保护区。2008年农业部将黑龙江省饶河东北黑蜂保护区确定为第一个国家级蜜蜂保护区。

同时各地也加大了对蜜蜂遗传资源保护工作的支持力度，如吉林、湖北、四川、江西、重庆等地建立了多个蜜蜂遗传资源保种场、保护区。

三、蜜蜂遗传资源的开发与利用

中国蜜蜂遗传资源在利用中发展，在利用中受到保护，西方蜜蜂引入中国后，不仅保存了一些原种，还形成了东北黑蜂、新疆黑蜂、浙江浆蜂等地方品种，并培育了一批新品系和配套系，促进了我国养蜂业的快速发展。

（一）在养蜂生产中推广利用

中国蜜蜂遗传资源在养蜂生产中推广利用的较多，如海南中蜂、阿坝中蜂、西藏中蜂、长白山中蜂、华南中蜂、北方中蜂等，都是当地中蜂生产区的主产品种，为当地中蜂生产发挥了重要作用。中蜂各品种均为地方品种，中国西方蜜蜂直接利用于生产的蜂种有两类：一类是将地方品种，如东北黑蜂、新疆黑蜂、浙江浆蜂等品种，直接用于生产；另一类是将有关品种进行经济杂交，利用杂交种蜜蜂进行生产（图10-37），使蜂产品产量提高30%～70%。目前，中国养蜂生产饲养的杂交种蜂群，占西蜂的80%以上。

图10-37　供给生产用杂交种蜂王（于世宁　摄）

（二）在蜜蜂育种中的利用

我国蜜蜂遗传资源在蜜蜂育种中利用的历史较晚，20世纪50年代以后蜜蜂育种工作逐渐发展起来，开始利用地方蜜蜂遗传资源进行杂交，选育配套系；60年代以后多次引入意大利蜂、卡尼鄂拉蜂、高加索蜂等西方蜜蜂品种。中国农业科学院养蜂研究所和北京市农林科学院建立了蜜蜂育种专业研究机构，在全国开展蜜蜂育种科研协作活动，东西方蜜蜂遗传资源在我国的蜜蜂育种中开始了持续性的利用。30多年来，以喀尔巴阡蜂为素材选育出黑环系蜜蜂新品系，以浙江浆蜂为素材选育出浙农大1号意大利蜂新品系，以意大利蜂、美国意大利蜂、卡尼鄂拉蜂为素材选育出国蜂213/国蜂414蜜蜂配套系，以卡尼鄂拉蜂、意大利蜂为素材选育出白山5号、松丹蜜蜂配套系等。

与此同时，还加强了对蜜蜂遗传资源中蜂蜜、蜂王浆等产品高产性状的利用，逐渐选育出蜂蜜高产、蜂王浆高产蜂种，进一步提高了蜜蜂遗传资源在育种中的利用效率。

第三节　蜜蜂精液贮存技术

一、精液贮存意义

精液贮存（semen storage）指的是在实验条件下，将健康成熟的雄蜂精液经过处理后制成某种剂型，放置一段时间后，这种精液中的精子仍能存活并且具有受精能力，即用其给处女蜂王人工授精后，授精蜂王能产出受精卵，并且这些受精卵能发育成正常工蜂。通过精液贮存建立蜜蜂精子库，进行蜜蜂精液长期保存，在需要的时候进行蜜蜂冷冻精液人工授精，是解决蜜蜂精液利用受到地域、季节、雄蜂寿命等限制的有效途径，对蜜蜂遗传资源的保护和利用以及蜜蜂引种、血统更新等具有重要意义。

蜜蜂精液贮存包括常温贮存和冷冻贮存两种方式，包括精液采集、精液预处理（图10-38）、精液封装、精液降温平衡、精液贮存、精液复苏和精子质检等过程，用于精液贮存的稀释液一度成为蜜蜂精液贮存成功与否的关键因素。

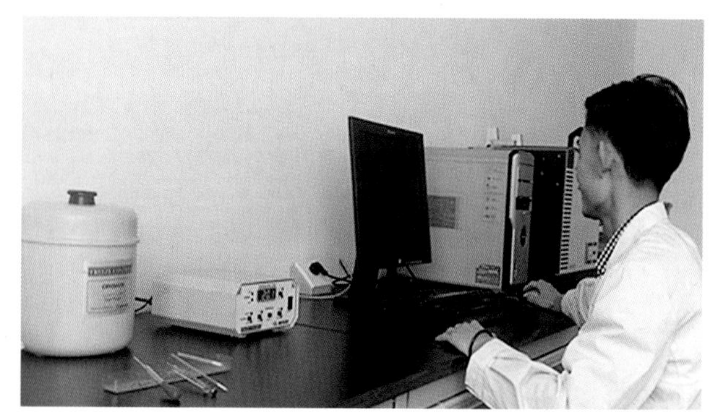

图10-38　蜜蜂精液程序化冷冻（李志勇　摄）

二、稀释液

对于蜜蜂精子的贮存，Camargo（1975）、Ruttner（1976）、Verma（1978）、Harbo（1979）等早在20世纪70年代就开展了相关研究，并提出自己的稀释液配方，后来的学者在此基础上进行了改进（表10-1）。

表10-1　蜜蜂精液稀释液配方

稀释液名称	成分	pH	渗透压（mOsm/L）
格林氏液（Camargo，1975）	氯化钠 0.850g 氯化钾 0.025g 氯化钙 0.030g 葡萄糖 0.500g 双蒸水 100mL	6.35	412
三基冷冻长效溶液（Verma，1978）	Tris 3.028g 柠檬酸 1.675g 果糖 1.250g 双蒸水 92mL	7.0	346

（续）

稀释液名称	成分	pH	渗透压（mOsm/L）
洛克氏溶液（Camargo，1975）	氯化钠 0.90g 氯化钾 0.07g 氯化钙 0.01g 葡萄糖 0.10g 碳酸氢钠 0.01g 双蒸水 100mL	7.5	358
基辅液（Ruttner，1976）	柠檬酸三钠 2.43g 碳酸氢钠 0.21g 氯化钾 0.04g 对氨基苯磺酰胺 0.30g 葡萄糖 0.30g 双蒸水 100mL	8.4	326
基辅修改液	柠檬酸三钠 3.60g 碳酸氢钠 0.32g 氯化钾 0.06g 葡萄糖 0.50g 双蒸水 100mL	8.0	457
杰克氏溶液（Camargo，1975）	氯化钠 0.70g 氯化钾 0.025g 葡萄糖 0.10g 双蒸水 100mL	6.6	322
杰克修改液	氯化钠 0.80g 氯化钾 0.10g 葡萄糖 0.30g 双蒸水 100mL	7.5	361
生理盐水（Harbo，1979）	氯化钠 0.85g 双蒸水 100mL	5.6	283
生理盐水修改液	氯化钠 0.85g 葡萄糖 0.50g 双蒸水 100mL	6.6	315
三基缓冲液（Verma，1978）	氯化钠 0.065g 氯化钾 0.060g 三基液（pH 7.19）100mL	7.08	190
三基缓冲修改液（Verma，1978）	氯化钠 0.065g 氯化钾 0.060g 葡萄糖 0.500g 三基液（pH 7.19）100mL	7.10	230

三、精液常温贮存技术

精液常温贮存（storage at above-freezing temperature）是指将雄蜂精液经过某种处理后封装，在0℃以上环境内放置一段时间后，这种精液中的精子仍能存活并且具有受精能力。其操作过程包括精液采集、精液处理（如稀释）、精液封装、精液降温平衡、精液贮存、精液复苏和精子质检等。

1969年美国Poole和Taber在试管内贮藏雄蜂精液获得成功，在室温下能够将精液贮藏13周。1970年他们用麦肯森注射器采集精液，然后经过离心，火焰封口，在10～13℃下贮藏35周。Harbo（1987）试验表明，冰点以上温度保存精液最好是在10℃以上，贮存2d的最理想温度是20℃。Collins（2000年）研究了蜜蜂精子在非冷冻温度下的存活情况。他将稀释后的精液封装入毛细管内，分别存放在12℃和25℃环境下，用双重荧光染色法检测精子活率。存放6周以内精子死亡不显著，第6～9周，活精子的比例从80%下降到58%，第52周时存放于25℃环境下的精子活率下降到了18.9%。试验表明，常温贮存有利于短期内存放蜜蜂精液，可用于蜜蜂精液的运输和短暂存放，是蜜蜂保种和育种等工作常用的技术措施。

雄蜂精液的常温贮存分为原精液常温贮存和稀释精液常温贮存两种方法。

1.原精液的常温贮存　用采精管从多只性成熟雄蜂采集精液，然后将精液转移至贮存毛细管内，封口并标记，最后将毛细管贮存于设定的温度下避光保存。使用前，需要将毛细管置于25℃以上温度环境下使精子复苏，然后对精子进行质检和授精使用。

2.稀释精液的常温贮存　用采精管从多只性成熟雄蜂采集精液，然后将精液注入混精管内。按比例加入稀释液，用搅拌子沿着同一方向匀速转动。待精液混合均匀后，用注射器吸取转移至贮存毛细管内，封口并标记。将毛细管贮存于设定的温度下避光保存。使用前，需要将毛细管置于25℃以上温度环境下使精子复苏，然后对精子进行质检。一般稀释后的精液在授精前需要漂洗和浓缩。

四、精液冷冻贮存技术

精液冷冻贮存（cryopreservation）是指将雄蜂精液经过某种处理后封装，在低温环境（如液氮，－196℃）内放置一段时间后，精子仍能存活并且具有受精能力（图10-39）。包括精液采集、精液稀释、精液封装、精液降温平衡、精液贮存、精液复苏和精子质检等过程。冷冻贮存有利于长期存放蜜蜂精液，是建立蜜蜂精子库的重要技术手段。

图10-39　精液的冷冻贮存使用的液氮罐（李志勇　摄）

精液冷冻保存研究开始于1803年（Spallanzani），1951年（Stewart）世界上第一例使用冷冻精液授精并获得成功的牛犊问世。1964年Sawada和Chang首次利用含有7%甘油的冷冻保护液将蜜蜂精液成功保存于－79℃环境中。1970年，Poole和Taber利用冷冻贮存方法，将精液冷冻时间延长到了35周。1975年Melnichenko和Vavilov利用雄蜂的血淋巴作为冷冻保护剂，将雄蜂精液成功保存于液氮中3个月。1977年Harbo首先将二甲基亚砜作为冷冻保护剂，应用于蜜蜂精液冷冻保存中。近几年蜜蜂精液低温冷冻保存技术取得了一些进步，2010年Hopkins和Herr利用液氮作为冷源冷冻精液，解冻后的蜜蜂精子活率最高达到93%。2014年Wegener等利用冷冻的精液给蜂王进行人工授精，蜂王产工蜂卵的面积达到47.5%。采用冻融的精液给蜂王授精，尽管授精蜂王不足以用于生产，但是精子的繁殖力足以满足蜜蜂育种的需要。

精液冷冻贮存基本过程：用采精管从多只性成熟雄蜂采集精液，然后将精液注入混精管内。按比例加入冷冻稀释液，用搅拌器沿着同一方向匀速转动。待精液混合均匀后，用注射器吸取转移至贮存麦管内，封口并标记（图10-40）。将装有稀释精液的麦管安装至程序降温仪的冷冻装置上，经过室温平衡一段时间后，按照事先设定的程序依次降温，直至达到液氮温度后，将其投入液氮长期保存（图10-41）。使用时，将麦管取出，快速将其投入到解冻液中解冻复温，然后镜检精子活力，合格的冷冻精液用于蜂王人工授精。

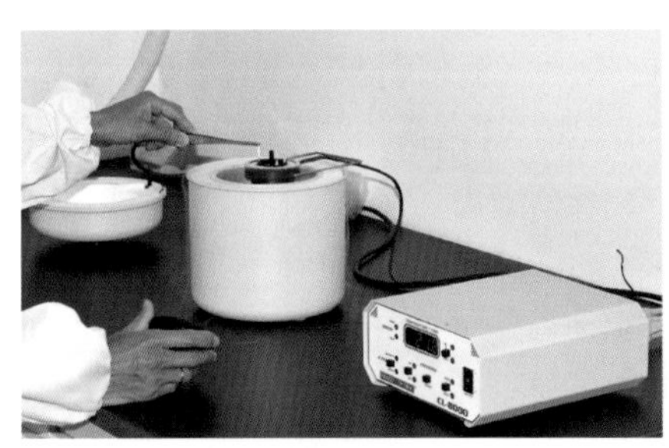

图10-40　蜜蜂精子进行冷冻处理
（李志勇　摄）

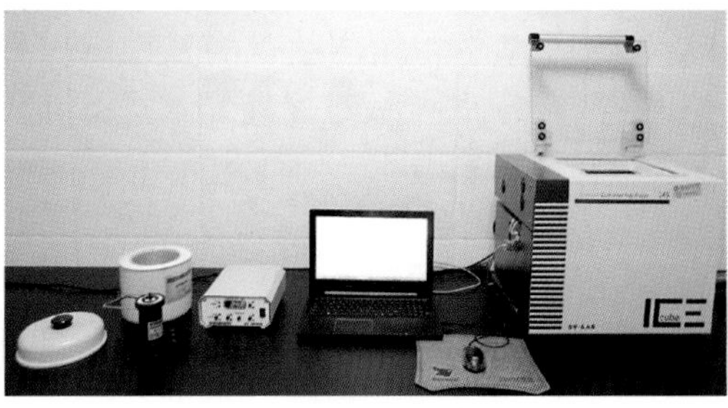

图10-41　精液按照程序依次降温冷冻
（李志勇　摄）

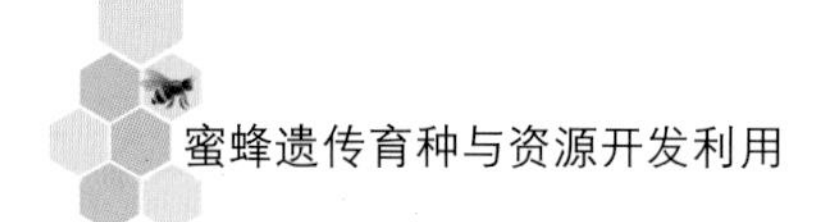

五、精液贮存效果评价

雄蜂精液贮存效果要从贮存精液品质和蜂王授精效果两个方面进行评价。

1. 精液品质检查　雄蜂日龄、蜂群状态和季节因素都会影响精液的品质，影响精液产生数量和精子浓度。蜜蜂精子活力随着精液贮藏时间的延长和雄蜂年龄的增加而显著下降，外来颗粒或微生物污染也会明显降低精子的生存能力。Collins 2000年时指出精液品质会影响授精蜂王的质量，只有存活率达到50%以上的精液方可用于蜂王人工授精。因此，贮存的精液在使用前需要对精子质量进行检查，检查内容主要包括精子浓度、精子活力和受精能力等的检测和评价。

（1）精子浓度　即单位体积精液内有效精子的数量。精子计数一般采用血球计数板计数法。首先，取1μL精液于试管内，滴加1mL蒸馏水或生理盐水，用搅拌器轻轻混匀。然后将精子稀释混合液滴加至血球计数板的两侧。在盖玻片作用下，精子混合液将充满计数区。待稳定后（约20s）于200倍显微镜下采用通用的白细胞计数方式计数精子。一般情况下，每微升精液内精子数量，中华蜜蜂平均为465万个，意大利蜂平均为722万个（Woyke，1965）。

（2）精子活力　于27 ~ 30℃的室温下，取精液1μL置于凹玻片上，用稀释液进行20倍以上的稀释，放上盖玻片。将生物显微镜调至400倍观察，在视野中精子呈圆周运动或原地摆动，说明活力较强，可以利用此精液进行授精。如果精子运动较慢，有效存活率在50%以下，应放弃使用该精液进行授精。

（3）精子授精能力　精子细胞结构的破坏以及精液和精子头部酶类的活性等对受精过程影响很大。可采用荧光染色法测定细胞膜的完整性，通过姬姆萨染色观察测定顶体的完整性，采用试剂盒等方法测定酶类的活性。

2. 蜂王授精效果评价　蜂王人工授精效果可以从受精囊中精子数、蜂王开产时间和蜂王产卵性能等方面进行综合评价。

（1）受精囊中的精子数　蜜蜂交尾后需要经历一个逐渐将精子转移入蜂王受精囊中的过程，受精囊中的精子充足，则可认为该贮存精液具有潜在授精功能。蜂王受精囊中精子数目的估计可以用血球计数板估算法（同精子浓度）。可以在授精后1 ~ 2d对授精蜂王进行随机抽样解剖检查，估测蜂王受精囊中的精子数目（图10-42）。如果受精囊中的精子数量多，说明精子转移率高；如果蜂王受精囊中的精子数不足，则后期会出现授精蜂王在工蜂房产出未受精卵的混杂现象。

（2）蜂王开产时间　蜂王越早开始产卵表明蜂王授精效果越好。自然交尾的蜂王，一般在交尾后2 ~ 4d开始产卵，人工授精蜂王通常要比同种自然交尾的蜂王晚2 ~ 5d开始产卵，经过漂洗或者用冷冻精液授精的蜂王产卵期会延后更久。

(3) 蜂群繁殖力　蜂群繁殖力是蜂王产卵力和工蜂哺育力的总和，用有效产卵量即封盖子数量来表示（图10-43）。一般情况下，人工授精蜂王的有效产卵量比自然交尾蜂王的稍低。人工授精蜂王所产生的子脾容易产生“花子”现象，这可能与授精量不足或者精液品质差有关。人工授精蜂王的寿命也不如自然交尾蜂王的长，但不影响其在保种和生产中的使用。如果蜂王使用时间显著缩短，表明精液贮存效果不佳。

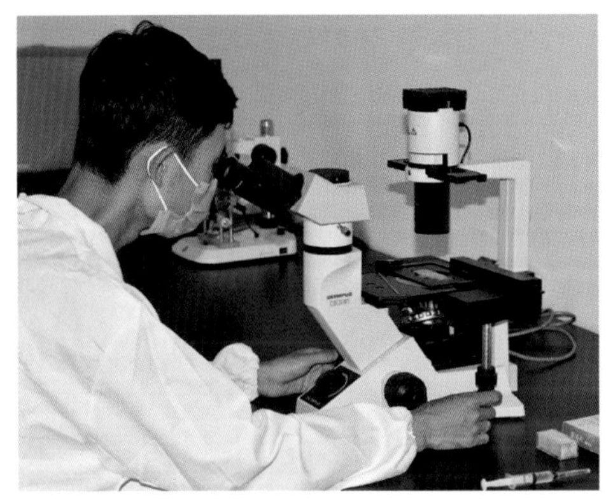

图10-42　蜂王受精囊精子数量检测
（李志勇　摄）

图10-43　用冷冻精液授精后繁育子脾
（李志勇　摄）

第十一章 蜜蜂遗传育种新技术

第一节 蜜蜂转基因与克隆

一、蜜蜂转基因技术

蜜蜂转基因育种（transgenic breeding）是通过基因工程技术将外源目的基因导入受体细胞，整合到受体细胞基因组中，并使外源基因得到表达和遗传，以此获得新品种。该技术的根本意义在于其能克服固有的生殖隔离，实现物种间遗传物质的交换，在改良蜜蜂抗病和经济性状以及生物反应器利用等方面展示了良好的应用前景。

自从1982年成功研究出首例转基因果蝇以来，转基因昆虫的研究便引起了科学家们极大的兴趣。目前，已经获得成功的转基因昆虫有黑腹果蝇、海地果蝇、地中海实蝇、家蚕、蚊子等。鉴于蜜蜂特殊的社会行为和级型分化现象，有学者认为以下两种方法是蜜蜂转基因较好的途径：一是以蜜蜂人工授精技术为基础的精子介导转基因法，二是蜜蜂卵或幼虫的转基因操作与蜜蜂人工孵育技术相结合的方法。

（一）精子介导转基因法

1971年，Brackett等发现精子细胞具有自发地吸收外源DNA，并可在受精的过程中将外源DNA携带进卵内。所以，可以用精子作为转移外源DNA的载体，将DNA溶液和动物精子共浴，精子能主动吸附外源DNA，利用这一点可以很容易地将外源DNA导入精子细胞或结合于精子细胞表面。再通过人工授精，将外源DNA带入受精卵进而发育成个体（图11-1），从而生产转基因动物。利用精子介导的转基因蜜蜂的研究也有成功报道。1991

图11-1 实验室培养出的蜜蜂
（李志勇 摄）

年，Atkinson等首次将蜜蜂精子与外源DNA进行了共培养，证实蜜蜂精子也能够吸收其他动物的DNA。2000年，Robinson等研究了精子介导转染法用于蜜蜂转基因的可行性。结果表明，蜜蜂精子能将外源线性质粒DNA携带进入卵子，外源DNA能在受体蜜蜂个体中存在数月之久，能在幼虫期进行表达，且至少能稳定遗传三代。尽管没有找到外源DNA整合到蜜蜂基因组上的证据，但是，该研究证明蜜蜂精子同样具有携带外源DNA进入卵子的能力。基于蜜蜂人工授精技术的精子介导转基因操作简便、成功率高、成本低廉、便于大批量筛选，不但可以用于蜜蜂的分子育种，培育出具有抗杀虫剂特性、抗病虫害以及耐寒性等蜜蜂品种，而且，还可以用于蜜蜂基因功能分析以及用作生物反应器等研究。

（二）显微注射法

显微注射法是借助光学显微镜直接把外源性DNA注射到蜜蜂卵或者幼虫体内，获得转基因蜜蜂。与其他昆虫相比，蜜蜂卵的个体和卵黄区均较大，卵壳韧性好不易破碎，卵孔明显，很适合进行显微注射操作（图11-2）。由于蜂卵产出后1 ~ 2h内卵孔是开启的，显微注射操作可以在此时进行，通过卵孔将外源DNA注入卵内。人为操作势必会在卵体留下异味，遭到蜂群的清理，因此，蜜蜂幼虫室内人工哺育技术可以作为蜂卵显微注射后的辅助技术。Milne等对意蜂卵显微注射技术做了初步研究，他们在室温下将1日龄卵固定在玻璃片上，在卵上覆盖一层低黏度石蜡油，使用显微操作器向卵注射石蜡后，将其放入35℃保温箱内孵化，观察卵的发育。注射石蜡油的卵的孵化率降至21%，孵化时间延长。目前，外源DNA能否通过显微注射技术整合到蜜蜂基因组上并有效表达和遗传尚不得而知，显微注射法用于蜜蜂转基因研究还有很长的路要走。

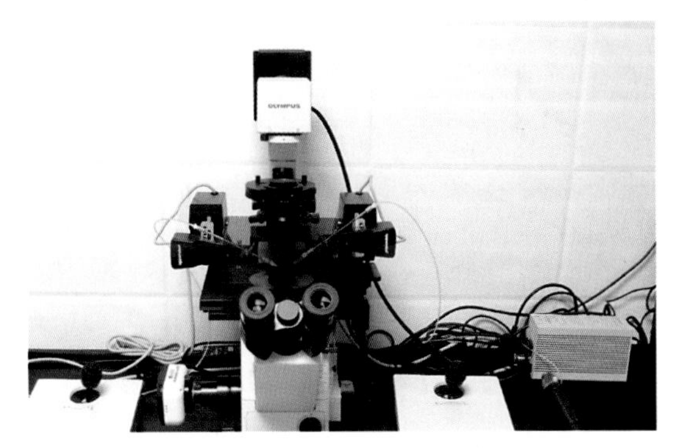

图11-2　转基因显微注射设备（李志勇　摄）

二、基因克隆

克隆技术是指从众多的基因或细胞群体中通过无性繁殖和选择，获得目的基因或筛选细胞的技术操作。基因克隆（gene cloning）是20世纪70年代发展起来的一项具有革命性的研究技术，是基因工程的上游工程。美国斯坦福大学的Berg等于1972年把一种病毒的DNA与λ噬菌体DNA用同一种限制性内切酶切割后，再用DNA连接酶把这两种DNA分子连接起来，于是产生了一种新的重组DNA分子，从而产生了基因克隆技术。1973年，Cohen等把一段外源DNA片段与质粒DNA连接起来，构成了一个重组质粒，并将该重组质粒转至大肠杆菌，第一次完整地建立起基因克隆体系。采用重组DNA技术，将不同来源的DNA分子在体外进行特异切割、重新连接，组装成一个新的杂合DNA分子，将这个杂合分子转移至一定的宿主细胞中进行扩增，形成大量的子代分子，此过程即基因克隆。基因克隆过程涉及一系列的分子生物学技术（图11-3），包括目的DNA片段的获得、载体的选择、工具酶的选用、体外重组、宿主细胞导入和重组子筛选技术，等等。基因克隆技术的出现为蜜蜂转基因育种奠定了基础。

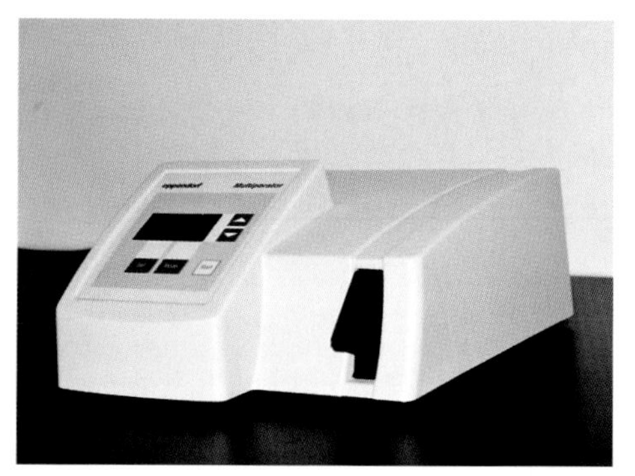

图11-3　基因克隆技术检测设备（李志勇　摄）

第二节　分子遗传标记和基因芯片的应用

一、分子遗传标记的种类和特点

DNA分子遗传标记即DNA标记、分子标记。分子标记技术以其共显性、多态性和准确性等优点已广泛应用于动植物的遗传学研究。常用的分子标记包括以分子杂交为基础的RFLP标记和ISH标记，以简单重复序列为基础的SSR标记、ISSR标记，以PCR为基础的RAPD标记、AFLP标记和InDel标记，以单核苷酸多态性为基础的SNP标记等。这里简单介绍几种常用的分子标记技术。

（一）RFLP标记

限制性片段长度多态性（restriction fragment length polymorphism, RFLP）是发展最早的分子标记技术。RFLP技术的原理是检测DNA在限制性内切酶酶切后形成的特定DNA片段的大小。因此，凡是可以引起酶切位点变异的突变如点突变和一段DNA的重新组织等均可导致RFLP的产生。此技术及其从中发展起来的一些变型均包括以下基本步骤：DNA提取（图11-4）、限制性内切酶酶切、凝胶电泳分离、DNA片段转移、特定DNA片段显影和结果分析。

（二）AFLP标记

扩增片段长度多态性（amplified fragment length polymorphism, AFLP）标

记技术较其他分子标记有着明显的优越性，应用广泛。其原理是基因组DNA经限制性内切酶充分酶切后，将特定的人工双链接头连在这些片段的两端，形成带接头的特异片段，根据接头序列和酶切位点设计引物，对特异性模板片段进行选择性扩增，扩增产物经聚丙烯酰胺凝胶电泳分离，最后根据凝胶上DNA指纹的特点进行分析。AFLP标记技术的出现，是DNA指纹技术的重大突破，具有多重优点：① AFLP分析所需DNA用量少。② AFLP技术能够获得更高的信息量。③试验重复性好，可信度高。④样品适用性广，基因组覆盖面大。⑤ AFLP标记表现为典型的孟德尔方式遗传。⑥ AFLP可作为物理图谱和遗传图谱的联系桥梁。⑦ AFLP分析不需要预先知道扩增基因组的序列特征等信息。

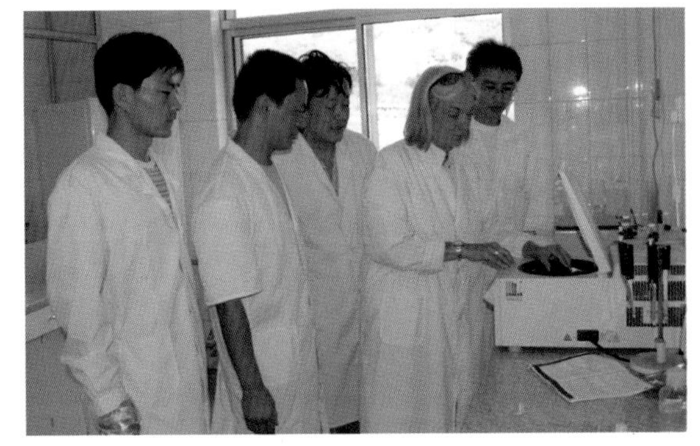

图11-4　教授指导DNA微量提取技术（薛运波　摄）

AFLP标记技术最初用于植物的遗传育种、种质资源鉴定等，现已被大量用于动植物和微生物遗传多样性分析、遗传图谱的构建、医疗诊断、系统发育和分类等研究领域。随着蜜蜂分子生物学研究的不断深入和蜜蜂基因组全序列的测定完成，AFLP分子标记技术也在蜜蜂学研究中有了初步的应用（图11-5），主要表现在以下几个方面：①种质鉴定和遗传多样性分析；②遗传图谱构建；③基因定位；④标记辅助选择育种；⑤蜜蜂疾病检测等。

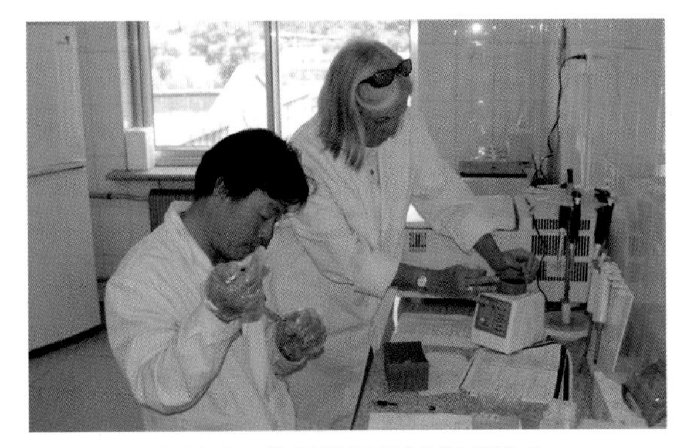

图11-5　教授指导AFLP标记技术
（薛运波　摄）

（三）SSR标记

简单重复序列（simple sequence repeat, SSR）也称微卫星序列，是由加拿大蒙特利尔大学的Zietkiewicz等建立的一种以简单重复序列为基础的分子标记。基于SSR的分子标记技术具有其自身独特的优点：① SSR在生物的基因组中普遍存在，能够对多种基因所表现出的多态性进行分析。②多种等位形式一般可共存于一个微卫星位点。③ SSR标记是共显性的，便于对隐性基因的选择。④微卫星标记技术操作简单、重复性好、结果可靠，在DNA量较少的情况下也能完成检测（图11-6）。SSR标记技术的缺点是：试验流程复杂，消耗时间。

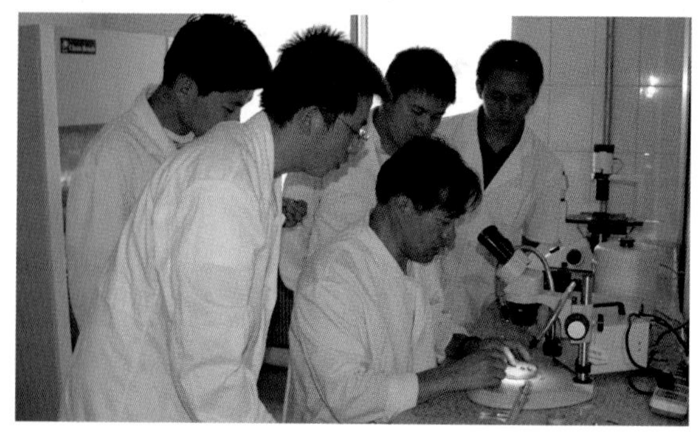

图11-6 教授指导解剖蜜蜂提取技术操作
（薛运波 摄）

（四）ISSR标记

微卫星（SSR）在真核基因组中无处不在，SSR标记的开发却存在一个主要的瓶颈，即侧链序列5'端锚定引物必须是已知的。1994年，Zietkiewicz等基于SSR又开发了简单序列间重复序列（Inter-simple sequence repeat, ISSR）。ISSR分子标记具有简单、快速、可靠并具有更高水平的DNA多态性的优势，被用作遗传研究的新分子标记（图11-7）。ISSR分子标记是基于SSR，利用SSR自身来设计引物。ISSR分子标记技术无需序列知识，是以重复序列为基础的引物。在PCR反应中，在SSR的3'端或5'端锚定1 ~ 4个核苷酸，使特定位点发生退火反应并对反向排列SSR间的DNA片段进行PCR扩增，之后进行电泳、染色，从而分析不同样品间ISSR标记的多态性。与其他分子标记相比较，ISSR标记具有操作简单、安全性高、成本低、模板DNA用量少、无需测序和引物设计、多态性丰富、易操作、稳定性强、快捷方便以及适用广泛等诸多优势。ISSR分子标记的不足之处是PCR扩增时的最佳反应条件的摸索过程比较艰难，另外，ISSR分子标记呈孟德尔式遗传（显性遗传标记），并且只是部分共显性，因此不能有效区别检测位点的显性纯合基因型和杂合基因型。

图11-7 用于扩增DNA分子的PCR系列设备
（薛运波 摄）

（五）SNP标记

单核苷酸多态性（single nucleotide polymorphisms, SNP）是指生物基因组上某个位点存在单个碱基的变化，包括单个碱基对的插入、缺失、转换、颠换等。SNP作为基因组中最广泛、分布频率最高的遗传标记，具有密度高、遗传稳定性高和易于自动化分析等特点。SNP标记检测技术的发展不断地推陈出新，包括以单链构象多态性（single-strand conformational polymorphism, SSCP）、酶切扩增多态性序列（cleaved amplified polymorphic sequences, CAPS）等基于凝胶电泳技术的传统检测方法，焦磷酸测序（pyrosequencing）、微测序（SNaPshot）等的直接测序法，以及高分辨率熔解曲线分析技术（high resolution melting, HRM）等新兴检测技术（图11-8）。随着新一代DNA测序技术的发展（图11-9），用于检测SNP的DNA芯片技术也迅速兴起。DNA芯片技术容易实现SNP高通量、自动化检测，已经发展成为非常理想的SNP检测技术。以SNP为基础的分子标记技术被认为是继RFLP、AFLP、SSR之后的新一代分子标记技术，因为其可以检测出基因组DNA上每个碱基对的变化，对推动生命科学研究起到了重要作用，特别是在动物遗传育种领域的作用日益凸显，应用前景十分广阔。

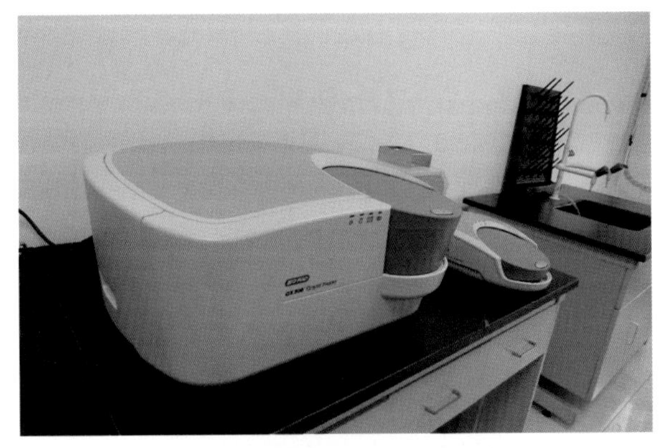

图11-8　微滴式数字PCR设备
（薛运波　摄）

图11-9　第三代基因组测序设备
（薛运波　摄）

二、分子遗传标记在遗传育种中的应用

标记辅助选择育种（marker assisted selection breeding）是利用与优良性状紧密连锁的分子遗传标记辅助选择，选育具有优良性状基因的改良系的分子育种手段。它是将分子标记辅助选择与传统育种技术相结合，定向培育育种素材或新品种的新型技术，可提高育种效率。标记辅助选择（marker assisted selection, MAS）是将现代分子生物技术与常规育种方法相结合，借助分子标记选择某一位点基因来改变该位点基因频率的过程，也可称为分子辅助选择。标记辅助选择可在品种内或品种间进行，可对单个性状进行选择，亦可对多个性状进行综合选择，适用于低遗传力性状、限性性状和生长后期表达的性状，其效果取决于基因与QTL之间的连锁状况以及育种群体中分子标记和目标基

因的多态性。标记辅助选择的优越性体现在以下几个方面：①克服性状基因型和表现型鉴定的困难，允许早期选择，允许更广泛和强度更大的选择。②进行非破坏性性状评价和选择。③提高回交育种效率。

分子标记辅助选择育种技术不但在植物遗传育种中得到广泛应用，在动物育种中也进行了大量的尝试。1990年，Kashi等对奶牛后备公牛的标记辅助选择研究表明，该方法比传统的后裔测定方法提高20%～30%的遗传改进；1996年，全球最大的猪育种集团PIC公司利用DNA标记技术清除其育种群中的氟烷敏感基因，使猪由于携带该基因导致的死亡率由过去的0.4%～0.6%降至0，同时商品猪的肉质得到了明显的改进。法国（2002）、新西兰（2002）和德国（2003）等将一些遗传信息（连锁平衡标记即LE标记）用于奶牛育种，均取得显著的育种效果。牛的双肌*dm*基因、鸡的矮小*dw*基因等也在育种和生产中得到应用。2004年，我国学者舒希凡等通过检测氟烷敏感基因（HAL）、雌激素受体基因（ESR）和促卵泡β亚基（FSHβ），建立了对不同家系大白猪进行选育的技术体系。由于蜜蜂的性别决定机制和蜂群内部的血缘结构较为复杂，蜜蜂标记辅助选择育种具有挑战性。Foster（2016）和Miriam（2017）尝试利用标记辅助选择技术探索蜜蜂选择育种的可行性，认为标记辅助选择可以用于蜜蜂的抗病育种。随着分子育种技术的不断发展完善和蜂业健康发展的需求，分子标记辅助选择育种技术将在未来蜜蜂的抗病、高产蜂种选育工作中发挥巨大的作用（图11-10）。

图11-10　集成毛细管电泳设备
（薛运波　摄）

三、基因芯片主要技术流程和应用

基因芯片又叫DNA芯片、DNA微阵列，是在DNA杂交技术的基础上发展起来的、高通量的基因克隆与杂交信号间一对一的对应识别技术。它是将许多特定的寡核苷酸片段或基因片段有序地、高密度地排列固定于介质载体上，以待测的核酸分子样品为探针，经过荧光、生物素等发光信号元素或基团的标记，与固定在载体上的DNA阵列中的点按照碱基配对原理同时进行杂交。通过激光共聚焦荧光检测系统等对芯片加以扫描，检测杂交信号强度，获取样品分子的数量和序列信息，再用计算机软件处理分析数据，从而对基因序列及功能进行大规模、高通量的研究（图11-11）。

（一）基因芯片主要技术流程

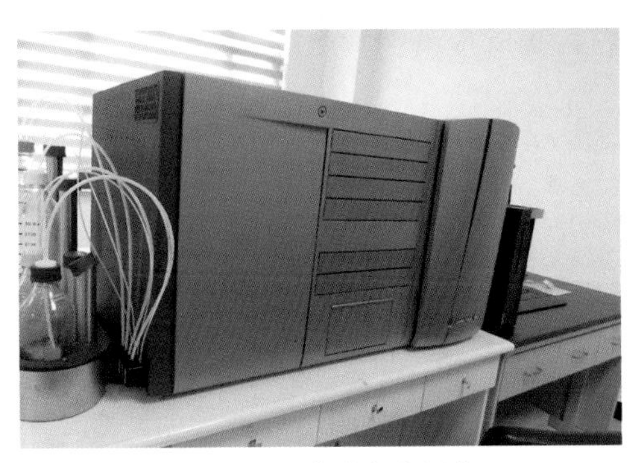
图11-11　核酸杂交设备
（薛运波　摄）

基因芯片技术的主要流程包括：芯片的设计与制备、靶基因的标记、芯片的杂交与信号检测（图11-12）。

基因芯片的设计是指芯片上核酸探针序列的选择以及排布，设计方法取决于其应用目的。目前的应用范围主要包括基因表达和转录图谱分析及靶序列中单碱基多态位点（SNPs）或突变点的检测。

图11-12　用于样本制备的核酸纯化设备（薛运波　摄）

基因芯片的制备方法主要包括点样法和原位合成法两种：

（1）点样法　首先是探针库的制备，根据基因芯片的分析目标，从相关基因数据库中选取特异的序列，进行PCR扩增或直接人工合成寡核苷酸序列，然后通过计算机控制的三坐标工作平台，用特殊的针头和微喷头，分别把不同的探针溶液逐点分配在玻璃、尼龙等载体表面的不同位点上，采用物理的和化学的方法使之固定。

（2）原位合成法　在玻璃等硬质载体表面直接合成寡核苷酸探针阵列。主要有光去保护并行合成法、压电打印合成法等，其关键是高空间分辨率的模板定位技术和高合成产率的DNA化学合成技术，适合制作大规模DNA探针芯片，实现高密度芯片的标准化和规模化生产。

样品的制备是基因芯片试验流程的一个重要环节。靶基因在与芯片探针杂交之前必须进行分离、扩增与标记。标记的方法根据样品来源、芯片类型和研究目的的不同而有所差异。通常是在待测样品的PCR扩增、逆转录或体外转录

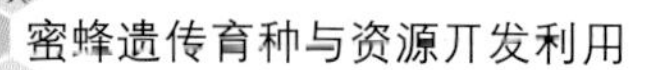

过程中实现对靶基因的标记。

基因芯片与靶基因的杂交过程，与一般分子杂交的过程基本相同。杂交反应的条件，要根据探针的长度、G+C含量及芯片类型确定。用于基因表达检测的芯片杂交条件严格性较低，而用于突变检测的芯片杂交条件相对严格。如果是用同位素标记靶基因，其后的信号检测为放射自显影；若用荧光标记，则需要一套荧光扫描及分析系统作为设备支持。

（二）基因芯片的应用

目前，基因芯片被广泛应用于基因表达图谱的绘制。近年来，随着基因芯片技术的发展和成熟，已经成功构建了一些昆虫抗性相关基因芯片，并投入对昆虫抗药性的研究（图11-13）。Shen等构建了淡色库蚊的细胞色素P450基因芯片，对24个CYP4家族基因在淡色库蚊抗性和敏感品系中的差异表达进行了检测。LeGoff等构建了一个黑腹果蝇的细胞色素P450基因芯片，对抗不同杀虫剂的果蝇的基因表达变化进行了研究。Wu等和David等构建了不同的基因芯片，并对淡色库蚊和冈比亚按蚊的抗药性进行了研究。这些基因芯片在昆虫抗药性研究中的应用，为进一步揭示昆虫对杀虫剂的抗性机制，系统地理解不同的抗性相关基因之间的联系及其相互作用提供了理论依据。美国伊利诺伊州大学Charlse等研究了内勤蜂和外勤蜂：他们用含有大约5 500个基因的DNA芯片检测这两种蜜蜂的大脑组织提取物。结果发现，内勤蜂与外勤蜂之间的基因表达是不相同的，而不同的内勤蜂或不同的外勤蜂之间，其基因表达则非常相似。研究表明，基因和行为之间的联系程度比以前所认识到的更加密切。该研究结果将有助于发现开启特定行为的主要基因。

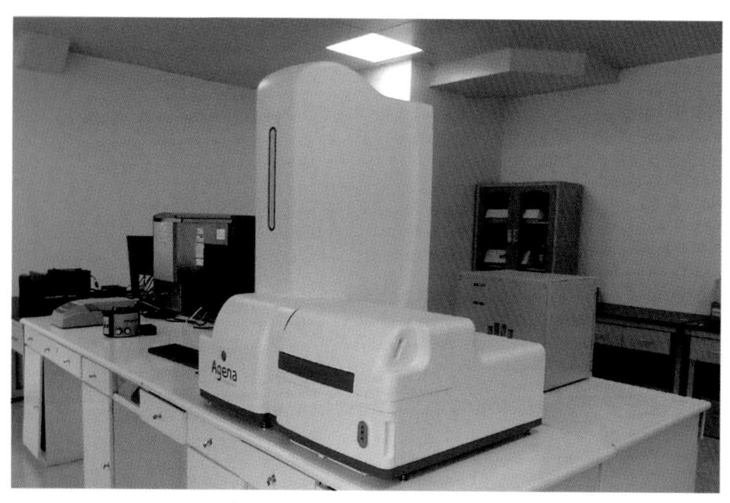

图11-13　核酸质谱设备（薛运波、李兴安　摄）

基因芯片技术的发展势头十分迅猛，在基因表达谱分析、基因诊断、药物筛选及序列分析等诸多领域已得到了广泛的应用，取得大量的数据和研究结果，呈现出广阔的研究、开发与应用前景。但是该方法也存在不足之处，首先是基因芯片检测技术成本高，其次该技术只能从基因突变和基因表达差异方面给予检测结果，尚不能根据分子检测结果对生物体的表型和功能做出整体评估。虽然基因芯片技术还存在一些不足，但是随着研究的不断深入和技术的不断完善，基因芯片技术一定会在蜜蜂科学研究领域发挥越来越重要的作用。

主要参考文献

陈国宏，王丽华，2010. 蜜蜂遗传育种学[M]. 北京：中国农业出版社.

陈盛禄，2001. 中国蜜蜂学[M]. 北京：中国农业出版社.

方宗熙，江乃萼，1979. 遗传与育种[M]. 北京：科学出版社.

龚一飞，张其康，2000. 蜜蜂分类与进化[M]. 福州：福建科学技术出版社.

国家畜禽遗传资源委员会，2011. 中国畜禽遗传资源志 · 蜜蜂志[M]. 北京：中国农业出版社.

刘先蜀，2002. 蜜蜂育种技术[M]. 北京：金盾出版社.

刘祖洞，江绍慧，1979. 遗传学（上、下）[M]. 北京：人民教育出版社.

孙宪如，1990. 动物遗传育种[M]. 北京：中国农业大学出版社.

王亚馥，戴灼华，1999. 遗传学[M]. 北京：高等教育出版社.

薛运波，2016. 蜜蜂人工授精技术[M]. 北京：中国农业出版社.

郑友民，2015. 国家畜禽遗传资源保护品种保种方案[M]. 北京：中国农业出版社.

郑友民，2015. 全国畜禽遗传资源保护与管理文件材料汇编[M]. 北京：中国农业出版社.

Anita M. Collins, 2000. Survival of Honey Bee (Hymenoptera: Apidae) Spermatozoa Stored at Above-Freezing Temperatures[J]. J. Econ. Entomol, 93(3): 568Ð571.

Brandon Kingsley Hopkins, Charles Herr, 2010. Factors affecting the successful cryopreservation of honey bee (*Apis mellifera*) spermatozoa[J], Apidologie, 41(5): 548 – 556.

Wegener J, May T, Kamp G, Bienefeld K, 2014. A successful new approach to honeybee semen cryopreservation[J]Cryobiology, 69(2): 236 - 242.

图书在版编目（CIP）数据

蜜蜂遗传育种与资源开发利用／薛运波主编．—北京：中国农业出版社，2020.10
ISBN 978-7-109-27254-5

Ⅰ.①蜜…　Ⅱ.①薛…　Ⅲ.①蜜蜂育种–研究　Ⅳ.①S892.6

中国版本图书馆CIP数据核字（2020）第172144号

中国农业出版社出版
地址：北京市朝阳区麦子店街18号楼
邮编：100125
责任编辑：弓建芳　郭永立　武旭峰
版式设计：杨　婧　　责任校对：吴丽婷　　责任印制：王　宏
印刷：中农印务有限公司
版次：2020年10月第1版
印次：2020年10月北京第1次印刷
发行：新华书店北京发行所
开本：700mm × 1000mm　1/16
印张：20.25
字数：400千字
定价：178.00元
